U0340821

烟用三乙酸甘油酯
质量分析与检验技术

主编 唐纲岭 边照阳

中国轻工业出版社

图书在版编目（CIP）数据

烟用三乙酸甘油酯质量分析与检验技术/唐纲岭，
边照阳主编. —北京：中国轻工业出版社，2016. 6
ISBN 978-7-5184-0903-7

Ⅰ. ①烟…　Ⅱ. ①唐…　②边…　Ⅲ. ①烟草制品－质
量分析②烟草制品－检验　Ⅳ. ①TS47

中国版本图书馆 CIP 数据核字（2016）第 079645 号

责任编辑：张　靓　　责任终审：张乃柬　　封面设计：锋尚设计
版式设计：王超男　　责任校对：吴大鹏　　责任监印：张　可

出版发行：中国轻工业出版社（北京东长安街 6 号，邮编：100740）
印　　刷：三河市万龙印装有限公司
经　　销：各地新华书店
版　　次：2016 年 6 月第 1 版第 1 次印刷
开　　本：720×1000　1/16　印张：16.75
字　　数：330 千字
书　　号：ISBN 978-7-5184-0903-7　定价：58.00 元
邮购电话：010 – 65241695　传真：65128352
发行电话：010 – 85119835　85119793　传真：85113293
网　　址：http://www.chlip.com.cn
Email：club@ chlip.com.cn
如发现图书残缺请直接与我社邮购联系调换
151090K1X101ZBW

编委会名单

主　　编：唐纲岭　　边照阳

副主编：李中皓　　范子彦　　刘泽春

编　　委：邓惠敏　　王　颖　　张建平　　陈晓水

　　　　　杨　飞　　张　峰　　卢昕博　　刘珊珊

　　　　　孙海峰　　王　奕　　赖正波　　周永芳

　　　　　周培琛　　李　雪　　张洪非　　斯　文

　　　　　夏　骏

前　言

PREFACE

　　烟用三乙酸甘油酯施加于丝束，卷制成滤棒，接装成卷烟。烟用三乙酸甘油酯产品的质量以及在卷烟滤棒中的含量和施加均匀性，不但对滤棒生产加工过程以及滤棒物理指标有影响，而且对卷烟品质及吃味、消费者的身体健康也有影响。

　　本书共分为八章，第一章简要叙述了烟用三乙酸甘油酯概况，第二章介绍了烟用三乙酸甘油酯质量分析与检验的基础知识，第三章至第七章分别详细介绍了烟用三乙酸甘油酯外观、色度、密度和折射率、三乙酸甘油酯含量、酸度、水分、砷和铅等技术指标的分析技术，第八章介绍了卷烟滤棒中三乙酸甘油酯添加量和施加量均匀性的测定技术。

　　本书内容丰富、全面，技术说明详尽、细致，具有较强的科学性、知识性和实用性，是帮助读者正确理解和掌握烟用三乙酸甘油酯质量分析与检验技术的科普教材和工具书。本书在编写过程中查阅参考了大量的国内外相关领域的论文、论著和研究成果，在此谨表谢意。

　　本书在编写过程中得到了福建中烟工业有限责任公司、浙江中烟工业有限责任公司、深圳烟草工业有限责任公司、云南环腾实业集团玉溪市溶剂厂有限公司和江苏雷蒙化工科技有限公司的大力支持和帮助，在此表示衷心的感谢！

　　由于时间仓促及编者水平的限制，本书难免有不当之处，恳请读者给予批评指正。

编者

2016 年 1 月

目 录

CONTENTS

■ 第一章　烟用三乙酸甘油酯概况 ·· 1

第一节　烟用三乙酸甘油酯简介 ··· 1

一、定义和性质 ·· 1

二、安全信息 ·· 3

三、用途 ·· 3

四、三乙酸甘油酯的国内外法律法规 ······················· 6

第二节　烟用三乙酸甘油酯生产工艺 ································· 9

一、生产工艺 ·· 9

二、主要原料 ··· 11

第三节　产品质量技术要求 ··· 14

一、外观 ·· 15

二、色度 ·· 15

三、密度 ·· 16

四、折射率 ·· 17

五、三乙酸甘油酯含量 ·· 18

六、酸度 ·· 19

七、水分 ·· 21

八、砷（As）、铅（Pb） ·· 22

九、其他安全性指标 ·· 23

第四节　烟用三乙酸甘油酯的发展趋势 ······························ 27

参考文献 ·· 28

■ 第二章　烟用三乙酸甘油酯质量检测技术基础知识 ················· 30

第一节　样品的抽取 ··· 30

一、概述 ·· 30

二、抽样方法类型 ·· 30

三、抽样的一般程序和抽样原则 ··································· 33

四、《烟用三乙酸甘油酯》抽样规定 ·················· 34

第二节 分光光度法 ·································· 36

一、术语和基本原理 ······························ 36

二、仪器构造 ···································· 39

三、分光光度法的应用 ···························· 43

四、使用注意事项 ································ 48

第三节 气相色谱法 ·································· 50

一、色谱法基础知识 ······························ 50

二、气相色谱仪 ·································· 52

三、气相色谱检测器 ······························ 55

四、气相色谱方法开发与分析 ························ 61

五、气相色谱的应用与使用注意事项 ·················· 64

第四节 酸碱滴定法 ·································· 65

一、理论基础 ···································· 65

二、酸碱平衡 ···································· 67

三、酸碱指示剂 ·································· 68

四、酸碱滴定原理 ································ 70

五、酸碱滴定法的应用 ···························· 75

第五节 原子吸收光谱法 ································ 76

一、基本原理 ···································· 76

二、原子吸收光谱法特点和分类 ······················ 76

三、原子吸收分光光度计 ·························· 77

四、原子吸收光谱法的干扰及其抑制 ·················· 78

五、原子吸收光谱定量分析法 ······················ 80

六、应用及进展 ·································· 81

第六节 电感耦合等离子体质谱（ICP - MS） ·············· 81

一、概述 ······································ 81

二、主要组成部分 ································ 82

三、电感耦合等离子体质谱法的干扰及消除方法 ·········· 84

四、电感耦合等离子体质谱法的定量方法 ·············· 89

参考文献 ·· 92

第三章 烟用三乙酸甘油酯外观、色度、密度和折射率的测定 ········· 96

第一节 外观 ······································ 96

一、概述 ······································ 96

　　　二、检测方法 ································· 96
　　第二节　色度 ································· 97
　　　一、概述 ································· 97
　　　二、检测方法 ································· 100
　　第三节　密度 ································· 106
　　　一、概述 ································· 107
　　　二、检测方法 ································· 109
　　第四节　折射率 ································· 115
　　　一、概述 ································· 115
　　　二、检测方法 ································· 117
　　参考文献 ································· 121

■ 第四章　烟用三乙酸甘油酯含量的测定 ················· 124
　　第一节　皂化法 ································· 124
　　　一、原理 ································· 125
　　　二、检验步骤 ································· 125
　　　三、方法讨论 ································· 126
　　第二节　气相色谱法 ································· 126
　　　一、外标法 ································· 127
　　　二、内标法 ································· 138
　　第三节　气相色谱 – 质谱联用法 ················· 140
　　参考文献 ································· 141

■ 第五章　烟用三乙酸甘油酯酸度的测定 ················· 142
　　第一节　常规酸碱滴定法 ················· 142
　　　一、实验部分 ································· 143
　　　二、结果与讨论 ································· 144
　　第二节　快速酸碱滴定法 ················· 147
　　　一、实验部分 ································· 147
　　　二、结果与讨论 ································· 148
　　　三、小结 ································· 151
　　第三节　自动电位滴定法 ················· 151
　　　一、实验部分 ································· 152
　　　二、结果与讨论 ································· 154
　　　三、小结 ································· 161

参考文献 ………………………………………………………… 161

■ 第六章　烟用三乙酸甘油酯水分的测定 ……………………… 163
　第一节　卡尔·费休法 ……………………………………… 163
　　一、实验部分 ……………………………………………… 165
　　二、结果与讨论 …………………………………………… 167
　　三、小结 …………………………………………………… 171
　第二节　气相色谱法 ………………………………………… 171
　　一、实验原理 ……………………………………………… 172
　　二、实验部分 ……………………………………………… 173
　　三、结果与讨论 …………………………………………… 176
　　四、小结 …………………………………………………… 194
　参考文献 ……………………………………………………… 194

■ 第七章　烟用三乙酸甘油酯中砷和铅的测定 ………………… 197
　第一节　比色法 ……………………………………………… 198
　　一、检测方法 ……………………………………………… 198
　　二、方法讨论 ……………………………………………… 199
　第二节　分光光度法 ………………………………………… 202
　　一、原理 …………………………………………………… 202
　　二、检测方法 ……………………………………………… 203
　　三、结果与讨论 …………………………………………… 203
　第三节　原子吸收光谱法 …………………………………… 204
　　一、原理 …………………………………………………… 204
　　二、检测方法 ……………………………………………… 205
　　三、结果与讨论 …………………………………………… 206
　　四、小结 …………………………………………………… 207
　第四节　原子荧光法 ………………………………………… 207
　　一、原理 …………………………………………………… 207
　　二、仪器与试剂 …………………………………………… 208
　　三、研究方法 ……………………………………………… 208
　　四、结果与讨论 …………………………………………… 209
　第五节　ICP－MS法 ………………………………………… 212
　　一、原理 …………………………………………………… 212
　　二、仪器设备 ……………………………………………… 212

三、试剂与材料 ……………………………………………………… 212

四、样品制备 ………………………………………………………… 213

五、分析步骤 ………………………………………………………… 214

六、测定 ……………………………………………………………… 214

七、检出限、定量限和回收率 ……………………………………… 215

八、结论 ……………………………………………………………… 215

参考文献 …………………………………………………………… 216

■ 第八章　滤棒中三乙酸甘油酯添加量的检验 ………………………… 218

第一节　滤棒中三乙酸甘油酯添加量的检验 …………………… 219

一、原理 …………………………………………………………… 219

二、检测方法 ……………………………………………………… 219

三、结果与讨论 …………………………………………………… 221

第二节　滤棒中三乙酸甘油酯施加量均匀性的测定 …………… 230

一、检测方法 ……………………………………………………… 231

二、结果与讨论 …………………………………………………… 232

参考文献 …………………………………………………………… 252

第一章

烟用三乙酸甘油酯概况

在使用二醋酸纤维素丝束制作卷烟滤棒时，需要添加一种材料，该材料一方面能改善丝束加工成型时的工艺性能（如润滑性），同时又能使醋纤丝束表面局部溶解，继而粘连，进而固化，达到增加滤棒硬度的目的。这种材料常称为增塑剂。由于卷烟滤棒使用情况的特殊性，要求该增塑剂无色、无味、无毒，与二醋酸纤维素相溶性很好且黏度较低的液体化工材料。

在醋纤滤棒发展过程中，曾有很多种材料作为滤棒成型的增塑剂，如邻苯二甲酸二甲氧基乙酯、聚乙二醇二醋酸酯、三甘醇二醋酸酯、二甘醇二丙酸酯、甘油三丙酸酯、柠檬酸三乙酯等。国内在20世纪90年代出现的醋纤滤棒增塑剂、快干型滤棒助剂等，就是这类化学品中的某些品种的混合物。但在安全、卫生、环保、使用性能、来源及成本等许多方面，它们和三乙酸甘油酯相比较，后者更具有安全无毒、易降解、制造工艺成熟、来源稳定且成本适中等优点。所以，目前国内外卷烟行业生产醋纤滤棒的增塑剂，普遍采用三乙酸甘油酯。

第一节

烟用三乙酸甘油酯简介

一、定义和性质

三乙酸甘油酯由丙三醇与乙酸或乙酸酐在催化剂作用下反应制得，是无色、无臭的油状黏稠液体，味苦。

YC/T 195—2005《烟用材料标准体系》中3.1.55对烟用三乙酸甘油酯的定义为："由丙三醇（甘油）与乙酸（醋酸）或乙酸酐（醋酐）在酸催化作

用下经酯化反应制得，无色、无臭、油状黏稠液体。主要用于醋酸纤维滤棒的增塑固化。"

烟用三乙酸甘油酯俗称滤棒增塑剂，也称滤棒固化剂，是一种能够使二醋酸纤维素丝束固化成型，从而增加滤棒硬度和可塑性，满足卷烟接装生产工艺需要和消费者感官需求的材料。

中文名称：三乙酸甘油酯。

化学名称：丙三醇三乙酸酯。

别名：三醋酸甘油酯、甘油三乙酸酯、三醋精。

英文名称：Triacetin；Glycerol triacetate。

分子式：$C_9H_{14}O_6$。

结构简式：$(CH_3COOCH_2)_2CHOOCCH_3$。

相对分子质量：218.20。

美国化学物质登录号（CAS 编号）：102 - 76 - 1。

美国食用香料制造者协会编号（FEMA 编号）：2007。

欧洲化学品登记号（EC 编号）：203 - 051 - 9。

GB 2760—2014《食品安全国家标准　食品添加剂使用标准》中允许使用的食品用合成香料名单附录表 B.3 中的编码为 S1203。

三乙酸甘油酯的物理性质见表 1 - 1。

表 1 - 1　　　　　　　　　　三乙酸甘油酯的物理性质

指标名称	数值	指标名称	数值
沸点（760mmHg）/℃	258.8	表面张力（21℃，N_2）/（mN/m）	35.6 ± 2.0
熔点/℃	-78	闪点（闭口）/℃	138
相对密度（ρ_{20}）	1.1582	闪点（开口）/℃	146
折射率（n_D^{20}）	1.4312	燃点/℃	433
介电常数（21℃）	6.0 ± 1.0	蒸发热（25℃）/（kJ/mol）	82.10 ± 0.21
偶极矩（C_6H_6）/（10^{-30} cm）	8.61	蒸气压（60℃）/kPa	0.00666
黏度（25℃，30r/min）/（mPa·s）	10.1	蒸气相对密度（空气 = 1）	7.52

关于三乙酸甘油酯的熔点或凝固点，目前尚无十分有力的验证数据。在北方，冬天 -15℃就曾发现过三乙酸甘油酯凝固的现象，但在实验室中，无论是玻璃瓶、塑料瓶、金属包装，在冰箱（-19℃）和冰库（-35℃）的低温下，均未发现有凝固现象。

三乙酸甘油酯微溶于水，25℃时，在水中的溶解度为 70g/L。三乙酸甘油酯能溶解于醇、醚、苯、三氯甲烷、低级脂肪酸酯和蓖麻油，但不溶于正己烷、正庚烷等直链烷烃，也不溶于亚麻仁油。在聚氯乙烯（PVC）的常用增塑剂中，柠檬酸酯、酒石酸二丁酯、己二酸二辛酯、环氧大豆油等与之相溶，而许多较长碳链的醇制成的增塑剂如邻苯二甲酸二辛酯（DOP）、对苯二甲酸二辛酯（DOTP）、邻苯二甲酸二异壬酯（DINP）等与之不溶。在高分子材料里，三乙酸甘油酯能溶解醋酸纤维素、丙烯酸树脂、聚乙酸乙烯酯等，对天然松香也有一定的溶解，但不与聚氯乙烯、聚苯乙烯、氯化橡胶相溶。

三乙酸甘油酯遇水会发生皂化反应（即酯化反应的可逆反应），生成二乙酸甘油酯、单乙酸甘油酯、甘油、乙酸，反应程度取决于水量、反应时间和反应温度，且在酸、碱催化剂、高温或其他杂质存在的情况下，反应速度会大大加快。

皂化反应过程如下：

三乙酸甘油酯 + 水──→二乙酸甘油酯 + 乙酸

二乙酸甘油酯 + 水──→单乙酸甘油酯 + 乙酸

单乙酸甘油酯 + 水──→甘油 + 乙酸

二、安全信息

本品无毒、无刺激性。具体的安全信息如下：

安全说明：23 – 24/25；

德国对水污染程度清单（WGK Germany）：1；

化学物质毒性数据库（RTECS）号：AK3675000；

海关编码：2915390090；

毒性：每日允许摄入量（ADI）不作特殊规定（FAO/WHO，2001）；

LD_{50} 3000mg/kg（大鼠，经口）；

使用限量：美国食用香料制造者协会（FEMA）：软饮料 190mg/kg；冷饮 60～2000mg/kg；糖果 560mg/kg；焙烤制品 1000mg/kg；胶姆糖 4100mg/kg。

三、用途

三乙酸甘油酯主要用作香烟过滤嘴黏结剂、香料固定剂、溶剂、增韧剂，用于从天然气体中吸收二氧化碳，并能应用于化妆品、铸造、医药、染料等行业。

（一）　在醋纤滤棒中的应用

三乙酸甘油酯作为增塑剂用于醋纤滤棒成型过程中，目的在于两个方面：一是改善丝束成型时的加工性能，并得到能满足卷烟接装工艺需要的滤棒；二是通过在丝束中加入三乙酸甘油酯，在卷烟抽吸过程中，降低烟气中的刺、杂、呛、辣感，使卷烟烟气丰满洁净、口感舒适，有令人满意的效果，所以对三乙酸甘油酯有一定的品质要求。

1. 三乙酸甘油酯在滤棒成型中的作用原理

三乙酸甘油酯通过高速旋转的毛刷作用后，形成雾状小滴施加于二醋酸纤维上后软化纤维表面，并缓慢向纤维内部渗透，不能及时渗透的增塑剂或多或少在纤维表面形成一定的黏性流层，逐步扩散到纤维其他区域。当该区域位于单丝结合点处时，软化且具有黏性的结合点表面将黏合在一起，随着增塑剂进一步渗透，表面逐步固化，滤棒内千千万万个黏结点固化使得滤棒的硬度得到明显提高。硬度提高是一个渐进的过程，一般来说，2h 就能初步达到工艺规定的指标，4h 后硬度变化趋于稳定。

2. 三乙酸甘油酯的施加方式

常用的有以下 3 种方法。

（1）涂刷喷雾方式　将增塑剂涂布在金属滚筒上，通过刷辊反相运转使增塑剂飞溅而喷涂在纤维束上。增塑剂的添加量通过液面的高低和金属滚筒转速的快慢进行调节。

（2）离心喷雾方式　通过定量齿轮泵向中间圆筒供应增塑剂，中间圆筒壁上有许多小孔，转动圆筒，增塑剂便喷涂在纤维束上。

（3）滚筒涂布方式　通过涂块向上部滚筒和递送滚筒输送增塑剂。在纤维束移动时，滚筒上的增塑剂涂布在纤维束上。

3. 影响滤棒硬度的主要因素

常见的有以下 4 种因素。

（1）增塑剂用量　增塑剂用量小于丝束质量的 6%，硬度明显不够，大于12% 时滤棒因塑化过度反而偏软，一般采用 6% ~10%，优选 7.5% ~9%。

（2）丝束填充量　丝束填充量越高，滤棒的最终硬度值越高；同样的丝束填充量，丝束的单旦数（dpf）较低，则滤棒的最终硬度较高。

（3）适当提高增塑剂施加辊刷的速度和采用双辊分流增塑剂施加系统，可在不增加增塑剂用量的情况下提高滤棒的硬度。

（4）增塑剂施加的均匀程度越好，得到的滤棒的硬度越高。这就要求丝束展开得较宽（250mm 以上）且很均匀，胶箱的水平度与成型机的水平面高度一致。

有机调节操作工艺中的各个环节，可以节约材料而各项指标均符合工艺要求，从而获得优质滤棒。

4. 三乙酸甘油酯对卷烟产品的影响

在卷烟滤嘴丝束中添加增塑剂的另一目的是修饰烟气的化学特性，起到去杂、纯化、减害的目的。如果加入的增塑剂本身就有酸味或其他杂气，这些成分在烟气抽吸过程中随着较高温度的烟气流进人口腔，给抽烟者增加刺、杂、呛、辣及其他不舒适刺激，就会破坏该种卷烟的吸味和风味，造成卷烟品质的下降。事实上，前几年使用的"快干增塑剂"，本身杂质多、气味重，对卷烟吸味有较大的影响，大多数烟厂只用在次级香烟滤嘴中。由于国家要求逐年下降卷烟的焦油含量，所以香烟的吸味越来越淡，为了弥补这方面的缺陷，许多卷烟生产企业在滤棒生产过程中结合三乙酸甘油酯采用加香技术，起到调味、增香、减害的目的。这就首先要求三乙酸甘油酯具有低酸度、无气味的优秀品质。

从目前市场上抽查的三乙酸甘油酯的品质来看，主要存在问题如下：杂质总量偏高（表现为三乙酸甘油酯含量偏低），杂质种类和个数偏多，色泽偏深，部分产品酸值偏高，部分企业的产品容易返酸而保质期达不到行业标准要求，气味偏重等。这就要求各生产企业根据自己产品的实际情况，和国内外优质产品相比较，逐步改进工艺，制造出三乙酸甘油酯含量高、色泽浅、无气味、极少危害性杂质、保质期长的具有国际先进水平的优质三乙酸甘油酯。

三乙酸甘油酯的品质主要决定于以下 3 个方面。

（1）选用合格的原料　醋酸里含有的甲酸、丙酸和醛、酮类物质都会对最终产品质量有所影响；选择大型甘油企业的食品级或医药级甘油也是保证产品品质的关键措施；选择合适的催化剂和带水剂，既能减少副反应，又能提高生产效率，也很重要。

（2）选择合理的工艺条件　如投料比、反应温度、酯化终点的确定等，达到减少副反应、保证品质、提高工效、节约物耗和能耗的目的。

（3）精制工艺　选择合适的吸附材料如活性炭、分子筛进行吸附，既可去掉部分有害杂质（包括产生异味的小分子化合物），又可降低成品色泽。

（二）　三乙酸甘油酯在其他方面的应用

1. 食品及医药方面

由于三乙酸甘油酯有良好的固水性能，常用作糕点食品的保湿剂；在香精香料行业中，用作香精香料的溶剂和定香剂；在医药方面用作胶囊丸和药片糖衣的增塑剂和黏结剂；在口香糖产业中用作乳化剂。

口香糖又称胶姆糖，其主要成分除糖类与甜味剂外，还有橡胶类（天然胶、合成胶等）、树脂类（松香甘油酯、氢化松香甘油酯等）、填料类（碳酸钙、碳酸镁、滑石粉等）、食用石蜡、香料和乳化剂等。乳化剂由单、双脂肪酸甘油酯和三乙酸甘油酯组成，它能降低橡胶和树脂的硬度和弹性，起到增塑和软化作用；同时使各种材料能均匀地捏合在一起，起到改善口感的作用。三乙酸甘油酯用量一般为 2% ~4%，过多加入会产生苦味。

2. 食品原料工业方面

在食品乳化剂的生产中，用三乙酸甘油酯与甘油三脂肪酸酯在碱性催化或生物酶作用下进行酯交换反应，生成醋酸甘油单、二脂肪酸酯，它在食品工业特别是冷饮品中有着十分重要的用途。

3. 增塑剂行业

由于邻苯类增塑剂的毒性而在许多领域被禁用，各种环保增塑剂应运而生。而三乙酸甘油酯安全无毒、易生物降解且原料均可来源于生物化工，是典型的环保增塑剂品种。一方面在许多领域如黏合剂、油墨、生物塑料的加工过程中，三乙酸甘油酯可代替或部分代替相对分子质量较低的增塑剂如邻苯二甲酸二丁酯（DBP）等直接应用；另一方面，以三乙酸甘油酯为原料，与较长碳链的脂肪酸（如月桂酸等）反应，生成二乙酸单月桂酸甘油酯，即是一种安全无毒、环保性能好、增塑性能较全面的新型环保增塑剂。

4. 铸造行业方面

三乙酸甘油酯用作铸造型砂的硬化剂。在水玻璃型砂中，用量为型砂量的 0.42% ~ 0.45%；在碱性酚醛树脂型砂中，用量为型砂量的 0.375% ~ 0.45%。使用三乙酸甘油酯的好处，一是型砂不需经烘干或吹二氧化碳硬化，在 24h 内会产生自硬作用，即可达到浇铸所需的硬度；二是使用三乙酸甘油酯等有机酯的型砂浇铸工艺，浇铸时不产生有毒气体；由于型砂退让性好，铸件无裂纹，表面光洁，尺寸精度好，加工余量小；型砂浇铸时溃散性好，砂的回用率可达 85% ~ 90%；易清砂，工人劳动强度底，劳动环境好。

5. 其他

可用于火箭固体发射药黏结剂、酯酶底物测定、气相色谱固定液、印染助剂等方面。

四、三乙酸甘油酯的国内外法律法规

国内历史上最多时曾出现过 50 多家生产三乙酸甘油酯的工厂。经过多年的整合和变化，2011 年全国产能约 8 万吨，其中年产销量在千吨以上的企业有 9 家。

2009 年三乙酸甘油酯的销售情况：烟草行业 23000t，铸造行业 7000t，香精香料及食品行业 1500t，其他行业 200t，出口 16000t。2009 年全年国内生产三乙酸甘油酯总量 48000t 左右。

三乙酸甘油酯产品按用途分为铸造级、烟用级和食品级，三种级别的三乙酸甘油酯技术指标见表 1 – 2。需要说明的是铸造级、食品级三乙酸甘油酯目前尚无国家标准和行业标准，该指标为部分生产企业的企业标准。烟用级指标为 YC 144—2008《烟用三乙酸甘油酯》所规定。

表 1－2　　　　　铸造级、烟用级和食品级三乙酸甘油酯技术指标

项　目	铸造级	烟用级	食品级
外观	无色油状黏稠液体	无色油状黏稠液体	无色油状黏稠液体
色度（Pt－Co 色号）/Hazen 单位	≤30	15	≤15
三乙酸甘油酯含量/%	≥98.0	≥99.0	≥99.0
酸度（以乙酸计）/%	≤0.1	≤0.01	≤0.01
水分/%	≤0.2	≤0.05	≤0.05
折射率（n_D^{20}）	1.429～1.435	1.430～1.435	1.430～1.435
密度（ρ_{20}）/（g/cm³）	1.154～1.164	1.154～1.164	1.154～1.164
铅（Pb）/（μg/g）	—	≤5.0	≤5.0
砷（As）/（μg/g）	—	≤1.0	≤1.0

　　国内外食品中相关产品的法律法规主要有国际食品添加剂法典（1996）、欧盟指令 2000/63/EC（2000）、美国食品化学法典（第五版，2004）、我国 GB 29938—2013《食品安全国家标准　食品用香料通则》，其对三乙酸甘油酯的技术要求统计见表 1－3。

表 1－3　　　　　国内外食品中三乙酸甘油酯的法律法规要求

	国际食品添加剂法典	欧盟指令食品添加剂 E1518	美国食品化学法典	GB 29938—2013
外观	无色油状液体、有微弱脂肪气味	无色油状液体、有微弱脂肪气味	无色油状液体	—
三乙酸甘油酯含量/%	≥98.5	≥98.0	≥98.5	≥98.5
酸度（以乙酸计）/%	有测定方法，没指标要求			
水分/%	≤1.0	≤0.2	≤0.2	
色度/Hazen 单位	—	—	—	
密度（ρ_{25}）/（g/cm³）	1.154～1.158	1.154～1.158	1.154～1.158	
折射率（n_D^{25}）	1.429～1.431	1.429～1.431	1.429～1.431	
砷（As）/（mg/kg）	—	≤3.0		≤3.0
铅（Pb）/（mg/kg）	≤2.0	≤5.0	≤1.0	≤10.0
沸程/℃	258～270	258～270	258～270	
灰分/%	≤0.02	≤0.02	—	
用途	保润剂、溶剂	添加剂（如口香糖）	保润剂、溶剂	食品用香料

　　可以看出：国内外食品行业对三乙酸甘油酯的产品标准几乎一致，一般没有色度要求，密度和折射率一般是 25℃条件下的测量值。

国外部分企业三乙酸甘油酯的技术指标见表1-4。该数据为德国科宁公司的分析方法测试值。从表1-4中可以看出，国外生产商的质量标准与YC 144—2008《烟用三乙酸甘油酯》基本一致，仅个别指标略高一些。

表1-4　　　　　　　　国外部分企业三乙酸甘油酯的技术指标

公司名称	含量/%	色度/Hazen	密度（ρ_{20}）	折射率（n_D^{20}）	水分/%	酸度/%
美国伊士曼	99.5	10	1.154~1.158	1.429~1.431	0.05	0.002
日本大赛璐	99.0	15	1.154~1.163	1.429~1.435	0.05	0.005
德国科宁	97~100.5	—	1.159~1.161	1.429~1.432	0.05	0.007
美国弗士塞	99.0	10	1.154~1.164	1.430~1.435	0.05	0.02
韩国大洋	99.0	15	1.158~1.162	1.429~1.435	0.15	0.005

国内外烟草企业对三乙酸甘油酯的技术要求统计见表1-5。可以看出，YC 144—2008比YC/T 144—1998要求更加严格，菲莫国际烟草公司（以下简称菲莫）、英美烟草公司（BAT）对三乙酸甘油酯含量、酸度要求更加严格。国内各中烟公司都是依据行业标准对所用的烟用三乙酸甘油酯进行监控，而各供应商也几乎全是以行业标准为基础，在三乙酸甘油酯含量、酸度、水分等指标上甚至提出更高的内控标准，且这种内控标准根据不同中烟公司的实际情况，也会适当调整。

表1-5　　　　　　　　国内外烟草企业对三乙酸甘油酯的技术要求

	YC/T 144—1998	YC 144—2008	菲莫	BAT
外观	无色无嗅油状液体，微溶于水，易溶于醇、醚等有机溶剂	无色油状黏稠液体	清澈液体、无悬浮物	清澈液体、无悬浮物
三乙酸甘油酯含量/%	98.5~100.4（皂化法）	≥99.0	≥99.5	≥99.5
酸度（以乙酸计）/%	≤0.03	≤0.01	≤0.005	≤0.005
水分/%	≤0.15	≤0.05	≤0.05	≤0.05
色度/Hazen单位	≤30	≤15	≤15	≤15
密度（ρ_{20}）/（g/cm³）	1.154~1.164		1.154~1.158	1.154~1.164
折射率（n_D^{20}）	1.430~1.435		1.430~1.435	1.430~1.435
砷（As）/（mg/kg）	≤3.0	≤1.0	≤1.0	≤1.0
铅（Pb）/（mg/kg）	≤10.0	≤5.0	≤5.0	≤5.0
灰分/%	≤0.02	—	—	≤0.02

从整个行业分析，国外企业是把三乙酸甘油酯作为精细化工产品来对待，除了用于卷烟滤棒的生产外，在香精香料、食品添加剂、增塑剂等行业的应用也很广泛，在气味、重金属等方面都有严格的要求，并且需要相关的认证证书和检测报告。

第二节

烟用三乙酸甘油酯生产工艺

一、生产工艺

（一）原理

三乙酸甘油酯是以丙三醇（甘油）和乙酸在酸性催化剂作用下，加热并用脱水剂带走生成的水，得到半成品，再经乙酸酐深度酯化得到粗成品，并经脱酸、脱色、精制而成。

化学反应方程式如下：

$$(CH_2OH)_2CHOH + 3CH_3COOH \longrightarrow (CH_3COOCH_2)_2CHOOCCH_3 + 3H_2O$$

丙三醇　　　　乙酸　　　　　三乙酸甘油酯　　　　　水

以上反应是可逆反应，为了使丙三醇能充分酯化，采用过量乙酸，同时使用脱水剂把反应生成的水不断分离出去，可以得到丙三醇酯化转化率为94%～98%的半成品。由于丙三醇分子中间的—OH为仲羟基，反应活性较差，且受位阻作用的影响较大，反应生成的二乙酸甘油酯进一步反应生成三乙酸甘油酯较为困难，需采用乙酸酐强制酰化的方法，反应方程式如下：

$$(CH_3COOCH_2)_2CHOH + (CH_3CO)_2O \longrightarrow (CH_3COOCH_2)_2CHOOCCH_3 + CH_3COOH$$

二乙酸甘油酯　　　　乙酸酐　　　　　三乙酸甘油酯　　　　　乙酸

（二）生产流程

三乙酸甘油酯的生产流程见图1-1。生产工艺中酯化工段可以采用连续法，也可以采用间歇法，国内以间歇法为主，也有采用半连续法的生产工艺。

典型的间歇法生产三乙酸甘油酯的生产工艺简述如下。

（1）投料　乙酸与丙三醇的质量比为（3.2～3.8）:1，乙酸的质量比过高，则反应体系温度较低而导致反应速度偏慢；乙酸的质量比过低，则反应速度较快而副产品反应增加，使产品色度变深且反应终点时因乙酸含量较低使酯化深度较差。催化剂和脱水剂因品种而异，投料比也有区别。投料完毕开始加热。

（2）酯化　在酯化塔顶依靠带水剂与反应生成的水形成共沸物，经冷凝器冷凝后，分层，上层的带水剂仍回流入塔顶，下部的水层不断移走。当生成

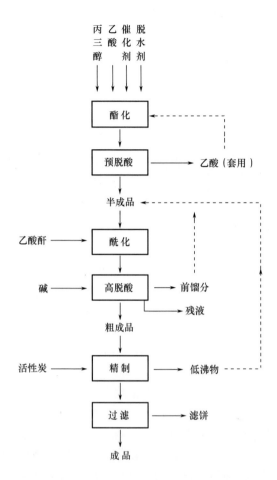

图 1-1　三乙酸甘油酯生产流程图

水的速度较慢时，酯化结束。

（3）预脱酸　控制温度，减慢或停止加热，将釜中过量的乙酸大部分蒸出，必要时拉真空进行。

（4）酰化　加入上批高脱酸拉出的半成品和精制釜拉出的低沸物，在100～120℃时以一定速度加入乙酸酐进行酰化，同时掌握合适的温度。

（5）高脱酸　加热至140℃左右，酰化结束，加入碱中和（H_3PO_4作催化剂时不需中和）。真空脱酸。开始阶段少量脱出的酸浓度很高，可直接用于酯化工段投料，以后脱出部分在下批酰化工段开始前投料。在出液酸度小于1%时，即作为粗成品收集。

以上各工段操作，可以在同一反应釜中完成，也可以分段在不同的反应釜中完成。

（6）精制　主要是通过拉真空使粗成品中残余的乙酸和易挥发的杂质进一步清除，使之酸值达到技术指标要求，同时达到脱去异味的目的。

最后经过滤得到成品。

二、主要原料

（一）乙酸

乙酸也称醋酸、冰醋酸，化学式 CH_3COOH，相对分子质量：60.05，是一种有机一元酸，为食醋内酸味及刺激性气味的来源。纯的无水乙酸（冰醋酸）是无色的吸湿性固体，凝固点为 16.7℃，凝固后为无色晶体。尽管根据乙酸在水溶液中的离解能力可知，它是一种弱酸，但是乙酸是具有腐蚀性的，其蒸气对眼、鼻和皮肤有强烈的刺激性作用。

乙酸的物理性质见表 1-6。

表 1-6　　　　　　　　　　　**乙酸的物理性质**

参数	数值	参数	数值
熔点/℃	16.2	蒸气压（20℃）/mmHg	11.4
沸点/℃	97.4	折射率（n_D^{20}）	1.371
密度（25℃）/（g/mL）	3.24	闪点/℉	104
蒸气相对密度	2.07		

乙酸的化学性质：醋酸具弱酸性（$K_a = 1.75 \times 10^{-5}$，25℃），能与碳酸氢钠、碳酸钠和氢氧化钠作用成盐；与三氯化磷、五氯化磷或亚硫酰氯作用时生成酰氯；与脱水剂一起加热生成醋酸酐；在浓硫酸催化下与醇反应生成酯；与氨、碳酸铵或铵作用生成酰胺；醋酸的钠盐与碱石灰共热时生成甲烷；醋酸的钙、钡、锰、铅盐强热时生成丙酮；醋酸的 α-氢原子活泼，容易被卤素取代生成 α-卤代乙酸。

乙酸是一种简单的羧酸，由一个甲基一个羧基组成，是一种重要的化学试剂。在化学工业中，它被用来制造聚对苯二甲酸乙二醇酯，即涤纶纤维和饮料（如雪碧瓶）的主体成分。乙酸也被用来制造电影胶片所需的醋酸纤维素和木材用胶黏剂中的聚乙烯乙酸酯，以及很多合成乙酸酐、对苯二甲酸、乙酸酯、乙酸盐、氯乙酸及食用、染料、医药制品等方面，其衍生物多达数百种。家庭中，乙酸稀溶液常被用作除垢剂。食品工业方面，在食品添加剂列表 E260 中，乙酸是规定的一种酸度调节剂。

醋酸的工业生产方法主要有乙醛氧化法、乙烯-乙醛-醋酸两步法和甲醇羰基合成法。甲醇羰基合成法的原料为甲醇和一氧化碳，又分为高压法和低压法，高压羰基合成法由于反应条件苛刻（温度250℃，压力70MPa），且副产品多，目前已全部停产。在所有的生产工艺中，以低压羰基合成法的工艺路线最优。多年来，我国江苏索普集团在西南化工研究院、清华大学、中科院化学所等许多科研单位联合协作下，解决了工艺软件、工程设计、特材设备的研制、加工制作等一系列难题，建立了具有自主知识产权的低压羰基合成醋酸工艺路线，各项指标均达到国际先进水平。

近十年来，我国是世界上乙酸产量增加最多最快的国家，至2010年年底，我国的乙酸总产能达到400万t以上。主要大型生产企业全部采用低压羰基合成法，产品质量优、生产成本低、竞争能力强。据2014年统计，主要生产企业有：江苏索普化工股份有限公司（60万t/年）、上海吴泾化工有限公司（55万t/年）、兖矿国泰化工有限公司（60万t/年）、塞拉尼斯（南京）化工有限公司（60万t/年）、扬子江乙酰化工有限公司（35万t/年），这五家企业的产能占到全国总产能的2/3。

（二）丙三醇（甘油）

丙三醇俗称甘油，分子式：C_3H_8O；相对分子质量：92.09。

外观：无色无嗅的黏稠状液体，有甜味。

丙三醇的主要物理性质见表1-7。

表1-7　　　　　　　　丙三醇的物理性质

参数	数值	参数	数值
熔点/℃	20	折射率（n_D^{20}）	1.474
沸点/℃	290	闪点/℉	320
密度/（g/mL）	1.261	储存条件/℃	2~8
蒸气相对密度	3.1	溶解度（20℃）/（mol/L）	5
蒸气压（20℃）/mmHg	<1	水溶解性（20℃）/（g/L）	>500

化学性质：与酸发生酯化反应，如与苯二甲酸酯化生成醇酸树脂；与酯发生酯交换反应；与氯化氢反应生成氯代醇。甘油脱水有两种方式：分子间脱水得到二甘油和聚甘油；分子内脱水得到丙烯醛。甘油与碱反应生成醇化物；与醛、酮反应生成缩醛与缩酮；用稀硝酸氧化生成甘油醛和二羟基丙酮，用高碘酸氧化生成甲酸和甲醛；与强氧化剂如铬酸酐、氯酸钾或高锰酸钾接触，能引起燃烧或爆炸；甘油也能发生硝化和乙酰化等反应。

甘油以甘油三酯的形式广泛存在于动植物体内，因此动植物油脂经皂化水解是制备甘油的一个重要来源，也是目前生产甘油的主要方法。近年来，随着石油能源的日益紧张，开发生物柴油成为一项新兴绿色能源来源，其工艺是以动植物油脂为原料，在催化剂的作用下与甲醇进行酯交换反应，得到脂肪酸甲酯（即生物柴油）和粗甘油，粗甘油再经精制得到精甘油。

甘油也能以淀粉或糖蜜为原料在特种酵母的作用下经发酵而制得；甘油还可以以丙烯为原料合成制取，丙烯先制成环氧氯丙烷，再在碱性条件下水解得到甘油。

甘油的用途：主要用作制造硝化甘油、醇酸树脂、聚氨酯树脂和环氧树脂的原料；甘油还广泛用于医药、食品、日用化工、纺织、造纸、涂料等工业；并用作汽车和飞机燃料以及油田的防冻剂。

近年来，邻苯二甲酸酯类因毒性问题而被限制和禁止使用，环保增塑剂新品种不断推出。以甘油为原料的环保增塑剂有：三苯甲酸甘油酯、苯甲酸异丁酸甘油酯、辛癸酸醋酸甘油酯、乙酰氢化蓖麻油醋酸甘油酯、月桂酸二醋酸甘油酯等产品，目前已经推广并不断扩大应用范围。

据 2010 年统计，我国较大的甘油生产企业有：益海嘉里集团（5 万 t/年）、泰柯棕化（张家港）有限公司（1.5 万 t/年）、浙江纳爱斯化工股份有限公司（1.5 万 t/年）、如皋市双马化工有限公司（1.5 万 t/年）。

（三）　醋酸酐

醋酸酐学名乙酸酐，俗称醋酸酐、醋酐；分子式：$C_4H_6O_3$；相对分子质量：102.09。

醋酸酐为无色易挥发，具有强烈刺激性气味和腐蚀性液体。闪点 64.4℃，密度 1.082g/mL，熔点 -74.13℃，沸点 138.63℃，折射率 1.390，20℃时黏度 0.91mPa·s，自燃点 388.9℃。溶于冷水，在热水中分解成醋酸，与乙醇反应生成醋酸乙酯和醋酸；溶于氯仿、乙醚和苯。有毒，对眼及黏膜具有强烈的刺激性，蒸气刺激性更强，极易烧伤皮肤及眼睛，如经常接触会引起皮炎和慢性结膜炎。对大鼠 LD_{50} 为 1780mg/kg。当溅及或黏附于皮肤时，要立即用清水或质量分数为 2% 的苏打水冲洗，全身中毒时应及时就医诊治。

醋酸酐主要用于生产醋酸纤维素，其中二醋酸纤维素用于制造香烟过滤嘴和塑料，三醋酸纤维素是制造高级感光胶片的材料，还广泛用于医药、染料、农药、军工、香料、金属抛光等行业。乙酸酐属于"二类易制毒品"，醋酸酐的生产、经营都要依法在公安机关备案取证，企业卖出的每一批商品都要进行详细的登记，并到公安机关备案。

工业化的醋酸酐生产工艺有 3 种：乙醛氧化法、乙烯酮法和醋酸甲酯羰基化。其中乙烯酮法又可以分为醋酸法和丙酮法，我国目前以醋酸法为主。

2003 年，江苏丹化集团、中国科学院和北京大学三家合作，建成国内第一套羰基化合成醋酸酐装置，装置规模为 2 万 t/年醋酸酐。该装置也可以调整生产醋酸甲酯，由兰州石化设计院承担工程总承包及设计，生产出的醋酸酐产品纯度达到99.5%以上，醋酸甲酯达到99.9%以上。羰基化合成醋酸酐工艺，反应器由酯化器和羰基化反应器构成，甲醇和醋酸在酯化器内生成醋酸甲酯，醋酸甲酯在羰基化反应器内与一氧化碳合成醋酸酐。该工艺生产醋酸酐时，主要原料为甲醇、一氧化碳和醋酸。

据2010年统计，国内乙酸酐的主要生产企业有：塞拉尼斯南京化工有限公司（乙酸法，10万t/年）、江苏丹化集团有限责任公司（羟基法，7万t/年）、吉林化学工业（集团）股份有限公司（乙酸法，8万t/年）、湖州新奥特医药化工有限公司（乙酸法，3万t/年）、宁波大安化学工业有限公司（乙酸法，3万t/年）。

（四） 催化剂

制备三乙酸甘油酯常用的催化剂有硫酸、对甲苯磺酸和磷酸，专利和文献中也有以硫酸氢盐、杂多酸、酸性树脂、离子液体等作为催化剂的，但未见工业化生产的报道。

催化剂的品种、使用量和使用条件对产品质量会有较大的影响。使用合适的催化剂，以确保三乙酸甘油酯的含量高、杂质少、色泽浅、酸度低、保质期长，值得各生产企业长期深入研究。

（五） 脱水剂

脱水剂又称带水剂，是利用其与水形成二元共沸物，在塔顶经冷凝器冷凝后使之分层，上层带水剂回流入塔顶继续共沸带水，下层水相不断导出系统使酯化反应不断向深度进行。

醋酸酯生产中常用的带水剂有苯、正己烷、醋酸乙酯、醋酸异丙酯、醋酸正丙酯、醋酸丁酯等。在三乙酸甘油酯生产工艺中，常用的带水剂为醋酸异丙酯和醋酸正丙酯。

第三节

产品质量技术要求

在卷烟滤棒中添加三乙酸甘油酯一方面是为了增加滤棒硬度，另一方面是为了修饰烟气，起到去杂、纯化、减害的目的。如果添加的三乙酸甘油酯本身就含有酸味或其他杂气，这些成分随着较高温度的烟气流进入口腔，会给抽烟者增加刺、杂、呛、辣或其他不舒适的刺激，从而破坏卷烟的吸味和风格，造成卷烟品质的下降。因此，用于生产三乙酸甘油酯的原料品质、生产设备工艺技术条件、催化剂的选择等均会对产品品质造成影响。选择不当会使三乙酸甘油酯保质期缩短，容易返酸，产生杂质和其他衍生物，使三乙酸甘油酯品质不稳定，最终将影响卷烟产品质量。

烟用三乙酸甘油酯对滤棒产品质量的影响指标主要取决于含量、水分和酸度。三乙酸甘油酯含量偏低，杂质就会偏高，有可能带入不安全成分而影响滤棒质量；三乙酸甘油酯酸度偏高，容易返酸和产生酸味，导致滤棒有酸味或异味；三乙酸甘油酯水分偏高，增塑剂易分解返酸，导致滤棒产生酸味和霉变。

烟用三乙酸甘油酯的技术指标分为物理和化学指标，物理指标主要是外观、色度、密度、折射率要求，化学类指标主要包括含量、酸度（以乙酸计）、水分、砷（As）、铅（Pb），其中砷（As）、铅（Pb）两种重金属元素为强制性指标。在以上指标中，含量、水分和酸度对滤棒产品质量和卷烟吃味的影响最大，砷（As）、铅（Pb）是两个安全性指标。

烟用三乙酸甘油酯的技术指标要求的确定应充分考虑"烟用"的实际情况，并立足化学试剂本身，宜采用以下三项原则：

①技术指标特性应满足滤棒生产、卷烟产品质量和安全性的需要；

②技术指标应符合大多数法律法规；

③样品普查分析验证技术指标的科学性和适用性。

YC 144—2008《烟用三乙酸甘油酯》规定外观指标为：烟用三乙酸甘油酯为无色、无嗅、油状液体，不含杂质。按 YC 144—2008《烟用三乙酸甘油酯》规定，烟用三乙酸甘油酯的技术指标见表 1-5。

一、外观

三乙酸甘油酯的外观应符合"无色、无嗅、油状液体，不含机械杂质"的要求。在原 YC/T 144—1998《烟用三乙酸甘油酯》中，对外观的规定为"本品为无色、无嗅、油状液体，微溶于水，易溶于醇、醚等有机溶剂"，其对于三乙酸甘油酯溶解性的要求，要通过溶解实验进行考查，且"微溶于水，易溶于醇、醚等有机溶剂"属于三乙酸甘油酯的基本性质，评价的必要性不大。在这种情况下，增加"不含机械杂质"的描述，不仅便于操作，而且可以防止烟用三乙酸甘油酯生产及储存环节引起的污染。

二、色度

色度是相对表征色泽的一种定量评定，化学产品中，透明液体如溶剂、油漆、油脂等产品的外观色度，是产品最直接的评价指标，是重要性能之一，对其用途有重要的影响。

三乙酸甘油酯的色度体现"烟用"的方面主要是影响二醋酸纤维丝束滤嘴的色泽，即使对一些有色滤嘴而言，若三乙酸甘油酯产品色度不达标，会造成底色不纯，也会影响滤嘴色泽和产品质量。

色度属于烟用三乙酸甘油酯的二类技术指标。YC 144—2008 批质量判定规定："若三乙酸甘油酯外观、水分、色度、折射率、密度指标中有两项或两项以上指标不合格，则判该批产品不合格。"

从相关法律法规看：

（1）食品行业对三乙酸甘油酯的色度无检测方法，也无限量指标。

（2）烟草上，对于色度的规定比较统一，菲莫、BAT 的色度要求均为≤15；YC 144—2008 比 YC/T 144—1998 在色度指标上要求更严，从≤30 降低至≤15。

（3）美国伊斯曼、日本大赛路的色度指标分别为≤10 和≤15。

从普查分析数据看：检测的 55 个样品中，色度均≤10，说明我国在用的烟用三乙酸甘油酯的色度控制良好（见表 1 - 8）。

表 1 - 8　　　　　　　　　　色度普查分析数据统计

色度（Pt - Co 色号）	样品个数	占比/%
5	48	87.3
10	7	12.7
15	0	0.0

对技术指标的评价：

（1）色度影响滤嘴色泽和产品质量，色度值越低越好，指标控制的必要性较强；

（2）相关法律法规一般色度要求为≤15，且 YC 144—2008 比 YC/T 144—1998 在色度指标上要求已经更加严格；

（3）普查分析也表明，≤15 的要求适用性好。

因此，色度≤15 的技术要求相对合适。

三、密度

密度是物质的特性之一，不同物质的密度一般不同的，可以利用密度来鉴别物质。相对密度一般是把水在 4℃时的密度当作 1 来使用，另一种物质的密度跟它相除得到。相对密度只是没有单位而已，数值上与实际密度是相同的。

纯物质的密度在特定的条件下为不变的常数。但如果物质的纯度不够，则其密度的测定值会随着纯度的变化而变化。因此，测定物质的密度，可用以检查物品的纯杂度，在化工产品检验中，密度是常见的质量控制指标之一。

对于烟用三乙酸甘油酯，其含量要求不低于99.0%，已经属于高纯试剂，密度可以用来辅助评价烟用三乙酸甘油酯的产品质量，属于二类指标。YC 144—2008 批质量判定规定："若三乙酸甘油酯外观、水分、色度、折射率、相对密度指标中有两项或两项以上指标不合格，则判该批产品不合格。"

普查分析显示55个产品的密度在0.157～0.159，比较集中（见表1-9）。

表1-9　　　　　　　　　　　密度普查分析数据统计

相对密度	样品个数	占比/%	相对密度	样品个数	占比/%
$1.154 < X \leqslant 1155$	0	0.0	$1.160 < X \leqslant 1.161$	0	0.0
$1.155 < X \leqslant 1.156$	0	0.0	$1.161 < X \leqslant 1.162$	0	0.0
$1.157 < X \leqslant 1.158$	21	38.2	$1.162 < X \leqslant 1.163$	0	0.0
$1.158 < X \leqslant 1.159$	34	61.8	$1.163 < X \leqslant 1.164$	0	0.0
$1.159 < X \leqslant 1.160$	0	0.0			

从相关法律法规看：

（1）国内外食品行业对三乙酸甘油酯的密度指标一致，均为 1.154～1.158（ρ_{25}）；

（2）烟草行业一般选用 ρ_{20}，菲莫除外，为 1.154～1.158（ρ_{25}），BAT、美国伊斯曼、日本大赛路密度标准与 YC 144—2008 相仿，但范围收窄，分别为 1.154～1.164（ρ_{20}）、1.158～1.162（ρ_{20}）、1.154～1.163（ρ_{20}）；

（3）YC 144—2008 与 YC/T 144—1998 的规定一致，均为 1.154～1.164（ρ_{20}）。

对技术指标的评价：密度是化学试剂常见的质量控制指标之一，可以用来辅助评价烟用三乙酸甘油酯的产品质量，指标控制有一定的必要性；虽然普查分析的结果表明，现有产品的密度范围较窄，但限量指标的要求范围收窄的意义不大。

四、折射率

折射率也称为折光指数或折光率，是物质的一种物理性质。它是生产中常用的工艺控制指标，通过测定液态物品的折射率可以鉴别物品的组成，确定物品的浓度，判断物品的纯净程度及品质。

对于烟用三乙酸甘油酯，纯度较高，属于比较纯净的液体，折光指数可以用来进一步辅助评价烟用三乙酸甘油酯的产品质量，属于二类指标。YC 144—2008 批质量判定规定："若三乙酸甘油酯外观、水分、色度、折射率、密度指标中有两项或两项以上指标不合格，则判该批产品不合格。"

从相关法律法规看：

（1）国内外食品行业对三乙酸甘油酯的折光指数指标一致，均为25℃时的测量值，为1.429～1.431。

（2）烟草行业一般选20℃时的值，菲莫、BAT、日本大赛路折光指数标准与YC 144—2008相同，为1.430～1.435，美国伊斯曼为1.431～1.433，范围收窄。

（3）YC 144—2008与YC/T 144—1998的规定一致，均为1.430～1.435。

对技术指标的评价：折射率是化学试剂常见的质量控制指标之一，可以用来辅助评价烟用三乙酸甘油酯的产品质量，指标控制有一定的必要性；虽然普查分析的结果表明，现有产品的折射率范围较窄（见表1–10），但限量指标的要求范围收窄的意义不大。

表1–10　　　　　　　　　折射率普查分析数据统计

折射率	样品个数	占比/%	折射率	样品个数	占比/%
1.430	0	0.0	$1.432 < X \leqslant 1.433$	0	0.0
$1.430 < X \leqslant 1.431$	55	100.0	$1.433 < X \leqslant 1.434$	0	0.0
$1.431 < X \leqslant 1.432$	0	0.0	$1.434 < X \leqslant 1.435$	0	0.0

五、三乙酸甘油酯含量

三乙酸甘油酯是醋酸纤维滤棒常用的增塑剂，其纯度，即三乙酸甘油酯含量对卷烟一般有两方面的影响：①为了达到足够的硬度，三乙酸甘油酯的目标用量一般为整个滤棒重量的6%～10%，如三乙酸甘油酯含量不合格，将会影响滤棒的加工质量；②三乙酸甘油酯及其所含的杂质对卷烟的抽吸质量也有较大影响，所用产品的三乙酸甘油酯含量越高，其所含杂质就会越少，对卷烟吸味产生不利的影响就会越低。

所以，三乙酸甘油酯含量在产品的各类指标中属于一类指标，YC 144—2008批质量判定规定："若三乙酸甘油酯含量、酸度、砷、铅指标中有一项或一项以上指标不合格，则判该批产品不合格"，显示出了产品的三乙酸甘油酯含量的重要性。

从相关法律法规看：

（1）国内外，食品行业对三乙酸甘油酯的产品标准几乎一致，三乙酸甘油酯含量的要求一般为≥98.5%或98.0%，低于烟草行业。

（2）菲莫、BAT是瑞佳公司出口的客户，含量要求严格，不低于99.5%。

（3）美国伊斯曼、日本大赛路，含量指标与 YC 144—2008 相同，为 99.0%。

（4）YC 144—2008 比 YC/T 144—1998 在含量指标上要求更严，从 98.5% ~ 100.4% 提升至不低于 99.0%。

从普查分析数据看：55 个样品中，三乙酸甘油酯含量最低为 99.3%，最高为 99.9%，而 99.5% 以上的样品比例高达 89.1%，说明我国在用的烟用三乙酸甘油酯的纯度较高（见表 1 – 11）。

表 1 – 11　　　　　　　　三乙酸甘油酯含量普查分析数据统计

三乙酸甘油酯含量/%	个数	占比/%	三乙酸甘油酯含量/%	个数	占比/%
99.0	0	0	99.5	3	5.5
99.1	0	0	99.6	9	16.4
99.2	0	0	99.7	23	41.8
99.3	2	3.6	99.8	7	12.7
99.4	4	7.3	99.9	7	12.7

对技术指标的评价：从"烟用"的生产实际考虑，98.5%、99.0%、99.5% 的三乙酸甘油酯含量，对烟用二醋酸纤维滤棒的生产均能满足要求，但含量更低时，杂质增多，杂气可能会增大；

食品行业对三乙酸甘油酯含量的要求较低，而三乙酸甘油酯生产企业的内控标准一般比行业标准稍高，99.0% 的限量值也可以为烟用三乙酸甘油酯生产企业留出适当的稍严的内控标准浮动空间。

因此，99.0% 的三乙酸甘油酯含量限值是相对合适的。

六、酸度

三乙酸甘油酯的酸度体现"烟用"的方面主要是影响卷烟吃味，即如果添加的三乙酸甘油酯本身酸度较高，就会含有酸味，随着较高温度的烟气流进入口腔，给抽烟者增加刺、杂、呛、辣或其他不舒适的刺激，从而破坏卷烟的吸味和风格，造成卷烟品质的下降。

所以，酸度在产品的各类指标中属于一类指标，YC 144—2008 批质量判定规定："若三乙酸甘油酯含量、酸度、砷、铅指标中有一项或一项以上指标不合格，则判该批产品不合格"，显示出了烟用三乙酸甘油酯酸度指标的重要性。

另外，根据三乙酸甘油酯遇水会发生皂化反应（即酯化反应的可逆反应）的化学性质，三乙酸甘油酯在储存期间，会与产品中的水发生反应，生成二乙酸甘油酯、单乙酸甘油酯、甘油、乙酸，其酸度会逐渐变高，这种现象称之为"返酸"。当其酸度高到某一程度，超过产品质量标准值，就可能导致产品不能使用。目前国内三乙酸甘油酯生产企业的产品的酸值，一般在 0.002% ~ 0.005%，由于起始酸度对保质期的影响很大，YC 144—2008 中规定保质期为生产之日起 12 个月，可能部分企业的产品在储存期间酸值上升较大。

从相关法律法规看：

（1）食品行业对三乙酸甘油酯的酸度一般只有检测方法，而无限量指标。

（2）美国伊斯曼、日本大赛路的酸度要求比 YC 144—2008 更加严格，分别为 ≤0.002% 和 ≤0.005%。

（3）菲莫、BAT 的酸度要求均为 ≤0.005%。

（4）YC 144—2008 比 YC/T 144—1998 在酸度指标上要求更严，从 ≤0.03% 降低至 ≤0.01%。

从普查分析数据看：本次 55 个样品中，三乙酸甘油酯酸度最低为 0.001%，个别样品酸度较大，导致酸碱滴定到达不了终点，≤0.005% 的样品比例为 58.2%，≤0.010% 的比例为 72.7%（见表 1-12）。

表 1-12　　　　　　　　酸度普查分析数据统计

酸度/%	样品个数	占比/%	合格率/%	酸度/%	样品个数	占比/%	合格率/%
0.001	3	5.5		0.007	2	3.6	
0.002	7	12.7		0.008	1	1.8	
0.003	4	7.3		0.009	3	5.5	
0.004	11	20.0		0.010	1	1.8	72.7
0.005	7	12.7	58.2	$0.01 < X \leqslant 0.02$	2	3.6	
0.006	1	1.8		>0.02	14	25.5	

对技术指标的评价：

（1）从对卷烟的影响上看，酸度越低越好，但是在酸度 ≤0.010% 这个范围内的改变对抽吸口感并没有太大影响；

（2）美国伊斯曼、日本大赛路、菲莫、BAT 的酸度指标均要求 ≤0.005%，这一般是指出厂时的指标。据了解，我国各烟用三乙酸甘油酯生产企业的产品出厂时的酸度一般也在 0.005% 以下，如我国国家烟草质量监督检验中心在 2014—2015 年接收的 68 个委托检测样品中，有 80.9% 的样品酸度在 0.005% 以下，仅 3 个样品的酸度值 >0.01%（见表 1-13），这些委托样品一般均为生产企业的当期生产产品。而产品均有一个保质期，考虑到市场监督抽查中，抽到的样品可能是储存期的样品，均存在样品返酸的情况，且 YC 144—2008

比 YC/T 144—1998 在酸度指标上要求已经更加严格。

因此，酸度≤0.010% 是相对合适的。

表 1-13　国家烟草质量监督检验中心 2014—2015 年接收的委托样品的酸度检测数据统计

酸度范围/%	样品个数	占比/%	酸度范围/%	样品个数	占比/%
0.001	1	1.5	0.007	2	2.9
0.002	22	32.4	0.008	0	0.0
0.003	10	14.7	0.009	2	2.9
0.004	16	23.5	0.01	1	1.5
0.005	6	8.8	$0.01 < X \leqslant 0.02$	1	1.5
0.006	5	7.4	>0.02	2	2.9

七、水分

根据三乙酸甘油酯的化学性质，三乙酸甘油酯遇水会发生皂化反应（即酯化反应的可逆反应），在储存期间，三乙酸甘油酯会与产品中的水发生反应，生成二乙酸甘油酯、单乙酸甘油酯、甘油、乙酸，其酸度会逐渐变高，造成样品的"返酸"，且水分过高时易加速三乙酸甘油酯的水解而使产品酸值升高更快，最后导致产品酸值不合格。所以，低水分对三乙酸甘油酯产品的保质期有一定的正面作用。按目前的生产工艺，烟用三乙酸甘油酯产品的水分含量一般在 0.01% ~0.03%。

水分通过影响酸度间接地影响烟用三乙酸甘油酯的产品质量，在产品的各类指标中属于二类指标，YC 144—2008 批质量判定规定："若三乙酸甘油酯外观、水分、色度、折射率、密度指标中有两项或两项以上指标不合格，则判该批产品不合格"，可见，水分指标的重要程度比三乙酸甘油酯含量和酸度要弱一些，但还是有较强的必要性。

从相关法律法规看：

（1）食品行业对三乙酸甘油酯的水分要求较松，国际食品添加剂法典对水分的要求一般为≤1.0%，欧盟指令食品添加剂 E1518 和美国食品化学法典均要求为≤0.2%。

（2）美国伊斯曼、日本大赛路在国内主要供给浙江中烟，水分指标与 YC 144—2008 相同，菲莫、BAT 是瑞佳公司出口的客户，水分指标与 YC 144—2008 相同，均要求为≤0.05%。

（3）YC 144—2008 比 YC/T 144—1998 水分要求更严，从≤0.15% 降低至≤0.05%。

从普查分析数据看：本次 55 个样品中，三乙酸甘油酯水分≤0.010% 的有一个，≤0.05% 的样品占 54.5%，最高为 0.541%（见表 1–14），这与部分样品包装不符合规定，引起外界水分干扰有关。实验中发现，这些水分含量较高的样品有的采用玻璃磨口瓶盛装，并以胶带密封，但运输过程中造成了胶带的松弛，从而使样品包装的密封性较差，而三乙酸甘油酯具有吸水性，易受外界水分的干扰，甚至发现有的产品采用矿泉水瓶盛装，更容易吸收外界水分，造成水分含量增高。我国国家烟草质量监督检验中心在 2014—2015 年接收的 61 个水分委托检测样品中，有 87.0% 的样品水分在 0.04% 以下（见表 1–15），这些委托样品一般包装比较规范。

表 1–14　　　　　　　　　　水分普查分析数据统计

水分含量范围/%	个数	占比/%	水分含量范围/%	个数	占比/%
≤0.01	1	1.8	0.04 < X ≤0.05	5	9.1
0.01 < X ≤0.02	5	9.1	0.05 < X ≤0.10	6	10.9
0.02 < X ≤0.03	14	25.5	0.10 < X ≤0.20	9	16.4
0.03 < X ≤0.04	5	9.1	>0.20	10	18.2

表 1–15　　国家烟草质量监督检验中心 2014—2015 年接收的委托样品的水分检测数据统计

水分含量范围/%	个数	占比/%	水分含量范围/%	个数	占比/%
≤0.01	15	24.6	0.04 < X ≤0.05	0	0.0
0.01 < X ≤0.02	15	24.6	0.05 < X ≤0.10	1	1.6
0.02 < X ≤0.03	14	23.0	0.10 < X ≤0.20	3	4.9
0.03 < X ≤0.04	9	14.8	0.20 < X ≤0.30	4	6.6

对技术指标的评价：

（1）水分通过影响酸度间接地影响三乙酸甘油酯烟用时的质量评价，样品的含水率不宜过高，指标控制的必要性较强；

（2）美国伊斯曼、日本大赛路、菲莫、BAT 的水分指标均要求≤0.05%；

（3）普查分析也表明，≤0.05% 的要求适中，且 YC 144—2008 比 YC/T 144—1998 在水分指标上要求已经更加严格。

因此，水分≤0.050% 是相对合适的。

八、砷（As）、铅（Pb）

砷化合物在自然环境中广泛存在，砷化合物的毒性大小顺序为：无机砷 >

有机砷 > 砷化氢。最普通的两种含砷无机化合物是 As_2O_3（砒霜）和 As_2O_5，一般三价砷毒性大于五价砷。砷化合物可通过皮肤、呼吸道和消化道被人体吸收，对人类有心血管系统毒性、神经系统毒性、呼吸系统毒性、皮肤毒性和生殖系统的危害，并对皮肤、肺、肝、膀胱、肾脏、大肠等存在致癌性。

铅是一种对人体有害的微量元素，经呼吸道进入人体，在体内蓄积到一定程度后就会危害健康。铅化合物进入人体后，积蓄于骨髓、肝、肾、脾和大脑等"贮存库"，以后慢慢放出，进入血液，再经血液扩散到其他组织，主要集中沉积在骨组织中，约占总量的 80% ~ 90%。另外在肝、肾、脑等组织中的含量也较高，并使这些组织发生病变。经口摄取的铅被消化道吸收的量虽然只有 10% 以下，可是一经吸收，就有累积作用，不能迅速排出体外，会损坏肝脏，引起造血机能的衰退，出现腹痛、疝痛、脑溢血和慢性肾炎等铅中毒病症。铅是一种具有蓄积性、多亲和性的毒物，对人体各组织器官都有毒性作用，主要损害神经系统、造血系统、消化系统和肾脏，还损害人体的免疫系统，使机体抵抗力下降。婴幼儿和学龄前儿童对铅是易感人群。对于一般人群，人体内的铅主要来自食物，还有饮水、空气等其他途径的来源，儿童还可以通过吃非食品物件而接触铅。

三乙酸甘油酯通常是由丙三醇（甘油）和乙酸（醋酸）在酸性催化剂作用下，加热并用脱水剂带走生成的水得到半成品，再经乙酸酐（醋酸酐）深度酯化得到粗成品，并经脱酸、脱色、精制而成。甘油及反应中的水也可能含有重金属元素。在卷烟抽吸时，炙热的主流烟气可使卷烟滤嘴端温度最高达 80℃ 以上，滤嘴中三乙酸甘油酯残留的重金属颗粒也可能会存在于烟气气溶胶中，被吸入人体。目前，三乙酸甘油酯产品标准中对重金属（砷、铅）的含量做了限量要求。

在 YC/T 144—1998《烟用三乙酸甘油酯》中，对烟用三乙酸甘油酯砷（As）、铅（Pb）的规定为：砷（As）≤0.0003%、铅（Pb）≤0.001%，在 YC 144—2008 版本中，改为三乙酸甘油酯砷（As）≤1.0μg/g、铅（Pb）≤5.0μg/g，要求也更加严格。

九、其他安全性指标

1. 挥发性成分

实验样品：2015 年普查分析的 55 个烟用三乙酸甘油酯样品。

实验考查的目标物：25 种挥发性有机物（VOCs）苯、甲苯、乙苯、二甲苯、苯乙烯、甲醇、乙醇、异丙醇、正丙醇、正丁醇、丙酮、4 - 甲基 - 2 - 戊酮、丁酮、环己酮、乙酸乙酯、乙酸正丙酯、乙酸正丁酯、乙酸异丙酯、2 - 乙氧基乙基乙酸酯、1 - 甲氧基 - 2 - 丙醇、1 - 乙氧基 - 2 - 丙醇、2 - 乙氧基乙醇、丁二酸二甲酯、戊二酸二甲酯、己二酸二甲酯。

实验设计：参照 YC/T 207—2014，120℃顶空后，GC/MS 分析（SIM/SCAN 同时扫描）。

实验结果：苯和苯系物均未检出，检出的一些 VOCs 多为三乙酸甘油酯产品的杂质成分（见表 1-16），几乎不存在安全隐患。中国烟草总公司企业标准 YQ 8—2012《醋酸纤维滤棒卫生要求》中仅对苯和苯系物做出了限定：苯（0.07mg/kg）、甲苯（0.7mg/kg）、乙苯（0.3mg/kg）、二甲苯（0.5mg/kg），所以，从"烟用"的角度考虑，三乙酸甘油酯产品的挥发性成分也应仅考虑苯和苯系物。

表 1-16　　　　　　　三乙酸甘油酯产品的挥发性成分检测

	检出率/%	最小值/（mg/L）	中位值/（mg/L）	最大值/（mg/L）
单乙酸甘油酯	96.3	0.5	1.0	13.1
乙酸	70.4	0.5	0.9	292.6
二乙酸甘油酯	42.6	0.5	0.6	6.2
1,3-丙二醇二乙酸酯	20.4	0.5	1.0	1.8
丙酮	14.8	0.5	0.7	4.4
乙酸异丙酯	7.4	0.9	3.7	9.2
乙二醇二乙酸酯	7.4	0.5	2.3	3.0
丙二醇二乙酸酯	7.4	0.6	1.1	1.4
过氧化乙酰丙酮	5.6	0.7	0.7	1.0
乙酸乙酯	3.7	0.6	161.0	321.5
乙二醇丁醚醋酸酯	3.7	4.9	8.0	11.1
正丙醇	1.9	5.1	5.1	5.1
乙酸正丙酯	1.9	0.6	0.6	0.6
环己酮	1.9	1.2	1.2	1.2

另外，我国国家烟草质量监督检验中心 2013—2015 年对醋酸纤维滤棒进行了苯和苯系物的质量监督抽查，情况如下。

根据国烟办综〔2013〕431 号文《国家烟草专卖局办公室关于开展 2013 年度烟用滤棒和烟用丝束产品质量监督抽查的通知》要求，质检中心化学检验室完成了 55 个醋酸纤维滤棒样品中苯及苯系物的专项检测工作，结果表明，55 个醋酸纤维滤棒样品均符合 YQ 8—2012 的限量要求，其中有 2 个样品有甲苯检出，1 个样品有乙苯检出，3 个样品有二甲苯检出，但均未超过限量要求（见图 1-2）。

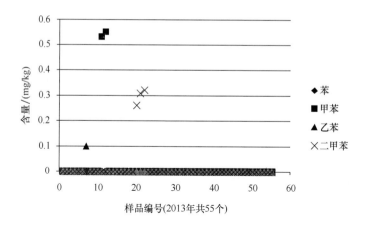

图 1-2 2013 年醋酸纤维滤棒样品苯和苯系物的质量监督抽查结果统计

根据国烟办综〔2014〕431 号文《国家烟草专卖局办公室关于开展 2014 年度烟用滤棒和烟用丝束产品质量监督抽查的通知》要求，质检中心化学检验室完成了 53 个醋酸纤维滤棒中的苯及苯系物的检测，结果表明，53 个醋酸纤维滤棒样品均符合 YQ 8—2012 的限量要求，其中有 2 个样品有二甲苯检出，但均未超过限量要求（见图 1-3）。

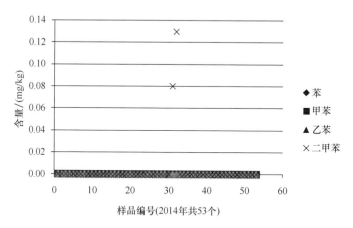

图 1-3 2014 年醋酸纤维滤棒样品苯和苯系物的质量监督抽查结果统计

根据国烟办综〔2015〕394 号文《国家烟草专卖局办公室关于开展 2015 年度烟用滤棒与丝束产品质量监督抽查和烟用三乙酸甘油酯专项监测工作的通知》要求，质检中心化学检验室完成了 88 个醋酸纤维滤棒样品中苯及苯系物的检测，结果表明，88 个醋酸纤维滤棒样品均符合 YQ 8—2012 的限量要求，均未检出苯和苯系物（见图 1-4）。

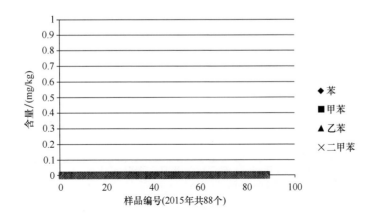

图 1-4　2015 年醋酸纤维滤棒样品苯和苯系物的质量监督抽查结果统计

结论：烟用三乙酸甘油酯中可能的挥发性有机物，尤其是苯和苯系物残留不会引起安全性问题。

2. 二甘醇

二甘醇又名一缩二乙二醇，又称二甘醇、二乙二醇醚，无色透明具有吸湿性的黏稠液体，有辛辣气味。相对密度 1.1184，纯品凝固点 -10.45℃，沸点 245℃，闪点 143℃，燃点 351.9℃，折射率 1.4472，黏度（25℃）30mPa·s，蒸气压（20℃）<1.33Pa。与水、乙醇、丙酮、乙醚、乙二醇混溶，不溶于苯、甲苯、四氯化碳。无腐蚀性，易燃，低毒，LD_{50} 为 1480mg/kg。对中枢神经系统有抑制作用，对肝和肾有害，避免长期接触皮肤。主要用作防冻剂、气体脱水剂、增塑剂、溶剂等。

在 2010 年前的某些快干胶或快干增塑剂中会存在二甘醇，国家烟草质量监督检验中心依据实验室方法对烟用三乙酸甘油酯中的二甘醇进行了检测，其原理为：将样品以无水乙醇稀释后，注入气相色谱质谱联用仪（GC/MS），经毛细管色谱柱分离，流出物用质谱检测器检测，外标法定量。

结果显示：55 个普查分析样品中全部未检出二甘醇。

3. 邻苯二甲酸酯

邻苯二甲酸酯是由邻苯二甲酸形成的酯的统称。邻苯二甲酸酯是一类能起到软化作用的化学品，被普遍应用于玩具、食品包装、清洁剂、洗发水和沐浴液等数百种产品中。研究表明，邻苯二甲酸酯在人体内发挥着类似雌性激素的作用，会干扰内分泌，造成男子生殖障碍等问题。2007 年 1 月起，欧盟已禁止在玩具和儿童用品中使用 DBP、DEHP、BBP 和限制使用 DINP、DIDP、DNOP。美国环保局（EPA）将 6 种邻苯二甲酸酯类化合物列入 129 种重点控制的污染物名单中。2011 年在台湾岛内引起广泛关注的"塑化剂"事件的罪魁祸首就是邻苯二甲酸酯。

质检中心依据实验室方法对烟用三乙酸甘油酯中的邻苯二甲酸酯进行了检测，其原理为：将样品以无水乙醇稀释后，注入气相色谱质谱联用仪（GC/MS），经毛细管色谱柱分离，流出物用质谱检测器检测，外标法定量。

结果显示：55 个普查分析样品中全部未检出邻苯二甲酸酯。

第四节

烟用三乙酸甘油酯的发展趋势

随着人类社会的不断进步和人民生活水平的逐步提高，吸烟与健康的话题越来越受到人们的关注。通过二十多年的努力，我国生产的卷烟焦油含量已有了大幅度降低，其中卷烟滤棒的普遍使用起了功不可没的作用，对保护吸烟爱好者的健康起到了一定的积极作用。三乙酸甘油酯作为滤棒加工的主要辅助材料，同时又存在于滤棒中，其质量好坏不仅仅影响卷烟的吃味，还直接影响消费者的健康。因此，对照国外先进指标，进一步提高烟用三乙酸甘油酯的品质以适应卷烟生产不断发展的需要，并扩大国际市场上的销售份额，是相关生产企业的主要发展趋势。

1. 使用优质原料是做好产品的基础

依靠优质的原料才能制造出优质的产品。工业乙酸中含甲酸、乙醛、丙酸等杂质，其中甲酸、丙酸的存在降低三乙酸甘油酯的含量，乙醛毒性较大，且影响产品的气味，它们是判别乙酸质量好坏的主要指标。丙三醇分工业甘油和药用甘油，工业甘油价格低但杂质较多，使用工业甘油生产出来的三乙酸甘油酯往往含量较低、色度偏深，可能会带有异味且产品保质期较短。因此，选用优质乙酸和高纯度药典级甘油是生产优质三乙酸甘油酯的基础。

2. 选择合适工艺是做好产品的关键

合适的工艺是指：

（1）使用能满足生产工艺要求的催化剂并使之尽量减少副反应，防止有害杂质的生成且减少杂质的数量。

（2）选择合适的带水剂以缩短反应时间并降低能源消耗。

（3）选用合理的分离手段，如采用真空蒸馏降低产品的色度、减少高沸点杂质的含量和降低蒸发残渣。

（4）采用先进的精制工艺，如使用活性炭脱色、分子筛脱臭和真空脱酸，以确保产品的低色号、无气味、低酸度和较长的保质期。

3. 提高管理水平是做好产品的有效措施

制定严格的各项规章制度以确保各项生产工艺规程的实施，是保障产品质量的有效措施。

4. 科技创新是企业不断发展的动力

随着工业化进程的飞速发展，新工艺、新装备、新技术、新材料不断出现，会对三乙酸甘油酯生产企业起到积极的推动作用。因此，相关企业必须经常收集各类信息，如国内外专利、文献和工艺技术报道，特别是卷烟企业和烟草科研机构对三乙酸甘油酯应用研究的新动向，结合本企业的实际情况，跟上卷烟工业的发展步伐，不断进行自主科技创新，使我国的三乙酸甘油酯产品质量全面达到国际先进水平，使国内卷烟企业全部用上优质三乙酸甘油酯，并不断扩大出口数量，使我国的产品在国际市场上占有更大的份额。

参考文献

[1] 周永芳，张伟杰，蒋平平. 国内外烟草用增塑剂三醋酸甘油酯现状及发展趋势 [J]. 增塑剂，2010，21（2）：4-14.

[2] 韩云辉. 烟用材料生产技术与应用. 北京：中国标准出版社，2012.

[3] YC/T 144—1998 烟用三乙酸甘油酯 [S].

[4] YC 144—2008 烟用三乙酸甘油酯 [S].

[5] 鞠庆华，郭卫军，张利雄，等. 甘油三乙酸酯超临界酯交换反应及其动力学研究 [J]. 石油化工，2005，34（12）：1168-1171.

[6] 刘泽春，黄华发，刘江生，等. 不同三醋酸甘油酯添加量的醋纤滤棒对卷烟烟气主要酚类的过滤效率 [J]. 烟草科技，2010，7：22-25.

[7] 贺占博，祁刚，曹汇川. 表面活性剂对甘油三乙酯酸性水解的影响 [J]. 化学工业与工程，2002，19（3）：257-260，264.

[8] 国际食品添加剂法典 TRIACETIN. Prepared at the 46th JECFA（1996），published in FNP 52 Add 4（1996）.

[9] 欧盟指令 COMMISSION DIRECTIVE 2000/63/EC of 5 October 2000 amending Directive 96/77/EC laying down specific purity criteria on food additives other than colours and sweeteners.

［10］美国食品化学法典 FOOD CHEMICALS CODEX（FIFTH EDITION，2004.1）.

［11］GB 29938—2013 食品安全国家标准　食品用香料通则［S］.

第二章

烟用三乙酸甘油酯质量检测技术基础知识

第一节

样品的抽取

一、概述

抽样又称取样，是从欲研究的全部样品中抽取一部分个体作为样本，通过观察样本的某一或某些属性，依据所获得的数据对总体的数量特征得出具有一定可靠性的估计判断，从而达到对总体的认识，即抽样的目的是从被抽取样品单位的分析、研究结果来估计和推断全部样品特性，是科学实验、质量检验、社会调查普遍采用的一种经济有效的工作和研究方法。

抽样的基本要求是要保证所抽取的样品单位对全部样品具有充分的代表性。抽样时，要按照规定的方法和一定的比例，在货物的不同部位抽取一定数量的、能代表全批货物质量的样品（标本）供检验之用。

抽样时应遵循以下两个原则。

（1）样品的代表性　即数量要求：所抽样品能够反映整体的特征；质量要求：所抽样品能够反映实际样品的特征。

（2）样品的真实性　所抽样品须严格按照相应的抽样方法，现场取样；避免抽样过程（抽样工具）与运输、储藏过程样品性质的改变；确保所抽样品直至实验室检验过程样品特征的一致性和真实性。

二、抽样方法类型

抽样方案应建立在数理统计的基础上，抽取的样品应具有代表性，以使所抽取的样品代表样品总体特性。具体的抽样方法主要有以下四种。

（一）　简单随机抽样　（Simple random sampling）

简单随机抽样也称为单纯随机抽样、纯随机抽样、SRS 抽样，是指从总体 N 个单位中任意抽取 n 个单位作为样本，使每个可能的样本被抽中的概率相等的一种抽样方式。

简单随机抽样的具体做法如下。

直接抽选法：即从总体中直接随机抽选样本。如从货架商品中随机抽取若干商品进行检验；从农贸市场摊位中随意选择若干摊位进行调查或访问等。

抽签法：先将总体中的所有个体编号（号码可以从 1 到 N），并把号码写在形状、大小相同的号签上，号签可以用小球、卡片、纸条等制作，然后将这些号签放在同一个箱子里，进行均匀搅拌。抽签时，每次从中抽出 1 个号签，连续抽取 n 次，就得到一个容量为 n 的样本，对个体编号时，也可以利用已有的编号，例如从全班学生中抽取样本时，可以利用学生的学号、座位号等。抽签法简便易行，当总体的个体数不多时，适宜采用这种方法。

随机数表法：即利用随机数表作为工具进行抽样。随机数表又称乱数表，是将 0~9 的 10 个数字随机排列成表，以备查用。其特点是，无论横行、竖行或隔行读均无规律。因此，利用此表进行抽样，可保证随机原则的实现，并简化抽样工作。其步骤是：①确定总体范围，并编排单位号码；②确定样本容量；③抽选样本单位，即从随机数表中任一数码始，按一定的顺序（上下左右均可）或间隔读数，选取编号范围内的数码，超出范围的数码不选，重复的数码不再选，直至达到预定的样本容量为止；④排列中选数码，并列出相应单位名称。

简单随机抽样的特点是：每个样本单位被抽中的概率相等，样本的每个单位完全独立，彼此间无一定的关联性和排斥性。

（1）简单随机抽样要求被抽取的样本的总体个数 N 是有限的。

（2）简单随机样本数 n 小于等于样本总体的个数 N。

（3）简单随机样本是从总体中逐个抽取的。

（4）简单随机抽样是一种不放回的抽样。

（5）系统抽样的每个个体入样的可能性均为 n/N。

它的缺点是只适用于总体单位数量有限的情况，否则编号工作繁重；对于复杂的总体，样本的代表性难以保证；不能有效地利用总体的已知信息等。

简单随机抽样是其他抽样方法的基础，因为它在理论上最容易处理，而且当总体单位数 N 不太大时，实施起来并不困难。但在实际中，若 N 相当大时，简单随机抽样就不是很容易办到的。首先它要求有一个包含全部 N 个单位的抽样框；其次用这种抽样得到的样本单位较为分散，调查不容易实施。因此，在实际中直接采用简单随机抽样的并不多。

（二） 系统抽样 （Systematic sampling）

当总体中的个体数较多时，采用简单随机抽样显得较为费事。这时，可将总体分成均衡的几个部分，然后按照预先定出的规则，从每一部分抽取一个个体，得到所需要的样本，这种抽样称作系统抽样。

系统抽样也称为等距抽样、机械抽样、SYS 抽样，它是首先将总体中各单位按一定顺序排列，根据样本容量要求确定抽选间隔，然后随机确定起点，每隔一定的间隔抽取一个单位的一种抽样方式，是纯随机抽样的变种。在系统抽样中，先将总体从 $1 \sim N$ 相继编号，并计算抽样距离 $K = N/n$。式中 N 为总体单位总数，n 为样本容量。然后在 $1 \sim K$ 中抽一随机数 k_1，作为样本的第一个单位，接着取 $k_1 + K$，$k_1 + 2K$……直至抽够 n 个单位为止。

当总体单位的顺序排列之后，可选用下列方法进行等距抽样。

1. 随机起点等距抽样

随机起点等距抽样即在总体分成 K 段（$K = N/n$）的前提下，首先从第一段的 1 至 k 号总体单位中随机抽选一个样本单位，然后每隔 k 个单位抽取一个样本单位，直到抽足 n 个单位为止。这 n 个单位就构成了一个随机起点的等距样本。这种方法能够保证各个总体单位具有相同的概率被抽到，但是，如果随机起点单位处于每一段的低端或高端，就会导致往后的单位都会处于相应段的低端或高端，从而使抽样出现偏低或偏高的系统误差。

2. 半距起点等距随机抽样

这种方法又称为中点法抽取样本，它是在总体的第一段，取 1，2，…，k 号中的中间项为起点，然后再每隔 k 个单位抽取一个样本单位，直到抽足 n 个样本单位为止。当总体是按有关标志的大小顺序排列时，采用中点法抽取样本，可提高整个样本对总体的代表性。

3. 随机起点对称等距抽样

这种方法是在总体第一段随机抽到第 i 个单位，而在第二段抽取第 $2k - f + 1$ 的单位，在第三段抽取第 $2k + f$ 的单位，而在第四段抽取第 $4k - f + 1$ 的单位……，以此交替对称进行。可概括为：在总体奇数段抽取第 $jk + i$ 单位（$j = 0$，2，4，…）；在总体偶数段抽取第 $jk - i + 1$ 单位（$j = 2$，4，…）。这种抽样方法能使处于低端的样本单位与另一段处于高端的样本单位相互搭配，从而抵消或避免抽样中的系统误差。

4. 循环等距抽样

当 N 为有限总体而且不能被 n 所整除，亦即 k 不是一个整数时，可将总体各单位按顺序排成首尾相接的循环圆形，用 N/n 确定抽样间隔 k，k 可以取最接近的整数，然后在第一段的 1 至后号中抽取一个作为随机起点，再每隔后个单位抽取一个样本单位，直至抽满 n 个为止。

系统抽样相对于简单随机抽样最主要的优势就是经济性。系统抽样比简单随机抽样更为简单，花的时间更少，并且花费也少。使用系统抽样最大的缺陷在于总体单位的排列上。一些总体单位数可能包含隐蔽的形态或者是"不合格样本"，调查者可能疏忽，把它们抽选为样本。由此可见，只要抽样者对总体结构有一定了解时，充分利用已有信息对总体单位进行排队后再抽样，则可提高抽样效率。

（三）　分层抽样　（Stratified sampling）

分层抽样又称分类抽样或类型抽样，是指先将总体的单位按某种特征分为若干次级总体（层），然后再从每一层内进行单纯随机抽样，组成一个样本的方法。

分层抽样的特点是将科学分组法与抽样法结合在一起，分组减小了各抽样层变异性的影响，抽样保证了所抽取的样本具有足够的代表性。

分层抽样的优点主要有以下两点：①在不断增加样本规模的前提下降低抽样的误差，提高抽样的精度；②非常便于了解总体内不同层次的情况，便于对总体不同的层次或类别进行单独研究。

分层抽样的原则：①以调查所要分析和研究的主要变量或相关变量作为分层标准；②以保证各层内部同质性强和各层之间的异质性强、突出总体内在结构的变量作为分层变量；③以那些已有明显层次区分的变量作为分层变量。

（四）　整群抽样　（Cluster Sampling）

整群抽样又称聚类抽样，是将总体中各单位归并成若干个互不交叉、互不重复的集合，称之为群；然后以群为抽样单位抽取样本的一种抽样方式。应用整群抽样时，要求各群有较好的代表性，即群内各单位的差异要大，群间差异要小。

先将总体分为 i 个群，然后从 i 个群中随机抽取若干个群，对这些群内所有个体或单元均进行调查。抽样过程可分为以下几个步骤：

①确定分群的标注；

②总体（N）分成若干个互不重叠的部分，每个部分为一群；

③据各样本量，确定应该抽取的群数；

④采用简单随机抽样或系统抽样方法，从 i 群中抽取确定的群数。

整群抽样的优点是实施方便、节省经费；整群抽样的缺点是由于不同群之间的差异较大，由此而引起的抽样误差往往大于简单随机抽样。

三、抽样的一般程序和抽样原则

（一）　抽样程序

1. 界定总体

界定总体就是在具体抽样前，首先对从总抽取样本的总体范围与界限做明确的界定。

2. 制定抽样框

这一步骤的任务就是依据已经明确界定的总体范围，收集总体中全部抽样单位的名单，并通过对名单进行统一编号来建立起供抽样使用的抽样框。

3. 决定抽样方案

依据相关标准要求，制定具体的抽样方案。

4. 实际抽取样本

实际抽取样本的工作就是在上述几个步骤的基础上，严格按照所选定的抽样方案，从抽样框中选取一个抽样单位，构成样本。

5. 评估样本质量

所谓样本评估，就是对样本的质量、代表性、偏差等进行初步的检验和衡量，其目的是防止由于样本的偏差过大而导致的失误。

（二） 抽样原则

抽样设计在进行过程中要遵循四项原则，分别是：目的性；可测性；可行性；经济性原则。

四、《烟用三乙酸甘油酯》抽样规定

（一） YC/T 144—1998 《烟用三乙酸甘油酯》 对抽样的规定

（1） 从每批桶数的5%中选取试样，小批者不少于5桶，用玻璃取样管自每桶中取出均匀的样品，总体积不少于1000mL，收集于清洁干燥的磨口瓶中，混匀。

（2） 将所取试样分别装于两个清洁干燥的磨口瓶中，瓶口加封并注明生产厂名、产品名称、批号、规格、取样日期、取样者，一瓶做分析，另一瓶保存备查检验。

（二） YC 144—2008 《烟用三乙酸甘油酯》 对抽样的规定

1. 抽样工具

抽样工具包括搅拌器、取样器和样品容器等。

样品容器应清洁干燥，对三乙酸甘油酯无任何影响，且不受三乙酸甘油酯腐蚀。建议使用聚四氟乙烯容器或玻璃容器盛放样品。

2. 抽样要求

以同一生产批的三乙酸甘油酯为一个检验批。

以500mL三乙酸甘油酯为一个取样单位。实验室样品由三个取样单位组成，一份作为测试样品，另外两份作为复检样品备用。

桶装产品：从检验批中随机抽取3桶三乙酸甘油酯作为检验样品，每桶各抽取1个取样单位作为实验室样品。

罐装产品：从检验批中随机抽取 3 个取样单位作为实验室样品。

取样后立即将样品容器密封，待测。

可以看出，YC 144—2008《烟用三乙酸甘油酯》对抽样工具做了详细的规定，对采样单位、采样体积和采样份数都进行了变动，操作更加细化、规范。

另外，应同时认真、完整、规范地填写抽样单。

烟用三乙酸甘油酯产品抽样单实例见表 2 - 1，详尽地规定各种信息的填写，确保产品信息的完整性。

表 2 - 1　　　　　　　　烟用三乙酸甘油酯产品抽样单实例

抽样目的		抽样依据	
抽样时间		抽样地点	
生产企业		企业地址	
邮政编码		电　话	
传　真		联系人	
项　目	编　号		
	1	2	3
产品批号			
产品编号			
产品名称			
产品规格			
产品等级			
生产日期			
抽样数量/mL			
抽样基数			
样品状态说明			
客户特殊要求			

抽样单位（盖章）：　　　　　　　　　　　　　　　　　被抽样单位：（单位盖章）：

抽样人：　　　　　　　　　　　　　　　　　　　　　　经办人：

需要特别强调的是：因三乙酸甘油酯具有吸水性，所以样品容器密封性要好，杜绝使用矿泉水瓶和磨口玻璃容器盛放样品，以防外界环境对三乙酸甘油酯的水分产生干扰。

第二节

分光光度法

分光光度法（spectrophotometry）是通过测定被测物质在特定波长处或一定波长范围内光的吸收度或发光强度，对该物质进行定性和定量分析的方法，是基于物质分子对光的选择性吸收而建立起来的分析方法，包括比色法、可见分光光度法、紫外分光光度法和红外光谱法等。分光光度法的灵敏度较高，适用于微量组分的测定，其灵敏度一般能达到 $1 \sim 10 \mu g/L$ 的数量级。

紫外 – 可见分光光度法具有操作方便、仪器设备简单、灵敏度和选择性较好等优点，在药物分析、卫生分析、生化检验等很多领域都有极广泛的应用。这里主要讨论紫外 – 可见分光光度法应用中的基本原理、仪器构造及应用等。

一、术语和基本原理

（一）基本术语

吸收峰（Absorption peak，λ）：吸收光谱中吸收值最大处的波长，单位为 nm。

透光率（Transmittance，T）：透过透明或半透明体的光通量与其入射光通量的百分率。

吸光度：（Absorbance，A）：透光率以 10 为底的对数。

吸收光谱（Absorption spectrum）：待测物质浓度和吸收池厚度不变时，吸光度（或吸光度的任意函数）对应波长（或波长的任意函数）的曲线。

厚度（Thickness，L）：吸收池的两个平行且透光的内表平面之间的距离，单位为 mm 或 cm。

物质的量浓度（Amount-of-substance concentration，c）：溶质的物质的量和溶液体积之比，单位为 mol/L。

摩尔吸收系数（Molar absorptivity，ε）：厚度以厘米表示，浓度以摩尔每升表示的吸收系数 ε，单位为 L/（cm·mol）。

质量吸收系数（Mass absorptivity，a）：厚度以厘米表示，浓度以克每升表示的吸收系数 a，单位为 L/（cm·g）。

特征部分内吸收系数（Characteristic partial internal absorbance coefficient，K）：被溶解的待测物质在单位浓度、单位厚度时的特征吸收度，在给定实验条件下是常数。

（二）　基本原理

1. 光的基本性质

光是一种电磁波，具有波粒二象性，即波动性和粒子性，按照波长或频率排列可得如表 2 - 2 所示的电磁波谱表。波长范围在 400~750nm 的光，肉眼可见，被称为可见光，波长范围在 200~400nm 的光被称为紫外光。

表 2 - 2　　　　　　　　　　　　电磁波谱范围表

波谱名称	波长范围	跃迁类型	分析方法
γ 射线	0.005~0.17nm	原子核	中子活化分析
X 射线	0.1~100nm	K 和 L 层电子	X 射线光谱法
远紫外光	100~200nm	中层电子	真空紫外光谱法
近紫外光	200~400nm	外层电子	紫外光谱法
可见光	400~750nm	外层电子	比色及可见吸光光度法
近红外光	0.75~2.5μm	分子振动	近红外光谱法
中红外光	0.75~2.5μm	分子振动	中红外光谱法
远红外光	0.75~2.5μm	分子转动和低位振动	远红外光谱法
微波	0.1~100cm	分子转动	微波光谱法
无线电波	1~1000m	核的自旋	核磁共振光谱法

波动性是指光按波动形式传播，光的衍射、折射等现象表现出光的波动性。光的波长 λ、频率 ν 与光速 c 的关系为：$\lambda\nu = c$。

粒子性是指光由光量子或光子组成，光电效应、光压现象等可确证其粒子性。光子的能量与波长的关系为：$E = h\nu = hc/\lambda$，式中 E 为光子的能量；h 为普朗克常量。由公式可知，一定波长的光具有一定的能量，波长越长（频率越低），光量子的能量越低，反之，波长越短（频率越高），光量子的能量越高。

只有一种波长的光称为单色光，由不同单色光组成的光为复合光。如果把两种适当颜色的光按一定的强度比例混合得到白光，那么这两种光就叫互补色光。

一种物质呈现何种颜色，与入射光的组成和物质本身的结构有关。溶液呈现不同的颜色是由溶液中的离子或分子对不同波长的光选择性吸收而引起的。当白光通过某一有色溶液时，该溶液会选择性地吸收某些波长的光而让未被吸收的光透射过，即溶液呈现透射光（吸收光的互补光）的颜色。

将不同波长的光连续照射到一定浓度的样品溶液时，便可得到与不同波长相对应的吸收强度。如以波长 λ 为横坐标，吸光度 A 为纵坐标，就可绘出该物质的吸收光谱曲线（absorption spectrum），利用该曲线进行物质定性、定量的分析方法，称为分光光度法。关于吸收曲线的特性：①同一种物质对不同波长光的吸光度不同，吸光度最大处对应的波长即为最大吸收波长 λ_{max}；②同一物质不同浓度的溶液，光吸收曲线形状相似，其最大吸收波长不变，但在一定吸收波长处吸光度随溶液浓度的增加而增大。这个特性可以作为物质定量分析的依据，在实际测定时，只有在 λ_{max} 处测定吸光度，其灵敏度最高，因此，吸收曲线是分光光度法中选择测量波长的依据；③不同物质吸收曲线的形状和最大吸收波长均不相同。光吸收曲线与物质特性有关，这个性质可以作为物质定性分析的依据。

2. 朗伯－比尔定律

朗伯（Lambert）和比尔（Beer）分别于 1760 年和 1852 年研究了光的吸收与液层宽度及浓度的定量关系，二者结合称为朗伯－比尔定律，也称为光的吸收定律。

当一束强度为 I_0 的平行单色光垂直照射到单一均匀的、非散射的吸光物质溶液时，光的一部分被溶液吸收，一部分透过溶液，光的强度减弱。

设通过吸光物质溶液后光的强度为 I，透光率 $T = I/I_0$，溶液的透光率愈大，表明它对光的吸收愈小；反之，溶液的透光率愈小，说明它对光的吸收愈大。

实验发现，溶液的浓度愈大，液层厚度愈厚，则光吸收越多，且满足：

$$A = \lg\left(\frac{1}{T}\right) = \lg\left(\frac{I_0}{I}\right) = kbc$$

式中　A——吸光度；

　　　T——透光率；

　　　I_0——入射光强度；

　　　I——透射光强度；

　　　k——吸光系数，与吸光物质的性质、入射光波长及温度等有关；

　　　c——吸光物质浓度；

　　　b——吸收层厚度。

上式就被称为朗伯－比尔定律，它表明：当一束单色光通过有色溶液时，其吸光度与溶液浓度和厚度的乘积成正比。朗伯－比尔定律不仅适用于溶液，也适用于均匀的气体、固体状态，是各类光吸收的基本定律，也是各类分光光度法进行定量分析的依据。

朗伯－比尔定律的适用条件：①单色光：应选用 λ_{max} 处或肩峰处测定；②吸光质点形式不变：解离、络合会破坏线性关系，应控制条件；③稀溶液：浓度增大，分子之间作用增强，会影响准确定量。

朗伯－比尔定律 $A = kbc$ 中的系数 k 因浓度所取的单位不同，有两种表示方式：①若浓度 c 的单位为 g/L，b 的单位为 cm，常数 k 则以 a 表示，称为质量吸光系数，单位为 L／（cm·g），公式表示为 $A = abc$；②若浓度 c 的单位为 mol/L，b 的单位为 cm，常数 k 则以 ε 表示，称为摩尔吸光系数，单位为 L／（cm·mol），公式表示为 $A = \varepsilon bc$。

关于摩尔吸光系数 ε：是吸光物质在一定波长和溶剂条件下的特征常数，不随浓度和光程长度的改变而改变；同一吸收物质在不同波长下的 ε 值是不同的；ε 越大表明该物质的吸光能力越强，用光度法测定该物质的灵敏度越高。

3. 偏离朗伯－比尔定律的原因

用分光光度法进行定量分析时，通常液层厚度是相同的，按照朗伯－比尔定律，浓度和吸光度之间的关系应该是一条通过原点的直线。但在实际工作中，经常发现浓度－吸光度曲线弯曲的情况，称为偏离朗伯－比尔定律。

偏离朗伯－比尔定律的原因很多，基本上可以分为物理方面的原因和化学方面的原因两大类。物理方面主要来自于仪器本身，是由入射的单色光不纯所引起的；化学方面主要来自于溶液，是由溶液本身的化学变化所引起的。

（1）单色光不纯所引起的偏离：朗伯－比尔定律只适用于单色光，但在实际工作中，所使用的入射光多是复合光。在这种情况下，吸光度和浓度并不完全成直线关系，因而导致了朗伯－比尔定律的偏离。所使用的入射光的波长范围越窄，即所用的复合光越纯，则偏离越小，标准曲线的弯曲程度也就越小或趋近于零。

（2）由于溶液本身的化学和物理因素所引起的偏离：溶液本身的原因引起的偏离主要有以下几个方面。

①浓度偏高：朗伯－比尔定律中的吸收系数与溶液的折光指数有关，而溶液的折射率又会随溶液浓度的改变而变化。实践表明，溶液浓度在 0.01mol/L 或更低浓度时，折光指数基本是一个常数，这说明朗伯－比尔定律只适用于低浓度的溶液，浓度过高则会偏离朗伯－比尔定律；

②介质不均匀：朗伯－比尔定律是建立在均匀、非散射的溶液基础上的。当被测试溶液是胶体溶液、乳浊液或悬浮物质时，部分入射光因散射、反射现象而损失，导致实测吸光度增加，产生正偏差；

③化学反应：溶液中的吸光物质可能因离解、缔合、形成新的化合物或互变异构等化学变化而改变其浓度，导致偏离朗伯－比尔定律。

二、仪器构造

（一）　分光光度计的基本构造

紫外－可见分光光度计是在紫外－可见光区可任意选择不同波长的光测定

吸光度的仪器，简称分光光度计。一般都包括光源、单色器、样品吸收池、检测器和信号显示系统等五大部分。其组成框图见图 2 - 1。

光源 ➡ 单色器 ➡ 吸收池 ➡ 检测器 ➡ 信号显示系统

图 2 - 1　分光光度计组成部件框图

由光源发出的光，经单色器获得一定波长单色光照射到样品溶液，被吸收后，经检测器将光强度变化转变为电信号变化，并经信号指示系统调制放大后，显示出吸光度 A，完成测定。

1. 光源（light source）

光源的作用是提供符合要求的入射光。分光光度计对光源的要求是：在所需波长范围内可提供连续的光谱，光强度足够且有良好的稳定性。实际应用的光源一般分为紫外光光源和可见光光源。

一般以钨灯作为可见光光源，钨灯丝发出 320 ~ 3200nm 的连续光谱，其最适宜的波长范围是 360 ~ 1000nm。除用作可见光光源外，还可用作近红外光源。为了保证光强度恒定不变，一般配有稳压电源。

紫外光光源一般为气体放电光源，如氢灯、氘灯、氙灯等，应用较多的一般是氢灯和氘灯，其使用波长范围为 150 ~ 400nm。为了保证发光强度稳定，也要用稳压电源供电。氘灯的光谱分布与氢灯类似，但光强度比同功率氢灯要大 3 ~ 5 倍，而且寿命较长，因此得到了广泛的应用。另外，氙灯可以同时作为紫外和可见光区的光源。

2. 单色器（monochromator）

单色器可以将光源发出的连续光谱按波长顺序分解成单色光，并能准确方便地取出所需要的某一波长的光，是分光光度计的核心部分。单色器主要由狭缝、色散元件和准直镜三部分组成。狭缝和准直镜主要用来控制光的方向，调节光的强度和得到所需的单色光，其中狭缝对单色器的分辨率起重要作用。

色散元件是单色器的关键部分，它能将连续光谱色散成为单色光。色散元件由棱镜或光栅制成，棱镜有玻璃棱镜和石英棱镜两类，玻璃棱镜的色散波段一般在 360 ~ 700nm，主要用于可见分光光度计；石英棱镜的色散波段一般在 200 ~ 1000nm，可用于紫外 - 可见分光光度计中；而光栅的工作波段范围宽，适用性强，对各种波长色散率几乎一致，因此目前生产的紫外 - 可见分光光度计大多采用光栅作为色散元件。

3. 吸收池（absorption cell）

吸收池又称作比色皿，是用于盛放待测液或参比溶液的元器件，一般由无色透明的光学玻璃或熔融石英制成，形状一般是长方体，底部和两侧为毛玻璃，另外两面为光学透光面。玻璃吸收池用于可见光区测定，在紫外光范围内使用石英吸收池。一般分光光度计都配有一套不同宽度（光程）的吸收池，通常有 0.5cm、1cm、2cm、3cm 和 5cm，可适用于不同浓度范围的试样测定。

同一组吸收池的透光率相差应小于 0.5%，使用时应保护其透光面，应尽量做到：拿取吸收池时，不可接触透光面；不能将透光面与硬物或脏物接触，只能用擦镜纸擦拭；含有腐蚀玻璃物质的溶液，不得长时间存放在吸收池中；吸收池使用后应立即用水冲洗干净；吸收池不得进行加热或烘烤。

4. 检测器（detector）

检测器是把透过吸收池后透射光的光强转换成电信号的装置。常用的检测器有光电池、光电管及光电倍增管等，它们都是基于光电效应原理制成的。检测系统应灵敏度高、对透射光的响应时间短且响应的线性关系好，对不同波长的光具有相同的响应可靠性。

光电管是一种二极管，在紫外－可见分光光度计中应用广泛，它是一个阳极和一个光敏阴极组成的真空二极管。阴极上的光敏物质受光照射可以放出电子，向阳极流动形成光电流。光电流的大小和照射到它上面的光强度呈正比。光电倍增管是检测弱光最常用的光电元件，它不仅响应速度快，而且灵敏度高，比一般光电管高 200 倍。目前的紫外－可见分光光度计广泛采用光电倍增管作检测器。

5. 信号显示系统（display）

由检测器产生的电信号，经放大等处理后，用一定方式显示出来，以便于计算和记录。在较早的仪器中，一般常用微安表或数码显示管等。在标尺上有透射比和吸光度两种刻度，但这种信号只能直读，不便自动记录。现代精密的分光光度计一般带有计算机，能在屏幕上显示操作条件、各项数据并可对光谱图像进行数据处理，测定结果准确可靠。

（二）　常用的分光光度计

紫外－可见分光光度计按使用波长范围可分为：可见分光光度计和紫外－可见分光光度计两类。前者的使用波长范围是 400～800nm，只能用于测量有色溶液的吸光度；而后者的使用波长范围是 200～800nm，可测量在紫外以及可见光区内有吸收的物质的吸光度。

紫外－可见分光光度计按测量时提供的波长数可以分为单波长和双波长分光光度计两类，而单波长分光光度计又可分为单光束和双光束分光光度计。

1. 单波长单光束分光光度计

所谓单光束是指从光源中发出的光，经过单色器等一系列光学元件及吸收池后，最后照在检测器上时始终为一束光。单波长单光束分光光度计因其结构简单、使用方便而被广泛应用于科研和生产等领域。其中，常用的可见分光光度计有721型、722型等，常用的紫外－可见分光光度计有751型、752型等。

721型分光光度计：工作范围是360～800nm，色散元件为三角棱镜，采用光电管、晶体管放大线路和电表直读的结构，使仪器的灵敏度和稳定性在整个可见光区都较好。722型分光光度计是在721型的基础上，用光栅代替棱镜作为色散元件，用数码管显示测定结果，同时在吸光度和透射比之间能方便地转换，使测定结果更加精确。

751G型分光光度计：该型号为应用较为广泛的一种紫外－可见分光光度计，适用波长范围在200～1000nm。其光源有钨灯和氢灯两种，可见光用钨灯（300～1000nm），紫外光用氢灯（200～300nm）。由于仪器结果精密，单色光纯度高，此型号分光光度计的选择性和灵敏度都很高。

2. 单波长双光束分光光度计

单波长双光束分光光度计的基本原理为：从光源中发出的光经过单色器后被切光器分为强度相等的两束光，分别通过参比溶液和样品溶液，通过一个同步信号发生器对来自两个光束的信号加以比较，并将两信号的比值经对数变换后转换为相应的吸光度值。

常用的双光束紫外－可见分光光度计有710型、730型、岛津UV－210型等。这类仪器的特点是：能连续改变波长，自动地比较样品及参比溶液的透光强度，自动消除光源强度变化所引起的误差。

3. 双波长分光光度计

双波长分光光度计与单波长分光光度计的主要区别在于采用双单色器，以同时得到两束波长不同的单色光，经切光器使两束单色光以一定频率交替照射同一试样，然后经过检测器显示出两个波长下的吸光度差值ΔA。

$$\Delta A = A_{\lambda 1} - A_{\lambda 2} = (\varepsilon_{\lambda 1} - \varepsilon_{\lambda 2}) \cdot bc$$

由上式可知，吸光度差值ΔA与吸光物质的浓度呈正比，这就是双波长分光光度法进行定量分析的理论依据。

常用的双波长分光光度计有WFZ800S、岛津UV－300等。这类仪器的特点是：测量时使用同一吸收池和同一光源，不用参比溶液，只用一个待测溶液，因此可以消除背景吸收干扰，包括待测溶液和参比溶液组成的不同及吸收液厚度的差异的影响，提高了测量的准确度和灵敏度，不仅可以用于测定多组分的混合试样、浑浊试样，而且还可测得导数光谱。

4. 多通道分光光度计

多通道分光光度计于20世纪80年代初期问世，是一种利用光二极管阵列做检测器、由计算机控制的单光束紫外－可见分光光度计。由光源（钨灯或氘灯）发出的辐射聚焦到吸收池上，光通过吸收池到达光栅，经分光后照射到光二极管阵列检测器上。该检测器含有一个由几百个光二极管构成的线性阵列，可覆盖 190~900nm 波长范围。由于全部波长同时被检测，而且光二极管的响应又很快，因此可在极短的时间内（≤1s）给出整个光谱的全部信息。这种类型的分光光度计特别适合进行多组分混合物的分析，在环境及过程分析中也非常重要。近几年来被用作高效液相色谱仪和毛细管电泳仪的检测器。

三、分光光度法的应用

（一）　显色反应及其影响因素

1. 显色反应及显色剂

分光光度法在可见光区测定时，主要是利用测量有色物质对某一单色光吸收程度来进行操作的，而许多物质本身无色或颜色很浅，对可见光的吸收较弱，这就必须通过适当的化学处理，使该物质转变为能对可见光产生较强吸收的有色化合物，然后再进行光度测定。将待测组分转变成有色化合物的反应称为显色反应，与待测组分形成有色化合物的试剂称为显色剂。

常见的显色反应大多数是生成配合物的反应，少数是氧化还原反应。应用时应选择合适的反应条件和显色剂，以提高显色反应的灵敏度和选择性。显色反应一般要满足以下要求。

（1）选择性好　一种显色剂最好只与一种被测组分起显色反应，或显色剂与共存组分生成的化合物的吸收峰与被测组分的吸收峰相距较远，干扰较小；

（2）灵敏度高　要求反应生成的有色化合物的摩尔吸光系数大。系数越大，颜色越深，被测物质在含量较低的情况下被检出的概率也大；

（3）生成的有色化合物的组成恒定、稳定性好　生成物质的化学性质要稳定，测量过程应保持吸光度基本不变，否则将影响吸光度测定准确性及再现性；

（4）色差大　如果显色剂有色，则要求生成的有色化合物与显色剂之间的颜色差别要大，以减小试剂空白值，提高测定的准确度。

常用的显色剂可分为无机显色剂和有机显色剂两大类。

许多无机试剂能与金属离子发生显色反应，但由于灵敏度和选择性不太高，因此实际应用价值有限。常用的无机显色剂有：硫氰酸盐、钼酸铵、氨水和过氧化氢等。

有机显色剂与金属离子形成的配合物其稳定性、灵敏度和选择性都较高，实际应用价值广。常用的有机显色剂有：磺基水杨酸、二硫腙、丁二酮肟、罗丹明、孔雀绿等。

2. 影响显色反应的因素

分光光度法是测定显色反应达到平衡时溶液的吸光度。因此，必须严格控制反应条件，使显色反应趋于完全和稳定，以提高测定的灵敏度和重现性。影响显色反应的因素如下。

（1）显色剂的用量　设 M 为被测物质，R 为显色剂，MR 为反应生成的有色配合物，那么显色反应一般可表示为：

$$M + R \rightleftharpoons MR$$

根据化学平衡原理，有色配合物 MR 的稳定常数越大，显色剂 R 的用量越多，越有利于显色反应的进行。但过多的显色剂有时反而对测定不利，因此在实际工作中，常根据实验结果来确定显色剂的用量。在固定待测组分浓度和其他条件的基础上，加入不同量的显色剂，绘制吸光度与显色剂用量的关系曲线。显色剂的用量应该在该关系曲线中吸光度稳定平坦的范围内选择，若没有平坦曲线区，则需要严格控制显色剂的用量，以保证结果的准确。

（2）溶液的酸度　酸度是显色反应的重要条件，它对显色反应的影响主要有：当酸度不同时，同种金属离子和同种显色剂反应，可以生成不同配位数的不同颜色的配合物；溶液酸度过高，会降低配合物的稳定性；溶液酸度变化，显色剂的颜色可能发生变化（很多显色剂本身是一种有机弱酸或弱碱，其颜色会随酸度的变化而变化）；溶液酸度过低可能引起被测金属离子水解，因而破坏了有色配合物。

综上所述，酸度对显色反应的影响是很大的。与显色剂用量的确定方法一致，这里在固定待测组分及显色剂浓度和其他条件的基础上，改变溶液的 pH，绘制吸光度与 pH 的关系曲线，选择曲线平坦部分对应的 pH 作为应该控制的酸度范围。

（3）显色温度　不同的显色反应对温度的要求不同。大多数显色反应是在常温下进行的，但有些反应需要加热才能进行完全。因此对不同的反应，应通过实验找出各自适宜的显色温度范围。由于温度对光的吸收及颜色的深浅都有影响，因此在绘制工作曲线和进行样品测定时应该使溶液温度保持一致。

（4）显色时间　显色反应中主要有两个时间需要重点关注，一是显色反应完成所需要的时间，称为"显色时间"；二是显色后有色物质保持稳定的时间，称为"稳定时间"。在实验过程中，应配制一份显色溶液，从加入显色剂开始，每隔一段时间测吸光度一次，绘制吸光度－时间关系曲线，曲线平坦部分对应的时间就是测定吸光度的最适宜时间。

（5）溶液中共存离子的影响　如果共存离子本身有颜色或共存离子与显色剂生成有色配合物，会使吸光度增加，造成正干扰；如果共存离子与被测组分或显色剂生成无色配合物，则会降低被测组分或显色剂的浓度，从而影响显色剂与被测组分的反应，引起负干扰。

干扰离子的存在会导致检测结果失真，因此应采取适当的措施来消除这些影响。常用的消除干扰的方法有：控制溶液的酸度；加入掩蔽剂，掩蔽干扰离子；改变干扰离子的价态；选择适当的入射光波长；选择合适的参比溶液；分离干扰离子；采用双波长法、导数光谱法等技术来消除干扰。

（二）　分光光度法测量条件的选择

在测量吸光物质的吸光度时，测量准确度往往受多方面因素影响，因此为了提高分光光度法的灵敏度和准确度，必须选择适当的测定条件。

1. 入射光波长的选择

选择入射光波长的依据是该被测物质的吸收曲线，一般以最大吸收波长 λ_{max} 为测量的入射光波长。在 λ_{max} 附近波长的稍许偏移引起的吸光度变化较小，可得到较好的测量精度，而且以 λ_{max} 为入射光测定灵敏度高。若被测物质存在干扰物，且干扰物在 λ_{max} 处也有吸收，则根据"吸收大、干扰小"的原则，在干扰最小的条件下选择吸光度最大的波长。有时为了消除其他离子的干扰，也常常加入掩蔽剂。

2. 参比溶液的选择

选择参比溶液的原则是使试液的吸光度能真正反映待测物的浓度。通常利用空白试验来消除入射光反射和吸收的误差。参比溶液的选择方法如下。

（1）溶剂参比　当试液、试剂、显色剂均为无色时，可采用纯溶剂作为参比溶液，这样可以消除溶剂、吸收池等因素的影响。

（2）试剂参比　试液无色，而试剂或显色剂有色时，可在同一显色反应条件下，加入相同量的显色剂和试剂（不加试样溶液），稀释至同一体积，以此作为参比溶液。

（3）试液参比　试剂和显色剂无色，试液中其他离子有色时，可采用不加显色剂的溶液作为参比溶液。

总之，选择参比溶液时，应尽可能全部抵消各种共存有色物质的干扰，使试液的吸光度真正反映待测物的浓度。

3. 吸光度测量范围的选择

任何分光光度计都有一定的测量误差，这是由于光源不稳定、读数不准确等因素造成的。但一般来说，透射比读数的误差 ΔT 是一个常数，但在不同的读数范围内引起的浓度相对误差 $\dfrac{\Delta c}{c}$ 却是不同的。

根据朗伯-比尔定律，$A = \lg\left(\dfrac{1}{T}\right) = \lg\left(\dfrac{I_0}{I}\right) = \kappa bc$ 微分后整理可得：

$$\frac{\Delta c}{c} = \frac{0.434}{T\lg T}\Delta T$$

令上式的导数为零，可求出当 $T = 0.368$（即 $A = 0.434$）时，浓度的相对误差最小。因此，为了减小浓度的相对误差，提高测量的准确度，一般应控制被测液的吸光度在 $0.2 \sim 0.7$（透射比为 $65\% \sim 20\%$）。实际工作中，可以通过调节被测溶液的浓度（如改变取样量、改变显色后溶液总体积等）、使用厚度不同的吸收池来调整待测溶液吸光度，使其在适宜的吸光度范围内。

（三）分光光度法定量分析

分光光度法最广泛和最重要的用途是做微量成分的定量分析，除此之外还可用于测定配合物的组成及稳定常数、弱酸的解离常数、分子结构等，在工业生产和科学研究中都有重要的地位。进行定量分析时，由于样品的组成情况及分析要求不同，分析方法也有所不同。

1. 定量方法

（1）标准曲线法　标准曲线法是实际工作中使用最多的一种定量方法。工作曲线的绘制方法是：配制一系列高低浓度不同的待测组分的标准溶液，以空白溶液为参比溶液，在选定的波长下，分别测定各标准溶液的吸光度。以标准溶液浓度为横坐标，以吸光度为纵坐标绘制曲线，此曲线即为工作曲线（或称标准曲线）。然后用完全相同的方法和步骤测定被测溶液的吸光度，便可从标准曲线上找到对应的被测溶液浓度或含量，这就是标准曲线法。为了保证测定准确度，要求标液与试样溶液的组成保持一致，待测试液的浓度应在工作曲线线性范围内，最好在工作曲线中部。如果实验条件变动（如仪器维护、更换标液等），标准曲线应重新绘制。在仪器、方法和条件都固定的情况下，标准曲线可以多次使用而不必重新制作，因而标准曲线法适用于大量的经常性的测定。

标准曲线用一元线性方程表示，即：

$$y = a + bx$$

式中　x——标准溶液的浓度；

y——吸光度；

a——直线截距；

b——直线斜率。

（2）标准对照法　标准对照法又称直接比较法，其方法是将试液和一个标准溶液在相同条件下进行显色、定容，分别测出它们的吸光度，按下式计算被测溶液的浓度：

$$\frac{A_{测}}{A_{标}} = \frac{\kappa_{测}\ c_{测}\ b_{测}}{\kappa_{标}\ c_{标}\ b_{标}}$$

在相同入射光及同样比色皿测量同一物质时：$\kappa_{测} = \kappa_{标}$，$b_{测} = b_{标}$

所以，测定溶液的浓度为：$c_{测} = \dfrac{A_{测}}{A_{标}} c_{标}$

标准对照法要求吸光度 A 与浓度 c 线性关系良好，试液与标准溶液的浓度相近，以减少测定误差。由于该方法仅用一份标准溶液即可计算出试液的含量或浓度，这给非常规性的分析工作带来了方便，操作也比较简单。

2. 单组分样品分析

对于在选定波长下只有待测单一组分有吸收的试样，可以用标准曲线法或标准对照法计算含量。由于某一组分可用多种显色剂使其显色，因而又会有多种方法测定该组分。不同方法测定的条件、灵敏度和选择性等是不同的，应根据实际情况选择一种合格的方法。

3. 多组分样品分析

多组分是指在被测溶液中含有两个或两个以上的吸光组分。这时，溶液的总吸光度等于各组分的吸光度之和：

$$A = A_1 + A_2 + A_3 + \cdots + A_n$$

这就是吸光度的加和性。因此，可根据该加和性，在同一试样中测定两种或两种以上的组分。假定试样中含有 x 和 y 两种吸光组分，它们的吸光光谱一般有三种情况，如图 2-2 所示。

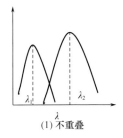 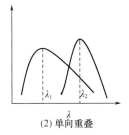 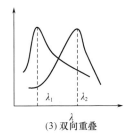

(1) 不重叠　　　　　　　(2) 单向重叠　　　　　　　(3) 双向重叠

图 2-2　组分 x 和组分 y 吸收光谱的重叠情况

（1）吸收光谱不重叠　如图 2-1（1）所示，可按单组分的测定方法分别在 λ_1 和 λ_2 处测得组分 x 和 y 的浓度。

（2）吸收光谱单向重叠　如图 2-2（2）所示，在 λ_1 处测定组分 x，组分 y 没有干扰；在 λ_2 处测定组分 y，组分 x 有干扰。这时可先在 λ_1 处测量溶液的吸光度 $A_{\lambda 1}$ 并求得 x 组分的浓度，然后再在 λ_2 处测量溶液的吸光度 $A_{\lambda 2}^{x+y}$ 和纯组分 x 和 y 的 $\varepsilon_{\lambda 2}^{x}$ 和 $\varepsilon_{\lambda 2}^{y}$，根据吸光度的加和性，列出下式，即可求得组分 y 的浓度 c_y。

$$A_{\lambda 2}^{x+y} = \varepsilon_{\lambda 2}^{x} b c_x + \varepsilon_{\lambda 2}^{y} b c_y$$

（3）吸收光谱双向重叠　如图 2-2（3）所示，首先在 λ_1 处测定混合物吸光度 $A_{\lambda 1}^{x+y}$ 和纯组分 x 及 y 的 $\varepsilon_{\lambda 1}^{x}$ 和 $\varepsilon_{\lambda 1}^{y}$，然后在 λ_2 处测定混合物吸光度 $A_{\lambda 2}^{x+y}$ 和纯组分 x 及 y 的 $\varepsilon_{\lambda 2}^{x}$ 和 $\varepsilon_{\lambda 2}^{y}$，根据吸光度加和性原则，可列出如下二式，通过求

解，可以得到组分 x 和 y 的浓度 c_x 和 c_y。

$$A_{\lambda 1}^{x+y} = \varepsilon_{\lambda 1}^{x} bc_x + \varepsilon_{\lambda 1}^{y} bc_y$$

$$A_{\lambda 2}^{x+y} = \varepsilon_{\lambda 2}^{x} bc_x + \varepsilon_{\lambda 2}^{y} bc_y$$

很明显，如果有 n 个组分相互重叠，就必须在 n 个波长处测定其吸光度的加和值，然后解 n 元一次方程组，才能分别求得各组分的浓度。

四、使用注意事项

（一） 分光光度法的误差

分光光度法的误差指系统误差，主要来源于以下四个方面。

1. 溶液偏离朗伯－比尔定律所引起的误差

偏离朗伯－比尔定律的原因主要是浓度偏高、介质不均匀、化学反应等。在实际工作中，可以利用标准曲线的直线段来测定被测溶液的浓度，从而减少由入射光为非单色光引起的误差；也可以利用试剂空白和确定适宜的浓度范围来减少由溶液本身所引起的误差。

2. 吸光度测量误差

在分光光度计中，吸光度和透射比是负对数关系，而透射比读数的误差是均匀的，因此对于吸光度来说其读数误差就不均匀。在吸光度较大时，由于吸光度刻度较密，同样的读数误差，引起的测定误差就较大，而在吸光度较小时，虽然刻度较疏，读数误差引起的测定误差较小，但由于测定的浓度较低，所以相对误差还是较大。因此一般吸光度在 $0.2 \sim 0.7$ 时，浓度测定的相对误差较小，同时这也是分光光度分析中比较适宜的吸光度范围。

3. 仪器误差

主要包括机械误差和光学系统的误差。引起机械误差的主要原因有比色皿的质量、检流计的灵敏度等；导致光学系统误差的主要原因有光源不稳定、棱镜的性能、安装条件及光电管质量等。

4. 操作误差

操作误差由分析人员所采用的实验手段所引起的，如显色条件和测量条件掌握的不好等，这类误差是分光光度法分析中最普遍存在的，因而其影响因素在实验中需严格控制。

（二） 分光光度计的检验和维护保养

1. 分光光度计的检验

为保证测定结果的准确可靠，新制作、使用中和检修后的分光光度计都应定期进行检定。JJG 178—2007《紫外、可见、近红外分光光度计检定规程》是我国国家技术监督局颁布的用于紫外、可见等分光光度计的具体检测规程。其中规定，检定周期一般不超过一年，在此期间内，仪器经修理或对测定结果有怀疑时，应及时进行检定。在仪器验收或重新使用时，应按照相关标准或规定进行严格检验，主要的检验指标如下。

（1）波长准确度的检验；

（2）透射比正确度的检验；

（3）稳定度的检验；

（4）吸收池配套性检验。

2. 分光光度计的维护和保养

分光光度计是精密光学仪器，正确安装、使用和保养对保持仪器良好的性能和保证测试的准确度有重要作用。

（1）对仪器工作环境的要求　分光光度计应安装在稳定的工作台上，室内温度宜保持在 15～28℃，相对湿度宜控制在 45%～65%。室内应无腐蚀性气体，周围不应有强磁场，应与化学分析操作室隔开，室内光线不宜过强。

（2）仪器保养和维护方法　为了保持光源灯和检测系统的稳定性，仪器的工作电源最好配 UPS 稳压器；

为了延长光源使用寿命，在不使用时不要开光源灯。如果光源灯亮度明显减弱或不稳定，应及时更换新灯。更换后要调节好灯丝位置，不要用手直接接触窗口或灯泡，避免油污黏附，若不小心碰触，应用无水乙醇擦拭干净；

单色器是仪器的核心部件，装在密封盒内，不能拆开；

必须正确使用吸收池，保护吸收池光学面；

光电转换元件不能长时间曝光，应避免强光照射或受潮积尘。

（三）分光光度法定性分析

紫外 – 可见分光光度法不仅可以进行定量分析，还可以对一些有机化合物，尤其是不饱和有机化合物进行定性分析，通过对共轭体系的鉴定来推断未知物的骨架结构。

一般定性分析有两种方法，一是比较法；二是最大吸收波长计算法。

1. 比较法

吸收光谱曲线的形状、吸收峰的数目以及最大吸收波长的位置和相应的摩尔吸光系数，是进行定性鉴定的依据。所谓比较法，就是在相同的测定条件下（如仪器、溶剂、pH 等），比较未知纯试样与已知标准物的吸收光谱曲线，如果它们的吸收光谱曲线完全相同，则可以认为待测试样与已知化合物有相同的生色团。

2. 最大吸收波长计算法

在判断某化合物几种可能结构时，可以根据伍德沃德（Woodward）规则和斯科特（Scott）规则来计算最大吸收波长，并与实验值进行比较来确认物质的结构。

共轭二烯、多烯烃以及共轭烯酮类化合物的最大吸收波长 λ_{max} 可以根据伍德沃德经验规则来进行计算。计算时，首先以类丁二烯结构作为母体得到一个最大吸收的基数，然后对连接在母体上的不同取代基以及其他结构因素加以修正，得到一个化合物的总 λ_{max} 值。但该规则不适于芳香族化合物，必须用斯科特规则来计算芳香族化合物的 λ_{max}，其方法与伍德沃德规则类似。

值得引起注意的是，仅靠一个紫外光谱或仅以经验规则求得的 λ_{max} 来确定未知物的结构是不现实的，还必须配合红外光谱、核磁共振等进行定性鉴定和结构分析。

第三节

气相色谱法

气相色谱法（gas chromatography，GC）是英国人 Martin 和 Synge 在研究色谱理论基础上创建的以气体为流动相的色谱分离技术。气相色谱一般以气体作为流动相，阻力小、扩散系数大，组分在两相间的传质速率快；分析时，一般是选定一种载气，然后通过改变色谱柱以及操作参数来优化分离；气相色谱分析的目标物一般要求是可挥发、热稳定的；检测器种类较多，包括氢火焰离子化检测器、电子捕获检测器等。目前，气相色谱技术已广泛应用于石油化工、环境科学、医学、农业、食品科学等领域。

一、色谱法基础知识

气相色谱主要是利用物质的沸点、极性及吸附性质的差异来实现混合物的分离。待分析的样品在汽化室汽化后被载气带入色谱柱，柱内含有液体或固体固定相，由于样品中各组分的物理性质不同，其在气相和固定相中的分配系数也不同，组分在两相间进行反复多次分配或吸附/解吸，结果各组分在经过一定时间的流动后便彼此分离，按顺序离开色谱柱进入检测器。检测器将样品组分的浓度响应转变成电讯号，经放大后，在记录器上描绘各组分的色谱峰。

（一）常用的术语

色谱图：色谱分析中检测器响应信号随时间的变化曲线。

色谱峰：色谱柱流出物通过检测器时所产生的响应信号的变化曲线，正常色谱峰近似于对称的正态分布曲线。不对称的色谱峰有两种，前延峰和拖尾峰。

基线：在正常条件下，仅有载气通过检测器时所产生的信号曲线。

峰底：连接峰起点和终点之间的直线。

峰高：峰的最高点至峰底的距离。

峰宽：峰两侧拐点处所作两条切线与基线的两个交点间的距离。

半峰宽：在峰高的中点做平行于峰底的直线，此直线与峰两侧相交点之间的距离。

峰面积：峰与峰底之间的面积。

基线漂移：基线随时间的缓慢变化。

噪声：基线信号的波动。

鬼峰：非样品本身产生的色谱峰。

保留时间：样品组分从进样到出现峰最大值所需的时间，即组分被保留在色谱柱中的时间。

死时间：不被固定相保留的组分的保留时间。

调整保留时间：扣除了死时间后的保留时间。

死体积：从进样器进样口到检测器流通池未被固定相所占据的空间。

（二） 有关分离的参数

分配系数 K：在平衡状态时，某一组分在固定相和流动相中的浓度之比。

容量因子 k：在平衡状态时，某一组分在固定相和流动相中的质量之比。

选择性因子 α：在一定的分离条件下，相邻两组分的调整保留时间之比。

分离度 R：相邻两组分色谱峰的保留时间（t_{R_2}、t_{R_1}）之差与两组分色谱峰的基线宽度（W_1、W_2）总和一半的比值。也称为分辨率，表示相邻两峰的分离程度。

$$R = \frac{t_{R2} - t_{R1}}{\frac{W_1 + W_2}{2}} = \frac{2\ (t_{R2} - t_{R1})}{W_1 + W_2}$$

当 $R = 1.5$ 时，相邻两峰的重叠部分仅为 0.3%，被认为是达到了基线分离。

（三） 其他相关参数

柱效：是指色谱柱在分离过程中主要由动力学因素所决定的分离效能，通常用理论塔板数 n 或理论塔板高度 H 来表示：

$$n = 16\left(\frac{t_R}{W}\right)^2 = 5.54\left(\frac{t_R}{W_{1/2}}\right)^2$$

$$H = \frac{L}{n}$$

基本分离方程：分离度 R 与理论塔板数 n、选择性因子 α 和容量因子 k 三个色谱基本参数的关系如下：

$$R = \frac{\sqrt{n}}{4}\left(\frac{\alpha - 1}{\alpha}\right)\left(\frac{k_2}{k_2 + 1}\right)$$

由上式可知，提高分离度的方法主要有：增加塔板数、增加选择性、改变容量因子等。

保留指数 RI：是气相定性分析的重要参数，又称 Kovats 指数，是把组分的保留值用两个分别前后靠近它的正构烷烃来标定，计算公式如下：

$$RI = 100z + 100\left[\frac{\lg t'_{R(x)} - \lg t'_{R(z)}}{\lg t'_{R(z+1)} - \lg t'_{R(z)}}\right]$$

式中，t'_R 为校正保留时间，z 和 $z+1$ 分别为目标化合物（X）流出前后的正构烷烃所含碳原子的数目，这里 $t'_{R(z)} < t'_{R(x)} < t'_{R(z+1)}$。这样，在色谱柱及其操作参数确定后，特定物质的 RI 值为一常数。所以，用 RI 来对色谱峰定性就比单纯用保留时间要可靠一些。

二、气相色谱仪

气相色谱分离分析在气相中进行，其仪器设备是气相色谱仪。简要介绍现有的商品化气相色谱以及常用的固定相种类，并以毛细管气相色谱为例阐述气相色谱仪的基本构造。

（一）色谱柱种类

按色谱柱种类进行分类，现有的商品化的气相色谱仪可以分为填充柱、毛细管柱和制备气相色谱柱。

1. 填充柱

填充柱一般为内径 2～5mm，长 1～10m 的金属管或玻璃管。制备简单，可供选用的载体、固定液、吸附剂种类很多，因而具有广泛的选择性，有利于解决各种组分的分离分析问题，应用比较普遍。

2. 毛细管柱

毛细管柱常用的材料为玻璃、石英玻璃等，一般内径 0.1～0.5mm，长度为 10～100m。毛细管柱按照内径大小又可以细分为三类：常规毛细管柱（内径 0.1～0.3mm）、小内径毛细管柱（内径 <0.1mm）和大内径毛细管柱（内径为 0.32 或 0.53mm）。由于毛细管柱具有渗透性好、柱效高、出峰尖锐等优点，因此在气相色谱分析中应用最为广泛，可适用于各种复杂体系的分离分析。

3. 制备色谱柱

制备纯组分的填充柱气相色谱柱，适用于较大试样量制备分离纯组分。色谱柱内径和长度一般大于填充型分离分析柱，内径 ≥10mm，柱长在 3～10m。色谱柱后装有分流阀，除少量分离组分进入检测器外，绝大部分进入收集系统冷冻收集。

（二）气相色谱固定相

气相色谱分析中可选择的载气种类比较少，因而其色谱柱的分离选择性主要与不同的固定相种类有关，即固定相的种类是决定气相色谱分离分析能力的主要因素。

1. 固体固定相

主要包括固体吸附剂、高分子多孔微球、化学键合固定相等，一般用于分析永久性气体、低沸点碳氢化合物、几何异构体或强极性物质。

常用的固体吸附剂有硅胶、活性炭、氧化铝、分子筛等。一般为多孔性固体材料，具有很大的比表面积和较密集的吸附活性点，其色谱性能易受操作和环境条件影响，易形成不对称拖尾峰，一般采用涂去尾剂的方法覆盖吸附剂表面的某些活性中心，使吸附剂表面趋于均匀，以解决峰不对称的问题。

高分子多孔微球主要以苯乙烯和二乙烯基苯交联共聚制备，适用性广，既可以用作气固色谱固定相，也可以用作气液色谱载体，选择性高、分离效果好。

化学键合固定相一般采用硅胶为基质，利用硅胶表面的硅羟基与有机试剂经化学键合而成，其特点是温度范围宽、无固定相流失、寿命长、传质速度快等。

2. 载体

气相色谱的载体又称为担体，是一种多孔性微粒材料，主要作用是提供一个大的惰性表面，使固定液能在表面上形成一层薄而均匀的液膜。载体需要具有足够大的比表面积和良好的热稳定性，而且不与试样组分发生化学反应。载体按照化学成分大致可分为硅藻土型和非硅藻土型两大类。载体表面若具有活性中心，那么在分析极性组分时，容易形成色谱峰拖尾，因此在涂渍固定液之前常需要进行预处理，使其表面钝化，以降低其吸附性从而减少拖尾现象发生，提高柱效。

3. 液体固定相

液体固定相也称为固定液，是在气相色谱柱中应用最广泛的一类固定相。采用液体固定相的优点主要有：易获得对称的色谱峰，且重现性好；固定液种类较多，适用范围广；可通过改变固定液膜的厚度来获得高柱效。

固定液的种类繁多，极性和性质各不相同，是决定色谱柱对混合样品分离能力的主要因素，按其化学结构进行分类，常用的固定液主要有烃类、聚醇类、聚酯类、聚硅氧烷类等。

固定液作为一种涂渍在载体表面的高沸点有机物，其基本要求有：对组分有良好的分离选择性、热稳定性和化学稳定性好、低流失、均匀性好等。

（三）毛细管气相色谱

以下以最常用的毛细管气相色谱为例，对气相色谱的基本构造进行概述。GC 系统一般由气路系统、进样系统、分离系统、检测器、数据处理及控制系统组成。

1. 气路系统

气路系统一般由气源、气体净化器、载气流量调节阀和流量表所组成，其作用是向气相色谱系统提供高纯度、稳定流速的气体流动相。

气相色谱中常用的载气有高纯氢气、氮气、氦气等，这些气体一般由高压钢瓶供给，氢气也可用气体发生器供给，一般要求纯度 99.999%。载气的纯度、流速和稳定影响色谱柱效、检测器灵敏度等，是获得可靠色谱定性、定量分析结果的重要条件。因此在实际工作中，载气一般要首先经过净化器除去其中的水分、氧气和烃类等，现在一般采用装有分子筛的过滤器以吸附有机杂质，采用变色硅胶除去水蒸气。

在实际操作使用过程中，气路系统需要维护的主要有气体净化器的定期更换和气体的检漏等。最简单的检漏方法是用毛刷蘸肥皂水后涂抹在接头处或可能泄露的管道处，有吹气泡的现象出现则说明此处漏气。对于接头漏气，可用拧紧或更换密封垫的方法解决，管道漏气则需要更换新的管道。

2. 进样系统

进样系统是将试样溶液引入色谱柱前瞬间气化、快速定量转入色谱柱的装置，一般由进样口和进样器组成。进样时，由进样器吸取一定体积的试样溶液，然后将注射器针尖穿透进样口隔垫，迅速将溶液推入进样口气化室中。由于气化室的温度一般较高，因此试样迅速气化为气体，由进入气化室的载气携带进入色谱柱。

进样系统需要维护的主要有隔垫和衬管。进样口隔垫主要是维持进样口处良好的密封性，但多次进样穿插及高温影响，易在此处发生漏气现象，需要主要定期维护。衬管是样品气化的场所，因此不仅要求耐高温，而且其惰性要好，不对样品发生吸附作用或化学反应，也不引起样品的催化分解，因此也需要定期维护。

GC 进样口有不同的类型，包括分流/不分流进样口、程序升温气化进样口、大体积进样口、顶空进样、冷柱头进样等。其中，最常用的是分流/不分流进样口，分流进样操作简单，适合于大部分可挥发样品，但易出现分流歧视现象；不分流进样分析灵敏度高，可适用于环境、食品中的痕量分析。

3. 分离系统

气相色谱的分离系统主要包括柱温箱和色谱柱，而色谱柱是气相分离的核心部件。选择色谱柱时，不仅要考虑被测组分的性质、实验条件，还应注意与检测器的性能相匹配。

毛细管柱的特点有：柱的渗透性好，可采用高线速载气实现快速分析；柱效高，特别适合分离性质相似、组分复杂的混合物；相比高、传质快，因而进样量要小。

毛细管色谱柱根据固定液在毛细管内涂渍方式的不同，可以分为涂壁开管柱（WCOT）、多孔层开管柱（PLOT）、载体涂层开管柱（SCOT）等，最常用的为涂壁开管柱。根据固定液种类的不同，常用的商品化毛细管柱又可以分为非极性柱（如 DB – 1、DB – 5 等）、中等极性柱（如 DB – 17 等）、极性柱（如 DB – WAX）等。

新的色谱柱在使用前，都要首先进行老化，等到基线稳定后，才可以进样分析。而色谱柱在使用一段时间后，柱内会驻留一些高沸点组分，基线可能会出现波动，此时也需要使用老化进行维护。

4. 检测器

检测器是气相色谱仪的重要部件，其作用是将色谱柱分离后各组分在载气中浓度或量的变化转换成易于测量的电信号，然后记录并显示出来。

根据检测机理的不同，气相色谱的检测器可以分为浓度型和质量型两类。浓度型检测器的响应与被测组分的浓度有关，如热导检测器 Thermal conductivity detector，（TCD）、电子捕获检测器 Electron capture detector，（ECD）；质量型检测器的响应与单位时间内通过检测器的组分的量有关，如火焰离子化检测器 Flame ionization detector，（FID）、氮磷检测器 Nitrogen phosphorus detector，（NPD）等。

根据检测器对各类物质响应的差别，可以分为通用型和选择型两种。通用型检测器对所有的物质均有响应，如 TCD；选择型检测器只对某些物质有响应，如 ECD、NPD 等。

5. 数据处理及控制系统

数据处理最基本的功能是将检测器输出的模拟信号随时间的变化曲线记录为色谱图。而控制系统，一般包括温度控制、气体流量控制和检测器控制等。现代的 GC 仪器，其数据处理和控制系统往往集中在一起，由色谱工作站完成，主要负责仪器参数的设置和样品序列的控制，色谱图的记录和保留值、峰高、峰面积的计算和记录，并能直接报告分析结果。

三、气相色谱检测器

本部分主要是针对各种常用的 GC 检测器，从原理、特性和注意事项等方面进行概述。

（一）检测器的主要性能指标

对气相色谱检测器的性能要求为：灵敏度高、检出限低、线性范围宽、重复性好和适用范围广，一般用以下几个参数进行评价。

（1）灵敏度 S　响应信号变化（ΔR）与通过检测器物质量变化（ΔQ）

之比。

$$S = \frac{\Delta R}{\Delta Q}$$

（2）检出限 D　检测信号为检测器噪声3倍时，单位体积载气中所含物质量或单位时间内进入检测器的物质量。

$$D = \frac{3R_N}{S}$$

式中　R_N——噪声信号；

S——灵敏度。

（3）线性范围　指组分浓度（或质量）与检测器的响应保持线性增加的范围。不同检测器的线性范围有很大差别，不同组分在同一个检测器上也有不同的线性范围。五种检测器的性能指标见表2-3。

表2-3　　　　　　　　　　常用的气相色谱检测器的性能比较

性能指标	TCD	FID	ECD	FPD	NPD
响应特性	浓度型	质量型	浓度型	质量型	质量型
噪声/A	0.01mV	5×10^{-14}	10^{-12}	10^{-10}	5×10^{-14}
基流/A	无	10^{-12}	10^{-9}	10^{-9}	2×10^{-11}
敏感度/（g/s）	$10^{-6} \sim 10^{-10}$ g/mL	2×10^{-12}	10^{-14} g/mL	P：10^{-12}； S：5×10^{-11}	N：10^{-13} P：10^{-14}
线性范围	$10^4 \sim 10^5$	$10^6 \sim 10^7$	$10^2 \sim 10^5$	$>5 \times 10^2$	$10^4 \sim 10^5$
响应时间/s	<1	<0.1	<1	<0.1	<1
检测限/g	$10^{-4} \sim 10^{-8}$	5×10^{-13}	10^{-14}	10^{-10}	10^{-13}
应用范围	有机物和无机物	含碳有机物	含卤素及亲电子物质	含硫、磷的化合物	含氮、磷的化合物

（二）热导检测器

热导检测器（TCD）是基于被测组分和载气的热导率不同而进行检测的。由于结构简单、性能稳定，不论对无机物还是有机物都能有响应，通用性好，而且线性范围宽、价格便宜，因此是应用最广的气相色谱检测器之一。

1. 工作原理

热导检测器是利用载气中混入其他组分时，热导率发生变化的原理制成的。一般由池体和热敏元件构成，可分双臂和四臂热导池两种，常用的是灵敏度更高的四臂。当通过热导池池体的样品组成及其浓度有所变化时，就会引起热敏元件温度的变化，从而导致其电阻值的变化，这种阻值的变化可以通过惠斯登电桥进行测量。当载气以恒定的流速通过，并以恒定的电压给热导池通电时，热丝温度升高。若测量臂无样品组分通过时，流经参考臂和测量臂的均是纯的载气，同种载气有相同的热导率，因此参考臂和测量臂的电阻值相同，电桥处于平衡状态，检测器无信号输出。当有样品组分进入检测器时，纯的载气流经参考臂，载气携带被测组分流经测量臂，由于载气和被测组分混合气体的热导系数与纯载气的热导率不同，使得测量臂与参考臂的电阻值有所不同，电桥平衡被破坏，此时检测器会有电压信号输出，其检测信号大小和被测组分的浓度成正比，因而可用于定量分析。

2. 影响灵敏度的因素

影响 TCD 灵敏度的主要因素是桥电流、载气种类和池体温度等。

（1）桥电流　在允许的工作范围内，工作电流越大，灵敏度越高；但桥电流不可太大，否则稳定性下降，噪声增加，热丝寿命缩短。

（2）载气种类　载气与试样的热导率相差越大，则灵敏度越高。故选择热导率大的氢气或氦气作载气有利于灵敏度提高；如用氮气作载气时，有些试样的热导率比它大就会出现倒峰。

（3）池体温度　降低池体温度，可使池体与热丝温差加大，有利于提高灵敏度。但池体温度不能低于被测组分的沸点，以免试样在检测器中冷凝。

3. 使用注意事项

为了充分发挥 TCD 的性能，在使用中应注意以下几个方面。

（1）确保毛细管柱接口正常　毛细管柱端应在样品池的入口处，太深或太浅都会导致灵敏度下降。

（2）确保热丝稳定　在对热丝进行通电加热前，都必须确保有载气通过检测器，否则热丝可能被烧断，因此在开机时先通载气，而关机时后关载气。另外，要避免热丝温度超过其最高承受温度，以防热丝烧断。

（3）确保载气净化系统正常　载气中若含有氧，将使热丝长期受到氧化，有损其寿命，故通常载气和尾吹气应加净化装置以除去其中的氧气。

〔三〕氢火焰离子化检测器

氢火焰离子化检测器（FID）是以氢气和空气燃烧生成的火焰为能源，使有机物发生化学电离，并在电场作用下产生电信号来进行检测的。其灵敏度高、检出限低、响应速度快、线性范围宽，而且结构、操作简单，是目前应用最广泛的气相色谱检测器之一。

1. 工作原理

在当载气携带被测组分从色谱柱流出后与氢气按照一定的比例混合后一起从喷嘴喷出，并在喷嘴周围空气中燃烧，以燃烧所产生的高温火焰为能源，被测组分在火焰中被电离成正离子和负离子，在极化电压形成的电场作用下，正负离子分别向负极和正极移动，形成离子流，离子流强度很小，一般为 $10^{-8}A$，这些微电流经过微电流放大器放大后被记录下来，从而对被测物进行测定。当仅有载气从色谱柱流出，载气本身不会被电离，但色谱柱中流失的固定液和在其中的某些有机杂质被电离成正、负离子，在电场作用下会形成大小基本恒定的微电流，称为基流，基流会影响信号电流的测定，基流越小越易于测得信号电流的微小变化，通常，在回路中加一个反向的补偿电压以抵消基流。进样后，待测组分被电离，使电路中微电流显著增大，即为待测组分的信号。该信号的大小在一定范围内与单位时间内进入检测器的被测组分的质量呈正比，所以氢火焰离子化检测器是质量型检测器。

2. 影响灵敏度的因素

离子室的结构，如喷嘴的孔径大小与材料、极化极与喷嘴的相对位置等对FID 灵敏度有直接影响，孔径较大时，线性范围宽，而灵敏度较低；孔径较小时，离子化效率高。操作条件的变化，包括氢气、载气、空气流速和检测室的温度等都对检测器灵敏度有影响。

3. 使用注意事项

（1）目标物选定　FID 属于选择性检测器，对含碳化合物有较大的响应，但对永久性气体、水、CO、CO_2 等无机物没有响应。

（2）安全问题　FID 是用氢气和空气燃烧所产生的火焰使被测物质离子化的，故应注意安全问题。在未接上色谱柱前，不要打开氢气阀门，以免氢气进入柱箱。火焰熄灭时，应尽快关闭氢气阀门，待故障排除重新点火时，再打开氢气阀门。

（3）参数优化　在一定范围内增大氢气和空气的流量，可提高检测器的灵敏度，然而氢气流量过高反而会降低灵敏度。一般，载气、氢气和空气的流量比为 1:1:10。

（4）防止污染　为防止检测器被污染，检测器温度设置不应低于色谱柱实际工作的最高温度。当 FID 运行一段时间后，如遇到点不着火、自动熄火或灵敏度下降等，就需要清洗检测器中的喷嘴和收集极。

（四）　电子捕获检测器

电子捕获检测器（ECD）是一种 ^{63}Ni 或 ^3H 作放射源的离子化检测器，主要用于检测较高电负性的化合物，如含卤素、硫、磷等的物质，它是一种高选择性、高灵敏度、对痕量电负性化合物最有效的检测器，已广泛应用于农药残留分析、大气及水质污染分析，以及生物化学、医学和环境监测等领域中。

1. 工作原理

ECD 是根据电负性物质分子能捕获自由电子的原理制成的，主要由电离源和收集极组成。电离源多数用 ^{63}Ni 或 ^3H 放射源，一般贴在阴极壁上作为负极，以不锈钢棒作为正极。在两极间施加直流或脉冲电压，在放射源的作用下载气发生电离，产生正离子和自由电子，在电场的作用下，电子向正极移动，形成恒定基流。当载气带有电负性组分进入检测器时，自由电子被捕获，从而使基流下降，产生检测信号，由于测定的是基流的降低值，因而得到的是倒峰。因此，被测组分的电负性越强，捕获电子的能力越大，使基流下降越快，倒峰也就越大；被测组分浓度越大，捕获电子的概率越大，倒峰越大。

2. 影响灵敏度的因素

ECD 是气相色谱检测器中灵敏度最高的一种，其基流大小直接影响灵敏度。为防止基流下降引起的灵敏度降低，应该使用纯度 99.99% 以上的气体作为载气；检测器的温度要高于柱温；使用高纯度、不含电负性杂质的试样溶剂等。此外，进样浓度不宜过高，以防过载。

3. 使用注意事项

（1）防止放射性污染 ECD 有放射源，故检测器出口一定要用管道连接到室外，一般不要轻易拆开检测器。另外，需要定期进行有无放射性泄漏的检测。

（2）操作温度适宜 ECD 检测器的温度应高于柱温，以免高沸点组分污染，但 ECD 最高使用温度不能过高，否则放射源的寿命会缩短。

（3）载气和溶剂 载气纯度要高，否则影响灵敏度，另外严禁使用电负性溶剂。

（4）色谱柱处理 毛细管柱在使用前需用火焰使其预流失和分解，以减小和尽快消除毛细管柱两端新安装后，在高温下固定相的流失和柱表面聚亚酰胺分解产物对检测器的污染。

（五）火焰光度检测器

火焰光度检测器（FPD），又称硫磷检测器，是一种对含硫、磷有机化合物具有高选择性和高灵敏度的质量型检测器，可用于大气中痕量硫化物以及农副产品、水中的毫微克级有机磷和有机硫农药残留量的测定。

1. 工作原理

含硫、磷原子的化合物在富氢火焰中燃烧，形成激发态分子，当它们回到基态时，发射出一定波长的特征光谱，这些特征光谱用滤光片分离后，经光电倍增管转化为电信号从而进行测定。当只有载气通过检测器时，载气与空气和氢气混合后经喷嘴流出，在喷嘴燃烧。当载气携带含硫、磷的化合物通过检测器时，含硫、磷的化合物在富氢火焰中燃烧，含硫化合物产生激发态的 S_2^* 分子，此分子回到基态发射出波长为 320 ~ 480nm 的光，其最大发射波长为 394nm；含磷化合物产生激发态的 HPO^* 分子，它回到基态发射出波长为 480 ~ 580nm 的光，最大波长为 526nm；烃类进入火焰，产生 CH、C_2 等基团的发射光，波长为 390 ~ 520nm。光电倍增管对这些大范围的光均可接收。硫化物用 384nm 或 394nm 的滤光片进行选择；磷化物用 526nm 的滤光片进行选择，而烃类的光可以被滤掉，然后利用光电倍增管将所滤过的光转换成电信号，达到对含硫、磷化合物进行选择性测定的目的。

2. 影响灵敏度的因素

使用 FPD 首先要保证火焰为富氢火焰，否则无激发光产生，灵敏度很低。在使用操作上，为延长光电倍增管寿命，防止光电倍增管损坏，点火之前不要开高压电源。检测器恒温箱低于 100℃ 时不要点火，以免检测器积水受潮。

3. 使用注意事项

（1）安全问题　防止氢气泄露，以免发生爆炸。FPD 在富氢火焰下工作，操作时应特别注意，未接色谱柱前勿通氢气，不点火不开氢气。另外，在工作时 FPD 的外壳很热，不要碰触其表面，以免被烫伤。

（2）气体流量　载气、氢气和空气的流速对 FPD 有很大的影响，一般对含磷化合物的测定氢和氧的比例应在 2 ~ 5，根据样品不同要改变氢氧比，还要适当调节载气和补充气量，以便获得好的信噪比。

（3）清洁维护　在使用过程中，FPD 燃烧室会受到流失的固定液、硅烷化试剂的污染，若不及时清理，会导致灵敏度下降。另外，不要用手直接触摸石英窗、滤光器和光电倍增管的表面，否则会导致透光率下降。如果发现这些零件被污染，可以采用乙醇或丙酮等有机溶剂进行清洗。

（六）　氮磷检测器

氮磷检测器（NPD）是根据含氮、磷化合物流经热离子电离源表面时，产生的电负性基团在电离源表面得到电子后变成负离子，被收集极收集，产生信号，从而进行测定的检测器。NPD 是一种适用于分析氮、磷化合物的高灵敏度、高选择性质量检测器，已广泛应用于农药、食品、药物等多个领域。

1. 工作原理

NPD 采用较低的氢气/空气比率，低浓度的氢气只能在电离源表面形成一层化学活性很高的"冷氢焰"。当氮、磷化合物进入"冷氢焰"区时发生热化学分解，产生 CN、PO、PO_2 等电负性基团，这些基团从电离源表面或其周围的气相中得到电子，变成负离子，在高压电场的作用下，该负离子被正电位的收集极收集，产生信号。烃类在"冷氢焰"中不发生电离，因而产生对氮、磷化合物的专一性检测。

2. 使用注意事项

（1）安全问题　NPD 在使用过程中，要用到氢火焰，因此也要注意安全问题。

（2）载气　氮气、氢气、空气源的纯度应在 99.99% 以上，以保证检测器的正常使用；另外，在使用过程中应注意只有在有载气通过的情况下才能开电源。

（3）维护 定期检查和清洗检测器的喷嘴，避免污染物堵塞喷嘴导致灵敏度降低；仪器存放避免潮湿，应放在干燥通风处。

四、气相色谱方法开发与分析

各种气体、低沸点易挥发、热稳定的试样，都可以用气相色谱法进行分析。而在实际工作中，为不同的待测样品选择合适的色谱分离条件及检测方法，是准确进行定性定量分析的前提。

（一）气相色谱方法开发

气相色谱方法开发，就是首先确定样品预处理方法和仪器配置，然后优化分离条件，经过方法学验证后，进行准确定性定量分析。

1. 样品来源及前处理

在接收到一个未知样品时，应该首先了解其来源，估计样品可能含有的组分及其目标化合物的物理化学性质等，确认其是否适合采用 GC 分析，并结合文献调研，确定基本的样品前处理方案。

2. 仪器配置（色谱柱参数）

仪器配置主要是指确定分析中采用的进样装置、色谱柱和检测器等。比如，分析挥发性成分需要使用顶空进样器；对水分的测定可以选择 Porapak Q 填充柱，也可以选择 HP – PLOT – Q 气固毛细管色谱柱；而不同种类的化合物需要不同的检测器进行分析，含有硫、磷的组分可以选择 FPD 检测，含有卤素等电负性元素的物质，可以选择 ECD 检测。其中最关键的部分是色谱柱及其操作条件的选择。

（1）固定液的选择 一般遵循"相似相溶"的原则来选择固定液。如分离非极性化合物就选用非极性固定液，被分离组分按沸点从低到高顺序流出。一般，低沸点试样多采用高液载比的柱子，而高沸点试样多采用低液载比的柱子。

（2）柱长与内径 填充柱柱长一般 1～5m，毛细管柱长一般 10～100m。柱内径增大可增加柱容量，有效分离的试样量增加，但径向扩散路径也会随之增加，导致柱效下降。内径小有利于提高柱效，但渗透性会随之下降，影响分析速度。对于一般的分析来说，填充柱内径为 3～6mm，毛细管柱内径为 0.2～0.5mm。

（3）载气的选择 载气的选择首先要适应所用的检测器的特点，如使用 TCD 时，为了提高检测器的灵敏度，选用热导率大的氢气或氦气作为载气。另外，还要考虑载气对柱效和分析速度的影响。

（4）色谱柱温度的选择 柱温是影响色谱分离效能和分析时间的一个重

要操作参数，柱温的选择要兼顾热力学和动力学因素对分离度的影响，兼顾分离和分析速度等多方面的因素。一般情况下，首先考虑柱温要低于色谱柱的最高使用温度（一般低于 20~30℃）。宽沸程的试样，一般采用程序升温，即在一个分析周期内，以一定的升温速率使柱温由低到高随时间成线性和非线性增加，使混合物中各组分能在最短时间获得最佳的分离效果。

（5）进样量的选择　进样量的大小对柱效、色谱峰高、峰面积均有一定的影响。进样量过大会引起色谱柱超负荷、柱效下降、峰形扩张、保留时间改变。一般，对于填充柱，液体试样的进样量 0.1~10μL，气体试样进样量 0.1~10mL。

3. 分离条件的优化

当样品和仪器配置确定后，一般需要对分析条件进行多次优化。分离条件优化的目的就是要在最短的分析时间内达到符合要求的分离结果，所采用的主要手段包括改变载气流速、柱温或升温速率等。如果改变柱温和载气流速也达不到基线分离的目的时，就应更换更长的色谱柱，甚至更换不同固定相的色谱柱来进行优化。

（二）定性分析

定性分析是鉴定试样中的各组分，即每个色谱峰是何种化合物。基于气相色谱分离的主要定性依据是保留值，包括保留时间、保留指数等。也可以根据检测器给出选择性响应信号或与其他仪器联用定性。

1. 保留值定性

最常用的方法就是通过标准物质对照来定性，在相同的色谱条件下，分别注射标准样品和实际样品，根据保留值即可确定色谱图上哪个峰是要分析的组分。定性时需要注意的是，在一定的色谱条件下，每个化合物具有一定的保留值，但是不同的化合物可能具有相同的保留值。按保留值确定试样中不存在某个化合物一般是可靠的，而较准确鉴定一个色谱峰是某个化合物，常需要改变色谱条件，通常是在两个不同的色谱柱上定性，称为双柱体系定性。

2. 检测器选择性定性

气相色谱检测器一般有通用型和选择型两种，前者对所有化合物均有响应，后者只对某些类型的化合物有响应。如 TCD 为通用型检测器，而 FID 只对有机化合物有响应，根据 TCD 和 FID 有无响应，可鉴别试样中有机物和无机物。

3. 与其他仪器联用定性

红外光谱、质谱等结构分析仪器提供分子结构信息，可对化合物直接定性。气相色谱与这些仪器联用，将质谱等作为色谱的检测器，不仅可以定量测定，还可以利用质谱的定性特性对混合物成分进行定性。GC 与 MS 的联用大大扩展了气相色谱的应用范围。

（三）　定量分析

色谱定量分析是根据检测响应信号大小，测定试样中各组分的相对含量，其依据是每个组分的含量与色谱检测器的峰高或峰面积响应值成正比。常用的气相色谱定量方法包括峰面积归一化法、外标法和内标法。

1. 峰面积归一化法

如果待测样品各组分在色谱操作条件下都能出峰，而且已知其相对定量校正因子，则可以用归一化法测定各组分的含量。

$$w_i = \frac{m_i}{m_1 + m_2 + \cdots + m_i + \cdots + m_n} = \frac{A_i f_i'}{\sum A_i f_i'} \times 100\%$$

式中　　w_i——组分 i 在样品中的含量；

m_i 和 A_i——组分 i 的质量和峰面积；

　　　　f_i'——组分 i 的相对定量校正因子。

归一化法不需要称样和定量进样，操作简单方便，仪器及操作条件的轻微变动对结果的影响小，适用于多组分同时定量测定。但缺点也同样明显，样品中各组分都必须洗出且可测得其峰面积，不能有不产生信号或未洗出的组分，而且所有组分的定量校正因子都必须已知，这让归一化法的应用受到了一定的限制。

2. 外标法

当气相色谱操作条件严格控制不变时，在一定进样量的范围内，物质的浓度与峰高呈线性关系，配制一系列不同浓度的已知样品，分别取同样体积的样品注射进气相色谱，根据所得色谱峰峰高或峰面积，做出标准曲线。分析未知样品时，注进与制作标准曲线同样体积的样品，按所测得的色谱峰峰高或峰面积，从标准曲线上查出未知样品浓度。

外标法比较简单，常用于日常控制分析。定量结果的准确性主要取决于进样量的重复性和操作条件的稳定程度，为了获得较高的准确性，在日常工作中，定量校准曲线需要经常重复校正。

3. 内标法

内标法是选择一种样品中不存在的物质作为内标物，定量地加入到已知质量的样品中，通过测定内标物和样品中组分的峰面积，引入校正因子，就可计算样品中待测组分的含量。

内标物一般要求是高纯化合物；与试样中各组分很好分离，且不与组分发生化学反应；分子结构、保留值和检测响应最好与待测组分相近。

$$w_i = \frac{m_i}{m} \times 100\% = \frac{A_i f_i'}{A_{is} f_{is}'} \times \frac{m_{is}}{m} \times 100\%$$

式中　　　　　　m——试样的质量；

w_i、m_i、A_i 和 f_i'——组分 i 的含量、质量、峰面积和相对定量校正因子；

m_{is}、A_{is} 和 f_{is}'——内标物的质量、峰面积和相对定量校正因子。

内标法可以获得较高的准确度，因为有内标进行校正，所以可以不需定量进样，可避免进样时体积变化带来的不确定因素，而且不需要所有的组分均被洗出。

五、气相色谱的应用与使用注意事项

气相色谱分析由于其分离效能高、分离速度快、样品用量少等特点，因而被广泛应用于食品、生物医药、石油化工、环境保护、生产控制和产品质量监督等方面，并且应用范围不断扩展、丰富和提高。在烟草行业，气相色谱法应用也较广，主要有烟气中的水分和烟碱的测定、烟用三乙酸甘油酯中的水分含量测定、烟草及烟草制品中有机氯、拟除虫菊酯类农药残留的测定等。

（一）应用范围

（1）食品　气相色谱法用于食品分析所涉及的范围很广，从肉、蛋、乳、鱼到各种蔬菜水果中的添加剂、防腐剂以及食品中的农药残留量等。在很多食品类的国家标准中，气相色谱法都得到了广泛的应用。

（2）生物医药　气相色谱法在生物医药中的应用非常广泛，可用于分离分析生物体内的氨基酸、维生素以及微量的药物、毒物等。

（3）石油化工　石油工业是应用气相色谱最早、最广泛的领域。气相色谱可以对包括烃类、非烃类等组分进行很好的分离分析，在石油组成、模拟蒸馏、单体硫化物、生物柴油等分析中有着不可替代的作用。

（4）环境　多环芳烃、多氯联苯、多溴联苯醚等是环境中常见的一些持久性污染物，对于这类物质在大气、水、土壤中的含量需要及时准确监控，而气相色谱法是分析这一类化合物的有力手段。

（二）维护与故障排除

气相色谱仪在使用过程中需要进行精心的维护，才能保证其稳定性。但仪器在使用过程中，总是不可避免地会出现各种各样的问题，气相色谱分析中故障的发生主要来自分析条件、操作技术、样品和仪器等四大因素。故障可能来自其中的一种或几种因素，因此掌握一定的维护和故障排除方法，可以减少故障的发生以及因此带来的不利影响。

气相色谱使用过程中，工作人员需要注意的问题有：按仪器操作说明执行，及时更换进样口密封垫和衬管，使用纯度合格的气体，定期更换气体净化器填料，不定期检漏，及时清洗注射器，保留完整的仪器使用记录等。

仪器使用过程中常见的故障有：无峰、灵敏度低、保留时间漂移、基线不稳定、拖尾峰、前沿峰、鬼峰等。这些故障出现时，就需要工作人员对相关的仪器和操作进行排查，待确认故障原因后，再通过更换配件、变更操作条件、调试仪器等进行故障排除。气相色谱的故障排除方法在相关的书籍和文献中比比皆是，此处不再赘述。

第四节

酸碱滴定法

酸碱滴定法是基于酸碱反应的滴定分析方法，利用酸碱平衡理论进行滴定测定物质的含量。酸碱滴定法的优点主要是：反应速度快，副反应极少；反应进行的程度可用平衡常数估计；计量终点的确定方法比较简单，可选择的指示剂较多。

一、理论基础

（一）基本术语和概念

（1）强电解质　在水溶液或熔融状态下完全电离出离子的物质，强酸、强碱及大部分的盐都是强电解质。

（2）弱电解质　在水溶液中不完全电离出离子的物质，弱酸、弱碱、水及少部分盐均为弱电解质。

（3）电离度　又称解离度，是指弱电解质在溶液里达到电离平衡时，已电离的电解质分子数占原来总分子数的百分比，用于表示弱酸、弱碱在溶液中离解的程度。

（4）解离常数　解离常数（pK_a）是水溶液中具有一定离解度的溶质的极性参数，给分子的酸性或碱性以定量的量度。K_a 增加，对于质子给予体来说，其酸性增加；K_a 减小，对于质子接受体来说，其碱性增加。

（5）pH　用来表示溶液的酸度，即溶液中离子的平衡浓度，一般可表示为 $pH = -\lg c(H^+)$，用 pH 表示水溶液的酸碱性比较方便。$c(H^+)$ 越大，pH 越小，表示溶液的酸度越高，碱度越低；$c(H^+)$ 越小，pH 越大，表示溶液的酸度越低，碱度越高。

（6）酸碱指示剂　用于酸碱滴定的指示剂，一般都是弱的有机酸或有机碱。它们在溶液中能部分电离，且分子和离子具有不同的颜色，因而在 pH 不同的溶液中呈现不同的颜色。

（7）缓冲溶液　由弱酸及其盐、弱碱及其盐组成的混合溶液，能在一定程度上抵消、减轻外加强酸或强碱对溶液酸度的影响，从而保持溶液的 pH 相对稳定。

（8）同离子效应　在弱电解质溶液中加入跟该电解质有相同离子的强电解质，可以降低弱电解的电离度，这种效应叫做同离子效应。

（9）盐效应　在弱电解质溶液中加入与弱电解质没有相同离子的强电解质时，由于溶液中总离子浓度增大，离子间相互牵制作用增强，使得弱电解质解离的阴阳离子结合形成分子的机会减小，从而使弱电解质分子浓度减小，离子浓度相应增加，解离度增大，这种效应称为盐效应。

（二）酸碱质子理论

19 世纪末，阿伦尼乌斯提出酸碱电离理论，即凡是在水溶液中能解离生成的正离子全部是 H^+ 的化合物叫酸，所生产的负离子全部是 OH^- 的化合物叫碱。它对化学科学的发展起了积极作用，但其局限性较明显，把酸和碱局限于水溶液中。1905 年富兰克林提出了酸碱的溶剂理论，1923 年布朗斯特和劳莱各自独立提出了酸碱质子理论，路易斯提出了酸碱电子理论。这里着重讨论酸碱质子理论。

酸碱质子理论认为：凡能给出质子的物质是酸，凡能接受质子的物质是碱，可以表示为：

$$酸 \Longrightarrow 碱 + 质子$$

例如：$HCl \Longrightarrow Cl^- + H^+$ 或者 $HAc \Longrightarrow Ac^- + H^+$

酸与其释放 H^+ 后形成的相应碱为共轭酸碱对，如 HCl 和 Cl^-，HAc 和 Ac^- 等均互为共轭酸碱对。质子理论认为，酸碱反应的实质是质子的转移（得失）。为了实现酸碱反应，它给出的质子必须被同时存在的另一物质碱接受。因此，酸碱反应实际上是两个共轭酸碱对共同作用的结果，任何酸碱反应都是两个共轭酸碱对之间的质子传递反应，即：

$$酸_1 + 碱_2 \Longrightarrow 碱_1 + 酸_2$$

而质子的传递，并不要求反应必须在水溶液中进行，也不要求先生成质子再加到碱上去，只要质子能从一种物质传递到另一种物质上即可，因此酸碱反应可以在非水溶剂、无溶剂等条件下进行。

质子理论大大扩大了酸碱的概念和应用范围，并把水溶液和非水溶液统一起来。同时盐的概念需重新认识，盐的水解其实就是组成它的酸或碱与溶剂分子间的质子传递过程。在酸碱反应即质子传递过程中，必然存在着争夺质子的竞争，其结果必然是强碱夺取强酸放出的质子而转化为它的共轭酸 - 弱酸，强酸放出质子后转变为它的共轭碱 - 弱碱。也就是说，酸碱反应总是由较强的酸和较强的碱作用，向着生成较弱的酸和较弱的碱的方向进行，相互作用的酸、碱越强，反应进行得越完全。

二、酸碱平衡

（一）　水的解离平衡

水作为最常用的溶剂，其分子与分子间也有质子的传递：

$$H_2O + H_2O \rightleftharpoons H_3O^+ + OH^-$$

其中一个水分子放出质子作为酸，另一个水分子接受质子作为碱，这种溶剂分子间存在的质子传递反应为溶剂自递平衡，对水而言，反应的平衡常数称为水的质子自递常数，也称为离子积常数，以 $K_w^\ominus$ 表示。

$$K_w^\ominus = c\ (H_3O^+)\ c\ (OH^-)$$

实验测得在室温 25℃ 时纯水中：

$$c\ (H_3O^+)\ = c\ (OH^-)\ = 1.0 \times 10^{-7} mol/L$$

则

$$K_w^\ominus = 1.0 \times 10^{-14} \qquad pK_w^\ominus = 14.00$$

水的离子积常数随温度升高而变大，但变化并不明显，一般在室温工作时可认为 $K_w^\ominus = 1.0 \times 10^{-14}$。溶液中氢离子或氢氧根离子浓度的改变会引起水的解离平衡的移动，但是只要温度保持不变，$K_w^\ominus = c\ (H_3O^+)\ c\ (OH^-)$ 即保持不变。

（二）　弱酸弱碱的解离平衡

在水溶液中，可以通过比较在水溶液中质子转移反应平衡常数的大小，来比较酸碱的相对强弱。平衡常数越大，酸碱的强度也越大。酸的平衡常数用 $K_a^\ominus$ 来表示，称为酸的解离常数，$K_a^\ominus$ 值越大，酸的强度越大。碱的平衡常数用 $K_b^\ominus$ 表示，称为碱的解离常数，$K_b^\ominus$ 值越大，碱的强度越大。例如醋酸 HAc 与水的反应及其相应的 $K_a^\ominus$ 值如下：

$$HAc + H_2O \rightleftharpoons H_3O^+ + Ac^-$$

$$K_a^\ominus = \frac{c\ (H_3O^+)\ c\ (Ac^-)}{c\ (HAc)} = 1.74 \times 10^{-5}$$

醋酸的共轭碱 Ac^- 与水的反应及其相应的 $K_b^\ominus$ 值如下：

$$Ac^- + H_2O \rightleftharpoons OH^- + HAc$$

$$K_b^\ominus = \frac{c\ (HAc)\ c\ (OH^-)}{c\ (Ac^-)} = 5.75 \times 10^{-10}$$

一种酸的酸性越强，$K_a^\ominus$ 越大，则其相应的共轭碱的碱性越弱，其 $K_b^\ominus$ 越小。共轭酸碱对的 $K_a^\ominus$ 和 $K_b^\ominus$ 之间有明确的关系，如下：

$$K_a^\ominus = \frac{c\ (H_3O^+)\ c\ (Ac^-)}{c\ (HAc)} = K_b^\ominus = \frac{c\ (HAc)\ c\ (OH^-)}{c\ (Ac^-)}$$

$$K_a^\ominus K_b^\ominus = \frac{c\ (H_3O^+)\ c\ (Ac^-)}{c\ (HAc)} \times \frac{c\ (HAc)\ c\ (OH^-)}{c\ (Ac^-)} = c\ (H_3O^+)\ c\ (OH^-)\ = K_w^\ominus$$

因此，在水溶液中共轭酸碱对 $K_a^\ominus$ 和 $K_b^\ominus$ 的关系如下：

$$K_a^\ominus \times K_b^\ominus = K_w^\ominus$$

由上式可知，共轭酸碱对中酸的解离常数和它对应的共轭碱的解离常数，两者的乘积等于水的离子积常数。

（三）溶液的 pH

溶液的酸度是指溶液中氢离子的平衡浓度，通常用 pH 表示。

$$pH = -\lg c\ (H^+)$$

与 pH 对应的，溶液的 pOH = $-\lg c$（OH$^-$），在常温下，水溶液中有

$$K_w^\ominus = c\ (H^+)\ c\ (OH^-)\ = 1.0 \times 10^{-14}$$

则

$$pH + pOH = pK_w^\ominus = 14.00$$

用 pH 表示溶液的酸碱性较为方便。氢离子浓度越大，pH 越小，表示溶液的酸度越高，碱度越低；氢离子浓度越小，pH 越大，表示溶液的酸度越低，碱度越高。溶液的酸碱性与 pH 的关系如下：

酸性溶液中：c（H$^+$）> c（OH$^-$），pH < 7

中性溶液中：c（H$^+$）= c（OH$^-$），pH = 7

碱性溶液中：c（H$^+$）< c（OH$^-$），pH > 7

pH 的使用范围一般在 0 ~ 14，如果 pH < 0，则 c（H$^+$）> 1mol/L，如果 pH > 14，则 c（OH$^-$）> 1mol/L。此时，一般直接用物质的量浓度（mol/L）表示酸度和碱度更为方便。

（四）酸碱平衡的移动

酸碱解离平衡是一种暂时的、相对的动态平衡，当外界条件改变时，平衡就会移动，结果使弱酸、弱碱的解离度增大或减小。

在弱电解质溶液中加入与弱电解质含有相同离子的强电解质，使弱电解质的解离度降低的现象称为同离子效应。例如在 HAc 溶液中加入强酸，溶液中氢离子浓度大大增加，使解离反应逆向进行，从而降低了 HAc 的解离度。利用同离子效应可以控制弱酸或弱碱溶液的 c（H$^+$）或 c（OH$^-$），所以在实际应用中常用来调节溶液的酸碱性。

如果加入的强电解质中不含有相同离子，若往 HAc 中加入氯化钠，同样会破坏原有的平衡，但平衡向右移动，使弱酸、弱碱的解离度增大，这种现象叫盐效应。这是由于强电解质完全解离，大大增加了溶液中离子的总浓度，使得氢离子和醋酸根离子被更多的氯离子或钠离子包围，离子之间的相互牵制作用增强，大大降低了离子重新结合成弱电解质分子的概率，因此，解离度也相应增大。

三、酸碱指示剂

在实际工作中，常常采用 pH 试纸或酸碱指示剂检测溶液的酸度大小。

（一）　原理

酸碱指示剂（acid – base indicator）一般都是有机弱酸或有机弱碱，其弱酸和其共轭碱显示不同的颜色。当溶液酸度发生变化时，它们呈现不同的结构，显示不同的颜色。

如酚酞作为一种多元酸，在水溶液中有以下的结构变化：

$$无色分子 \xrightarrow{OH^-} 无色离子 \xrightarrow{OH^-} 红色离子 \xrightarrow{浓碱} 无色离子$$

由上式可知，在酸性条件下酚酞呈无色，当 pH 升高到一定数值时变为红色，在强碱性溶液中又呈无色。

若以 HIn 表示一种指示剂的酸式，In^- 表示指示剂的碱式，在溶液中的平衡关系为：

$$HIn \rightleftharpoons H^+ + In^-$$

因此，有 $K_a^\ominus = \dfrac{c(H^+)\,c(In^-)}{c(HIn)}$，即 $\dfrac{c(In^-)}{c(HIn)} = \dfrac{K_a^\ominus}{c(H^+)}$

对于酸碱指示剂来说，$K_a^\ominus$ 在一定条件下为一常数，$c(In^-)/c(HIn)$ 只取决于溶液中氢离子浓度的大小。一般认为，如果 $c(In^-)/c(HIn) \geq 10$，看到的应该是碱式的颜色；如果 $c(In^-)/c(HIn) \leq 0.1$，看到的应该是酸式的颜色。因此，当溶液的 pH 由 $pK_a^\ominus - 1$ 变化到 $pK_a^\ominus + 1$，就能明显地看到指示剂由酸式色变为碱式色，反之亦然。所以，$pH = pK_a^\ominus \pm 1$ 被看作指示剂变色的 pH 范围，简称指示剂的理论变色范围。不同指示剂的 $pK_a^\ominus$ 不同，它们的变色范围就不同，所以不同酸碱指示剂一般就能指示不同的酸度变化。当 $pH = pK_a^\ominus$ 时，$c(In^-)/c(HIn) = 1$，称为指示剂的理论变色点，在计算中常将其视作滴定终点。

（二）　变色范围及影响因素

指示剂一般要求变色灵敏迅速、反应可逆，而且本身稳定。

表 2 – 4 列出了一些常用酸碱指示剂的变色范围，由表可知，许多指示剂的变色范围并不是 $pK_a^\ominus \pm 1$，这是因为实际的变色范围是依靠人眼的观察得到的。影响酸碱指示剂变色范围的因素主要有以下几个方面。

（1）人眼对不同颜色的敏感程度不同，不同人员对同一颜色的敏感程度也不同，以及酸碱指示剂两种颜色之间的相互掩盖作用，均会导致变色范围的不同；

（2）温度、溶剂以及一些强电解质的存在也会改变酸碱指示剂的变色范围，主要是这些因素会影响指示剂的解离常数的大小；

（3）对于单色指示剂，其用量的不同也会影响变色范围，用量过多会使变色范围朝一方移动，还会影响酸碱指示剂变色的敏锐程度。

表 2 – 4   一些常见酸碱指示剂的变色范围

指示剂	变色范围 pH	颜色变化	$pK_a^{\ominus}$
百里酚蓝	1.2 ~ 2.8	红 ~ 黄	1.7
甲基黄	2.9 ~ 4.0	红 ~ 黄	3.3
甲基橙	3.1 ~ 4.4	红 ~ 黄	3.4
溴酚蓝	3.0 ~ 4.6	黄 ~ 紫	4.1
溴甲酚绿	4.0 ~ 5.6	黄 ~ 蓝	4.9
甲基红	4.4 ~ 6.2	红 ~ 黄	5.2
溴百里酚蓝	6.2 ~ 7.6	黄 ~ 蓝	7.3
中性红	6.8 ~ 8.0	红 ~ 黄橙	7.4
苯酚红	6.8 ~ 8.4	黄 ~ 红	8.0
酚酞	8.0 ~ 10.0	无 ~ 红	9.1
百里酚蓝	8.0 ~ 9.6	黄 ~ 蓝	8.9
百里酚酞	9.4 ~ 10.6	无 ~ 蓝	10.0

（三） 混合指示剂

在酸碱滴定中，有时需要将滴定终点限制在较窄的 pH 范围内，以保证滴定的准确度，这时可采用混合指示剂。混合指示剂利用颜色的互补来提高变色的敏锐性，可以分为以下两类。

一类是由两种或两种以上的酸碱指示剂按一定的比例混合而成。常用的 pH 试纸就是将多种酸碱指示剂按一定的比例混合浸制而成，能在不同的 pH 时显示不同的颜色，从而较为准确地确定溶液的酸度。

另一类是由一种酸碱指示剂和一种惰性染料组成。在指示溶液酸度的过程中，惰性染料本身并不发生颜色的变化，只是起到衬托作用，通过颜色的互补来提高变色敏锐性。

四、酸碱滴定原理

酸碱滴定法是以酸碱反应为基础的滴定分析方法。在酸碱滴定中，滴定剂一般是强酸或强碱，如盐酸、硫酸、氢氧化钠等，被滴定的是各种具有碱性或酸性的物质。在进行滴定时，重要的是要了解被测物质能否被准确滴定，滴定过程中溶液 pH 如何变化，以及选择什么指示剂来确定终点。酸碱滴定曲线是指滴定过程中溶液的 pH 随滴定剂体积变化的关系曲线，可以借助酸度计或其他分析仪器测得，也可以通过计算的方式得到，在滴定分析中应用较广。下面讨论几种常见的酸碱滴定类型。

（一）　强酸强碱的滴定

强酸强碱在溶液中全部离解，滴定时的反应为：$H^+ + OH^- \rightleftharpoons H_2O$，现以 $0.1mol/L$ NaOH 溶液滴定 20.00mL 同样浓度的 HCl 为例，讨论强酸强碱相互滴定时的滴定曲线和指示剂的选择。

（1）滴定前溶液的酸度等于盐酸的原始浓度，$c(H^+) = 0.1mol/L$，$pH = 1.00$。

（2）滴定开始至化学计量点前 溶液的酸度取决于剩余盐酸的浓度，例如，当滴入 NaOH 溶液 19.98mL，溶液中还有 0.02mL 的盐酸尚未作用，因此

$$c(H^+) = 0.1mol/L \times \frac{0.02mL}{(19.98+20.00)\ mL} = 5.0 \times 10^{-5} mol/L$$

所以，$pH = 4.30$。

（3）化学计量点滴入 NaOH 溶液 20.00mL，此时溶液呈中性，$c(H^+) = c(OH^-)$，$pH = 7.00$。

（4）化学计量点后若继续滴加 NaOH，这时溶液的酸度主要取决于过量 NaOH 的浓度。例如，当加入 NaOH 溶液 20.02mL，

$$c(OH^-) = 0.1mol/L \times \frac{0.02mL}{(20.02+20.00)\ mL} = 5.0 \times 10^{-5} mol/L$$

所以，$pOH = 4.30$，$pH = 14.00 - 4.30 = 9.70$。

如此逐一计算，将计算结果列于表 2-5 中，如果以 NaOH 的加入量为横坐标，以 pH 为纵坐标绘图，即可得到图 2-3 所示的酸碱滴定曲线。

表 2-5　用 0.1mol/L NaOH 溶液滴定 20.00mL 同样浓度的 HCl 溶液的数据

加入 NaOH 的体积/mL	剩余 HCl 的体积/mL	过量 NaOH 的体积/mL	pH
0.00	20.00		1.00
18.00	2.00		2.28
19.80	0.20		3.30
19.96	0.04		4.00
19.98	0.02		4.30*
20.00	0.00	0.00	7.00**
20.02		0.02	9.70*
20.04		0.04	10.00
20.20		0.20	10.70
22.00		2.00	11.70
40.00		20.00	12.52

注：* 突跃范围；** 计量点。

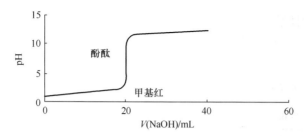

图 2 - 3 用 0.1mol/L NaOH 溶液滴定 20.00mL 同样浓度的 HCl 溶液的滴定曲线

从表 2 - 5 和图 2 - 3 可以看出滴定过程中 c（H^+）随滴定剂加入量而改变的情况，在化学计量点前后，从剩余 0.02mL 盐酸溶液到过量 0.02mL 氢氧化钠溶液，溶液的 pH 由 4.30 增大到 9.70，增加了 5.4 个 pH 单位。我们把 pH 的这种急剧变化称作滴定突跃（titration jump），把对应化学计量点前后 ±0.1% 的 pH 变化范围称为突跃范围。突跃范围是选择指示剂的基本依据，显然，最理想的指示剂应该恰好在化学计量点时变色，但凡在突跃范围以内变色的指示剂，都可保证其滴定终点误差小于 ±0.1%。因此，甲基红（pH4.4～6.2）、酚酞（pH8.0～9.6）等，均可用作这一滴定的指示剂。

滴定突跃的大小与溶液的浓度有关，如果溶液浓度改变，化学计量点时溶液的 pH 依然不变，但滴定突跃却发生了变化。滴定体系的浓度愈大，滴定突跃就愈大；滴定体系的浓度愈小，滴定突跃就愈小，此时指示剂的选择就受到限制。除浓度大小外，滴定突跃的大小还与酸、碱本身的强弱有关。

（二）一元弱酸弱碱的滴定

滴定弱酸或弱碱溶液，一般采用强碱或强酸。以 0.1mol/L NaOH 溶液滴定 20.00mL 同样浓度的 HAc 为例，讨论一元弱酸弱碱相互滴定时的滴定曲线和指示剂的选择。

（1）滴定前溶液是 0.1mol/L HAc，为一元弱酸，因此氢离子浓度为

$$c（H^+）= \sqrt{cK_a^\Theta} = \sqrt{0.1 \times 1.74 \times 10^{-5}} = 1.32 \times 10^{-3} mol/L$$

所以，pH = 2.88

（2）滴定开始至化学计量点前溶液中未反应的 HAc 和反应产物 Ac^- 同时存在，形成了 HAc - Ac^- 缓冲体系。因此，溶液中的 pH 可根据缓冲溶液 pH 计算公式进行计算，当加入 NaOH 溶液 19.98mL 时

$$pH = pK_a^\Theta - lg \frac{c_a}{c_b} = 4.76 - lg\left(\frac{5.0 \times 10^{-5}}{5.0 \times 10^{-2}}\right) = 7.76$$

（3）化学计量点时全部 HAc 被中和，体系为 $Ac^- + H_2O$，因而

$$c（OH^-）= \sqrt{cK_b^\Theta} = \sqrt{c \frac{K_w^\Theta}{K_a^\Theta}} = \sqrt{0.05 \times \frac{1.0 \times 10^{-14}}{1.74 \times 10^{-5}}} = 5.36 \times 10^6 mol/L$$

pOH = 5.28，pH = 14.00 - pOH = 14.00 - 5.28 = 8.72

（4）化学计量点后由于过量的 NaOH 存在，抑制了 Ac^- 的解离，故此时溶液的 pH 主要取决于过量的 NaOH 浓度，其计算方法与强酸强碱滴定相同。例如，当过量 0.02mL NaOH 溶液时，pH = 9.70。

经过逐一计算，将计算结果列于表 2-6 中。

表 2-6 用 0.1mol/L NaOH 溶液滴定 20.00mL 同样浓度的 HAc 溶液的数据

加入 NaOH 的体积/mL	剩余 HAc 的体积/mL	过量 NaOH 的体积/mL	pH
0.00	20.00		2.87
18.00	2.00		5.70
19.80	0.20		6.73
19.98	0.02		7.74*
20.00	0.00	0.00	8.72**
20.02		0.02	9.70*
20.20		0.20	10.70
22.00		2.00	11.70
40.00		20.00	12.50

注：* 突跃范围；** 计量点。

由结果可知，弱酸滴定的曲线与强酸强碱滴定曲线有以下不同：滴定突跃明显变小。相对于强酸的滴定突跃 pH = 4.30～9.70，弱酸的滴定突跃只有 pH = 7.75～9.70。这主要是由于弱酸在滴定开始时溶液中氢离子的浓度就低，所以 pH 较高。而且被滴定的酸愈弱，滴定突跃就愈小；化学计量点时溶液不是中性，而是碱性。这主要是终点产物共轭碱 Ac^- 所造成的。

由于突跃范围变小，因此部分指示剂不能使用，如甲基橙、甲基红等，而酚酞、百里酚酞等变色范围恰好在突跃范围之内的指示剂，还可以正常使用。

对强酸滴定一元弱碱，同样可以参照以上方法处理，滴定曲线的特点和强碱滴定一元弱酸相似，但化学计量点时溶液不是弱碱性，而是弱酸性，故应选择在弱酸性区域内变色的指示剂，如甲基橙、甲基红等。

（三）多元酸或混合酸的滴定

这种滴定类型与之前的强酸强碱滴定、一元弱酸弱碱滴定相比具有以下特点。第一，由于是多元系统，滴定过程的情况较为复杂；第二，滴定曲线的计算也较复杂，一般通过实验测得；第三，滴定突跃相对较小，因而一般允许误差也较大。

例如用 0.1mol/L NaOH 溶液滴定同样浓度的 H_3PO_4 溶液为例，说明多元酸的滴定。H_3PO_4 的各级解离平衡常数如下：

$$H_3PO_4 \rightleftharpoons H^+ + H_2PO_4^- \quad K_{a1}^\Theta = 7.5 \times 10^{-3}$$

$$H_2PO_4^- \rightleftharpoons H^+ + HPO_4^{2-} \quad K_{a2}^\Theta = 6.3 \times 10^{-8}$$

$$HPO_4^{2-} \rightleftharpoons H^+ + PO_4^{3-} \quad K_{a3}^\Theta = 4.4 \times 10^{-13}$$

由于多元酸含有多个质子，而且在水中又是逐级解离的，因而首先应根据 $c_0 K_{an}^\Theta \geqslant 10^{-8}$ 判断各个质子能否被准确滴定，然后根据 $K_{an}^\Theta / K_{an+1}^\Theta \geqslant 10^4$ 来判断能否实现分部滴定（两次解离产生的氢离子是否会出现相互干扰），再由终点 pH 选择合适的指示剂。因此，对于 H_3PO_4 溶液，首先是生成 $H_2PO_4^-$ 出现第一个化学计量点；然后 $H_2PO_4^-$ 继续被中和，生成 HPO_4^{2-}，出现第二个化学计量点；而 $c_0 K_{a3}^\Theta \ll 10^{-8}$，不能直接准确滴定。

第一化学计量点：产物为 $H_2PO_4^-$，浓度为 0.05mol/L，为两性物质

$$c(H^+) = \sqrt{\frac{K_{a1}^\Theta K_{a2}^\Theta c}{K_{a1}^\Theta + c}} = \sqrt{\frac{7.5 \times 10^{-3} \times 6.3 \times 10^{-8}}{7.5 \times 10^{-3} + 0.05}} = 2.0 \times 10^{-5} \text{mol/L}$$

所以，$pH_1 = 4.70$，一般选择甲基橙作为指示剂，终点由红变黄。

第二化学计量点：产物为 HPO_4^{2-}，浓度为 0.033mol/L

$$c(H^+) = \sqrt{\frac{K_{a2}^\Theta (K_{a3}^\Theta c + K_w^\Theta)}{K_{a2}^\Theta + c}} = \sqrt{\frac{6.3 \times 10^{-8} \times (4.4 \times 10^{-13} \times 0.033 + 1.0 \times 10^{-14})}{6.3 \times 10^{-8} + 0.033}}$$
$$= 2.2 \times 10^{-10} \text{mol/L}$$

所以，$pH_2 = 9.66$，可以选择百里酚酞作为指示剂，终点由无色变为浅蓝。

混合酸滴定的情况与多元酸相似，对于两种弱酸（HA + HB）混合的体系，应该首先分别根据 $c_0 K_{an}^\Theta \geqslant 10^{-8}$ 判断它们能否被准确滴定，再根据 $c_{HA} K_{HA}^\Theta / C_{HB} K_{HB}^\Theta \geqslant 10^4$ 判断能否实现分别滴定。

多元碱滴定的处理方法和多元酸相似，只需将相应计算公式、判别式中的 K_a^Θ 换成 K_b^Θ。

（四）终点误差

在酸碱滴定中，通常利用指示剂来确定滴定终点。若滴定终点与化学计量点不一致（$pH_{滴定} \neq pH_{计量点}$），就会产生滴定误差，这种误差称为终点误差 E_t，一般以百分数表示。这里只是简单列出不同滴定类型中的终点误差公式，对于详细的推导过程不再赘述。

1. 滴定强酸的终点误差

$$E_t = \frac{10^{\Delta pH} - 10^{-\Delta pH}}{\sqrt{\frac{1}{K_w^\Theta} \times c}} \times 100\%$$

式中　E_t——终点误差，以百分数表示；

　　　ΔpH——滴定终点与化学计量点的差；

　　　K_w^Θ——水的解离常数；

c——滴定终点时溶液的浓度。

2. 滴定弱酸的终点误差

$$E_t = \frac{10^{\Delta pH} - 10^{-\Delta pH}}{\sqrt{\dfrac{K_a^{\ominus}}{K_w^{\ominus}} \times c}} \times 100\%$$

式中　E_t——终点误差，以百分数表示；

　　　ΔpH——滴定终点与化学计量点的差；

　　　$K_w^{\ominus}$——水的解离常数；

　　　$K_a^{\ominus}$——弱酸的解离常数；

　　　c——滴定终点时溶液的浓度。

3. 滴定多元酸的终点误差

第一计量点误差：

$$E_{t1} = \frac{10^{\Delta pH} - 10^{-\Delta pH}}{\sqrt{K_{a1}^{\ominus} / K_{a2}^{\ominus}}} \times 100\%$$

第二计量点误差：

$$E_{t2} = \frac{10^{\Delta pH} - 10^{-\Delta pH}}{\sqrt{K_{a2}^{\ominus} c / K_w^{\ominus}}} \times 100\%$$

五、酸碱滴定法的应用

酸碱滴定法在实际生产中应用广泛，许多酸、碱物质可以用酸碱滴定法直接滴定，更多的物质包括非酸、碱物质可用间接酸碱滴定法进行测定。

（一）直接法

强酸强碱以及 $c_0 K_{an}^{\ominus} \geqslant 10^{-8}$ 的弱酸弱碱可以直接滴定，如烧碱中 NaOH、Na_2CO_3 含量的测定。氢氧化钠俗称烧碱，在生产和储存过程中，常因吸收空气中的 CO_2 而部分转变为 Na_2CO_3。对于烧碱中两种物质含量的测定，通常有两种方法。

1. 双指示剂法

准确称取一定量的试样，溶解后以酚酞为指示剂，用盐酸标准溶液滴定至红色刚好消失，记下用去的盐酸的体积 V_1。这时 NaOH 全部被中和，而 Na_2CO_3 仅被中和至 $NaHCO_3$。向溶液中加入甲基橙，继续用盐酸滴定至橙红色，记下用去盐酸的体积 V_2，显然，V_2 是滴定 $NaHCO_3$ 所消耗的盐酸的体积。

根据 V_2 可以计算出 Na_2CO_3 的含量，再结合 V_1 和 V_2 的体积差，可以计算出 NaOH 的含量。

2. 氯化钡法

准确称取一定量的试样，溶解后稀释到一定体积，分成两等份进行滴定。第一份溶液用甲基橙做指示剂，用盐酸溶液滴定混合碱的总量；第二份溶液加入过量的氯化钡溶液，使形成难解离的 $BaCO_3$，然后以酚酞为指示剂，用盐酸溶液滴定 NaOH，这样就能求得 NaOH 和 Na_2CO_3 的含量。

（二）间接法

许多不能满足直接滴定条件的酸碱物质，如硼酸、NH_4^+ 等，都可以考虑采用间接法测定。如 NH_4^+ 的 $K_a^\ominus = 5.6 \times 10^{-10}$，是一种很弱的酸，不能直接用碱滴定，但可以采用以下两种间接法进行测定。

1. 蒸馏法

在铵盐溶液中加入过量的浓碱，加热蒸馏后，NH_3 逸出。用标准酸溶液吸收产生的 NH_3，剩余的酸用标准碱回滴，根据吸收 NH_3 所耗费的酸的量，计算出 NH_3 的物质的量，再换算成 NH_4^+ 的含量。

2. 甲醛法

利用甲醛和铵盐反应生成等物质的量的酸（质子化的六亚甲基四胺和氢离子），然后以酚酞为指示剂，用氢氧化钠标准溶液滴定，即可得到 NH_4^+ 的含量。

酸碱滴定法还可用于极弱酸的测定、铁矿石中磷的测定、有机化合物醛和酮的测定等。除此之外，酸碱滴定法还可以在非水溶剂中进行，如在冰醋酸溶液中进行 α - 氨基酸含量的测定。

第五节

原子吸收光谱法

一、基本原理

原子吸收光谱法又称原子吸收分光光度法。其测量对象是呈原子状态的金属元素和部分非金属元素，系由待测元素灯发出的特征谱线通过供试品经原子化产生的原子蒸气时，被蒸气中待测元素的基态原子所吸收，通过测定辐射光强度减弱的程度，求出供试品中待测元素的含量。原子吸收一般遵循分光光度法的吸收定律，通常借比较对照品溶液和供试品溶液的吸光度，求得供试品中待测元素的含量。

二、原子吸收光谱法特点和分类

原子吸收光谱法选择性强，因其原子吸收的谱线仅发生在主线系，且谱线很窄，所以光谱干扰小、选择性强、测定快速简便、灵敏度高，在常规分析中大多元素能达到 10^{-6} 级，若采用萃取法、离子交换法或其他富集方法还可进行 10^{-9} 级的测定。其分析范围广，目前可测定元素很多，既可测定常量元素，又可测定微量、痕量，甚至超痕量元素；既可测定金属类金元素，又可间接测定某些非金属元素和有机物；既可测定液态样品，又可测定气态或某些固态品原子吸收光谱法抗干扰能力强，因其谱线的强度受温度影响较小，且无须测定相对背景的信号强度，不必激发，故化学干扰也少很多。精密度高，常规低含量测定时，精密度为 1% ~ 3% ，若采用自动进样技术或高精度测量方法，其相对偏差小于 1% 。当然原子吸收光谱法也有其局限性，它不能对多元素同时分析，对难溶元素的测定灵敏度也不十分令人满意，对共振谱线处于真空紫外区的元素，如 P、S 等还无法测定。另外，标准工作曲线的线性范围窄，给实际工作带来不便，对于某些复杂样品的分析，还需要进一步消除干扰。

1. 优点

检出限低，选择性好，精密度高，抗干扰能力强，分析速度快，应用范围广，用样量小，仪器设备相对比较简单、操作简便。

2. 缺点

主要用于单元素定量分析，标准曲线的动态范围常小于 2 个数量级。

3. 分类

在《中国药典（2005 版）》收载有冷原子吸收光谱法、石墨炉原子吸收光谱法、火焰原子吸收光谱法和氢化物发生器法等。

三、原子吸收分光光度计

原子吸收光谱法所用仪器为原子吸收分光光度计，它由光源、原子化器、单色器、背景校正系统、自动进样系统和检测系统等组成。

（一）光源

常用待测元素作为阴极的空心阴极灯。

（二）原子化器

主要有四种类型：火焰原子化器、石墨炉原子化器、氢化物发生原子化器及冷蒸气发生原子化器。

1. 火焰原子化器

由雾化器及燃烧灯头等主要部件组成。其功能是将供试品溶液雾化成气溶胶后，再与燃气混合，进入燃烧灯头产生的火焰中，以干燥、蒸发、离解供试品，使待测元素形成基态原子。燃烧火焰由不同种类的气体混合物产生，常用乙炔－空气火焰。改变燃气和助燃气的种类及比例可以控制火焰的温度，以获得较好的火焰稳定性和测定灵敏度。

2. 石墨炉原子化器

由电热石墨炉及电源等部件组成。其功能是将供试品溶液干燥、灰化，再经高温原子化使待测元素形成基态原子。一般以石墨作为发热体，炉中通入保护气，以防氧化并能输送试样蒸气。

3. 氢化物发生原子化器

由氢化物发生器和原子吸收池组成，可用于砷、锗、铅、镉、硒、锡、锑等元素的测定。其功能是将待测元素在酸性介质中还原成低沸点、易受热分解的氢化物，再由载气导入由石英管、加热器等组成的原子吸收池，在吸收池中氢化物被加热分解，并形成基态原子。

4. 冷蒸气发生原子化器

由汞蒸气发生器和原子吸收池组成，专门用于汞的测定。其功能是将供试品溶液中的汞离子还原成汞蒸气，再由载气导入石英原子吸收池，进行测定。

（三） 单色器

其功能是从光源发射的电磁辐射中分离出所需要的电磁辐射，仪器光路应能保证有良好的光谱分辨率和在相当窄的光谱带（0.2nm）下正常工作的能力，波长范围一般为 190.0～900.0nm。

（四） 检测系统

由检测器、信号处理器和指示记录器组成，应具有较高的灵敏度和较好的稳定性，并能及时跟踪吸收信号的急速变化。

（五） 背景校正系统

背景干扰是原子吸收测定中的常见现象。背景吸收通常来源于样品中的共存组分及其在原子化过程中形成的次生分子或原子的热发射、光吸收和光散射等。这些干扰在仪器设计时应设法予以克服。常用的背景校正法有以下四种：连续光源（在紫外区通常用氘灯）、塞曼效应、自吸效应、非吸收线等。

四、原子吸收光谱法的干扰及其抑制

在原子吸收分光光度分析中，必须注意背景以及其他原因引起的对测定的干扰。仪器某些工作条件（如波长、狭缝、原子化条件等）的变化可影响灵敏度、稳定程度和干扰情况。在火焰法原子吸收测定中可采用选择适宜的测定谱线和狭缝、改变火焰温度、加入络合剂或释放剂、采用标准加入法等方法消除干扰；在石墨炉原子吸收测定中可采用选择适宜的背景校正系统、加入适宜的基体改进剂等方法消除干扰。

分类：电离干扰、物理干扰、化学干扰、光谱干扰。

（一） 电离干扰

1. 含义

由于基态原子电离而产生的干扰。

2. 影响

使基态原子数目减少，测定值偏小。

3. 电离干扰与温度的关系

温度越高，电离干扰越严重，根据测定元素的不同，选择不同的火焰形式。

4. 消除电离干扰的方法

（1）降低火焰温度（但至少在离解温度以上）。

（2）加入过量的消电离剂：消电离剂的电离电位比待测元素低，在同样条件下消电离剂首先电离产生大量的电子，抑制待测元素电离，例如：NaCl、KCl、CsCl。

（二） 化学干扰

1. 含义

待测元素与试样中共存组分或火焰成分发生化学反应，引起原子化程度改变所造成的干扰。

2. 产生化学干扰的原因

典型的化学干扰是待测元素与共存元素之间形成更加稳定的化合物，使基态原子数目减少。

3. 化学干扰的消除方法

（1）加入释放剂 加入某种物质，它与干扰元素形成更加稳定的化合物，使待测元素释放出来。例如，加入锶或镧可有效地消除磷酸根对测定钙、镁的影响。

（2）加入保护剂 加入某种物质，它与待测元素形成更加稳定的化合物，将待测元素保护起来，防止干扰元素与它作用。例如，加入 EDTA，使之与钙形成 EDTA – Ca 配合物，从而将钙"保护"起来，避免钙与磷酸根作用，消除磷酸根对测定钙的干扰。

（3）加入基体改进剂 加入某种物质，它与基体形成易挥发的化合物，在原子化前除去，避免与待测元素共挥发。例如，在石墨炉测定中，NaCl 对测定 Cd^{2+} 有干扰，加入 NH_4NO_3，转变为易挥发的 $NaNO_3$、NH_4Cl，可在灰化阶段除去。

（4）可采用提高火焰温度、化学预分离等方法来消除化学干扰。

（三） 物理干扰

1. 含义

试样一种或多种物理性质（如黏度、密度、表面张力）改变所引起的干扰。主要来源于雾化、去溶剂及伴随固体转化为蒸气过程中物理化学现象的干扰。

2. 物理干扰的消除

（1）可用配制与待测试样组成尽量一致的标准溶液的办法来消除。

（2）用标准加入法或稀释法来减小和消除物理干扰。

（四）光谱干扰

1. 含义

与光谱发射和吸收有关的干扰，主要来自光源和原子化装置，包括谱线干扰和背景干扰。

（1）谱线干扰　当光源产生的共振线附近存在有非待测元素的谱线，或试样中待测元素共振线与另一元素吸收线十分接近时，均会产生谱线干扰。可用减小狭缝、另选分析线的方法来抑制这种干扰。

（2）背景干扰　包括分子吸收和光散射引起的干扰。分子吸收是指在原子化过程中生成的气态分子、氧化物和盐类分子等对光源共振辐射产生吸收而引起的干扰。光散射是在原子化过程中，产生的固体微粒对光产生散射而引起的干扰。

2. 光谱干扰的消除

在现代原子吸收光谱仪中多采用氘灯扣背景和塞曼效应扣背景的方法来消除这种干扰。

五、原子吸收光谱定量分析法

（一）标准曲线法

在仪器推荐的浓度范围内，制备含待测元素的对照品溶液至少3份，浓度依次递增，并分别加入各品种项下制备供试品溶液的相应试剂，同时以相应试剂制备空白对照溶液。将仪器按规定启动后，依次测定空白对照溶液和各浓度对照品溶液的吸光度，记录读数。以每一浓度3次吸光度读数的平均值为纵坐标、相应浓度为横坐标，绘制标准曲线。按各品种项下的规定制备供试品溶液，使待测元素的估计浓度在标准曲线浓度范围内，测定吸光度，取3次读数的平均值，从标准曲线上查得相应的浓度，计算元素的含量。

（二）标准加入法

取同体积按各品种项下规定制备的供试品溶液4份，分别置4个同体积的量瓶中，除（1）号量瓶外，其他量瓶分别精确加入不同浓度的待测元素对照品溶液，分别用去离子水稀释至刻度，制成从零开始递增的一系列溶液。按上述标准曲线法自"将仪器按规定启动后"操作，测定吸光度，记录读数；将吸光度读数与相应的待测元素加入量作图，延长此直线至与含量轴的延长线相交，此交点与原点间的距离即相当于供试品溶液取用量中待测元素的含量。再以此计算供试品中待测元素的含量。此法仅适用于第一法标准曲线呈线性并通过原点的情况。当用于杂质限度检查时，取供试品，按各品种项下的规定，制备供试品溶液；另取等量的供试品，加入限度量的待测元素溶液，制成对照品溶液。照上述标准曲线法操作，设对照品溶液的读数为 a，供试品溶液的读数为 b，b 值应小于 $(a-b)$。

六、应用及进展

（一） 在元素分析方面的应用

原子吸收光谱法凭借其本身的特点，现已广泛应用于工业、农业、生化制药、地质、冶金、食品检验和环保等领域。该法已成为金属元素分析的最有力手段之一。而且在许多领域已作为标准分析方法，如化学工业中的水泥分析、玻璃分析、石油分析、电镀液分析、食盐电解液中杂质分析、煤灰分析及聚合物中无机元素分析；农业中的植物分析、肥料分析、饲料分析；生化和药物学中的体液成分分析、内脏及试样分析、药物分析；冶金中的钢铁分析、合金分析；地球化学中的水质分析、大气污染物分析、土壤分析、岩石矿物分析；食品中微量元素分析。

（二） 在有机物分析方面的应用

使用原子吸收光谱仪利用间接法可以测定多种有机物，如 8 - 羟基喹啉（Cu）、醇类（Cr）、酯类（Fe）、氨基酸（Cu）、维生素 C（Ni）、含卤素的有机物（Ag）等多种有机物，都可通过与相应的金属元素之间的化学计量反应而间接测定。

第六节

电感耦合等离子体质谱（ICP - MS）

一、概述

ICP - MS 是一种灵敏度非常高的元素分析仪器，可以测量溶液中含量在 10^{-9} 或 10^{-9} 以下的微量元素，广泛应用于半导体、地质、环境以及生物制药等行业中。

ICP - MS 全称是电感耦合等离子体质谱，它是一种将 ICP 技术和质谱结合在一起的分析仪器。ICP 利用在电感线圈上施加的强大功率的高频射频信号，在线圈内部形成高温等离子体，并通过气体的推动，保证了等离子体的平衡和持续电离，在 ICP - MS 中，ICP 起到离子源的作用，高温的等离子体使大多数样品中的元素都电离出一个电子而形成了一价正离子。

质谱是一个质量筛选和分析器，通过选择不同质核比（m/z）的离子通过来检测到某个离子的强度，进而分析计算出某种元素的强度。

ICP－MS 的发展已经有 20 年的历史了，在长期的发展中，人们不断地将新的技术应用于 ICP－MS 的设计中，形成了各类 ICP－MS。ICP－MS 主要分为以下几类：四极杆 ICP－MS，高分辨 ICP－MS（磁质谱），ICP－TOF－MS。本文主要介绍四极杆 ICP－MS。

二、主要组成部分

样品通过离子源离子化，形成离子流，通过接口进入真空系统，在离子镜中，负离子、中性粒子以及光子被拦截，而正离子正常通过，并且达到聚焦的效果。在分析器中，仪器通过改变分析器参数的设置，仅使我们感兴趣的核质比的元素离子顺利通过并且进入检测器，在检测器中对进入的离子个数进行计数，得到了最终的元素的含量。

（一）离子源

离子源是产生等离子体并使样品离子化的部分，主要包括 RF 工作线圈、等离子体、进样系统和气路控制四个组成部分。样品通过进样系统导入，溶液样品通过雾化器等设备进入等离子体，气体样品直接导入等离子体，RF 工作线圈为等离子体提供所需的能量，气路控制不断地产生新的等离子体，达到平衡状态，不断地电离新的离子。

1. 进样系统

（1）蠕动泵　蠕动泵把溶液样品比较均匀地送入雾化器，并同时排除雾化室中的废液。通过控制蠕动泵的转速，可以得到理想的进样速度，样品提升速度一般为 0.7～1mL/min。如果不采用蠕动泵，由于雾化器中雾化气体的流动，也可以提取样品，样品的自然提取速度为 0.6mL/min 左右，随着雾化气流速的变化而改变。

（2）雾化器和雾化室　雾化器的作用是使样品从溶液状态变成气溶胶状态，因为只有气状的样品才可以直接进入炬管的等离子体中。常用的雾化器按照结构的不同分为几类，常用的雾化器有同心圆雾化器和直角雾化器。

由于等离子体对直径较大的微粒的放电效率较差，因此要求进入炬管的气溶胶状的样品液滴有均匀和细小的几何尺寸。为了达到这个目的，仪器中采用了雾室，雾室是一个气体流过的通道，当气溶胶通过时，直径大于 10μm 的液滴将被冷凝下来，从废液管排出。雾室的另一个目的是柔化雾化器喷出的气溶胶，最终使其均匀地进入等离子体。目前主要的雾室设计是圆柱形雾室，在 X－7ICP－MS 中采用的是一种独特的锥形雾室，雾化气溶胶在雾室中撞击到一个玻璃球上，大直径的液滴将被沉积下来，从玻璃球上流下，并被较小的液滴绕过玻璃球，从雾室尖端的小孔中流出。这种雾室的设计很好地避免了死体积的影响。

2. 等离子体炬管

炬管是产生等离子体装置，炬管主要有三层结构，外层的称作外管，内层是内管，中间的是中心管。外管中通的是大流量的氩气，称作冷却气，冷却气提供给等离子体气体源源不断的 Ar 原子，在等离子体中不断地电离放热，产生的 Ar 离子在射频线圈中振荡碰撞，从而维持了很高的温度，伴随着大量离子留出等离子体，又有很多 Ar 原子流入，从而达到了一种平衡。冷却气的流量大概为 13 ~ 15L/min。在内管中流动的气体称作辅助气，也是氩气，它的作用是给等离子体火焰向前的推力，实现不断的电离，也很好地冷却中心管，以免过高的温度使其熔化。辅助气的流量为 0.5 ~ 1L/min。中心管中流出的是从雾室排出的样品溶液的气溶胶。

3. 冷却和气体控制

由于等离子体的高温（高达 8000 ~ 10000℃），足以熔化任何物质，所以在仪器中多处采用水冷，RF 工作线圈是中空的，用来作为冷却水的通道。在雾室中采用半导体冷却器，对一般无机溶液，温度为 4℃ 左右（这个温度下，直径较大的液滴可以更好地冷凝下来），对有机溶液，可以达到 -10℃。需要水冷的部分有：接口、工作线圈、RF 工作线圈、半导体制冷器。在 ICP - MS 中，最基本的气体是氩气，它被作为冷却气（coolgas）、辅助气（auxgas）和雾化气（nebulizergas），其他可能使用的气体包括氢气，氨气、氦气（用于 cct）和氧气（用于消除有机物中的 C）。

（二）真空系统

ICP - MS 主要用来检测物种的痕量元素，空气中的灰尘含有大量的各种元素，因此在仪器中真空的要求是很高的。从进样系统到炬管，仪器一直是在常压下工作的，在仪器点火之前，氩气可以驱除管路中的空气。当离子产生后，对这些离子的聚焦、传输和选择分析就必须要求良好的真空系统，以免在过程中的沾污。仪器为了达到从常压向真空系统的过渡，提供了三级真空系统，逐步地达到很高的真空度。

（三）接口

接口部分由两个锥体组成，前面的是采样锥（samplecone），后面的是截取锥（skimmer）。

采样锥的孔径大概是 0.8 ~ 1.2mm（在 X - 7 中为 1.1mm），截取锥的孔径为 0.4 ~ 0.8mm（为 0.7mm）。经过两个锥体，只有非常小的一部分离子进入离子透镜。

在采样锥处，由于电子速度快，所以大量电子很快打到锥上，因此采样锥表面为负电性，所以空间电荷区是正电性的。由于气体压力的突然下降，所以在两锥之间，产生了离子的超声射流，所以两锥之间成为扩张室。在通过采样锥的离子中，只有大约1%的离子可以通过截取锥。进入离子镜的正离子都具有相同的速度，因此动能和质量成正比。

（四） 离子镜

在 ICP－MS 中，产生的 1000000 个离子中，只有 1 个能够最终到达检测器，这是由每级的效率决定的，在这样低效率的传输下，去除各种干扰就变得更加重要了。离子镜的主要目的是去除电子和中性微粒的影响，并对正电子实现聚焦。

等离子体首先进入的是截取透镜（extractionlens），截取透镜具有很强的负电势，所以电子无法通过，被真空抽走。在后面是几级离子聚焦透镜，离子聚焦透镜的原理是：安装两个电极板或圆筒，在两个电极之间形成了透镜状的等场强线，当边缘离子入射到电场时，受电场影响，向中心移动，随后出射运动方向又恢复到了向前，实现了位置上的聚焦。ICP－MS 在产生离子的同时，也产生大量光子，由于光子也可以被检测器检测和计数，所以在离子透镜的末端，是一个偏转透镜，用于去除光子干扰（一般来讲，采样锥离子流为 0.1A，截取锥电流为 1mA）。

（五） 质量分析器

质量分析器是不同种类的质谱仪的主要区别之处，四极杆分析器是一种成熟的质量分析仪器，利用了四极杆对不同核质比的元素离子的筛选作用，达到顺序分析离子质量的目的。

四极杆对低动能离子更为有效，如果离子能量太高，则离子通过四极杆的速度将加快，最终导致峰将展宽。在四极杆的入口和出口处，仅施加射频可以使全谱离子通过，但可以使离子向中心聚焦。

四极杆有两个工作模式，即顺序扫描方式和跳峰方式。

当四极杆工作在扫描方式，直流电压和射频电压幅度成比例连续变化，每个时刻都选择对应的连续变化的核质比的离子通过。当工作在跳峰模式，两个电压不连续地跳变，每个时刻都选择感兴趣的某个核质比的离子通过。

（六） 检测器

每个时刻，通过四极杆的离子流可以认为具有单一的核质比，检测器的目的是对这些离子计数，来得到离子的相对强度。

三、电感耦合等离子体质谱法的干扰及消除方法

（一） 质谱干扰

1. 干扰可能的来源

在计算方法和用双聚焦 ICP－SFMS 精确测定核质比的帮助下，能够计算

出多原子离子的可能来源，包括 ICP 中丰度不高的离子以及它们的电子、振动和转动能级的状态。这些基础信息是很有用的，因为它可以用来找出消除质谱干扰的各种方法。例如，在常用的 1% 的 HNO_3 介质下，N_2^+ 和 N_2H^+ 是在 ICP - MS 中常观察得到的两个多原子离子。相似地，HCO^+、COH^+、CO^+ 和 H_2CO^+ 及 $HCOH^+$ 都是有机化合物和 CO_2 分解的产物。计算方法不考虑无法通过实验分辨的同分异构体（HCO^+ 和 COH^+；H_2CO^+ 和 $HCOH^+$）因数。

根据自旋限制开壳层二阶微扰理论和耦合群理论来计算和确定离子的能量、结构以及配分函数，它们和实验数据相结合得到了气体动力学温度。对所有 N_2^+、N_2H^+、HCO^+、COH^+、CO^+ 和 H_2CO^+ 及 $HCOH^+$ 而言，它们的动力学温度显著小于 ICP 的温度，这就表明这些离子中至少有一部分会在接口和离子引出区域产生。

2. 碰撞反应池的影响

反应物表面势能的理论计算可用于估计不同条件（特别是六极杆 rf 振幅、H_2 和 Ar 的比例以及六极杆的压力）下 H_2 对 ArO^+ 和 $ArOH^+$ 的碰撞反应池（C/RC）效应。其中表明在 C/RC 中，有 ArO^+ 形成 $ArOH^+$ 的情况。实际上，即使在 ArO^+ 和 H_2 的反应达到最快速度，$ArOH^+$ 的逃离速度高于其形成速度的情况下，$ArOH^+$ 的浓度还是较高，这是由于 ArO^+ 在反应池一开始就大量形成了。这对于有六极杆碰撞池 MC - ICPMS 高精密度测定 Fe 同位素比是个问题。

3. 方程校正方法

此外，使用碰撞池不能替代需要使用数学方程进行校正的情况。例如，对海水中 $^{54}Fe^+$ 低于 $10e^{-9}$ mol/L 的水样测量中，用 $Mg(OH)_2$ 共沉淀法来预富集样品，在 DRC 中使用 NH_3 的反应气不能减小 $^{38}Ar^{16}O^+$ 和 $^{40}Ar^{14}N^+$ 的背景，也不能减少同量异位素 $^{54}Cr^+$ 的干扰，所以仍然需要数学方程校正。

校正时仍需仔细考虑由 C/RC 引起的对每一个 m/z 产生的新干扰。一个例子是使用 H_2 时产生的 $^{81}Br^1H^+$ 会引起 $^{40}Ar^{35}Cl^+$ 对 $^{75}As^+$ 干扰产生一个错误校正，导致过量估计 $^{82}Se^+$，反过来，$^{77}Se^+$ 也增加了 $^{40}Ar^{37}Cl^+$ 的值。这也妨碍了对火山灰消解中用 $^{82}Se^+$ 检测 Se 的含量，因为 Br 几乎存在于所有这类样品中。事实上，对于这种应用，一直沿用的方法是用 H_2 加压的 C/RC 和在样品溶液中加 2% 体积分数的甲醇监测 $^{78}Se^+$ 来实现。甲醇不仅用来提高 Se 的灵敏度，而且可以减少氩基分子离子，很大可能是它与含碳化合物竞争。如果 Se 用氢气发生法引入等离子中，那就可能形成 $^{76}Se^1H^+$ 和 $^{77}Se^1H^+$，可能会在 Se 的测量中干扰 $^{77}Se^+$ 和 $^{78}Se^+$ 的测量，需要方程校正。这个问题在 H_2 加压的 C/RC 中更加重要，因为更多的氢化物会在 C/RC 中形成。然而，有报告说即使在可以减小双氩离子的干扰的高分辨率条件下，在 C/RC 中引入加压 H_2 比 SFMS 有更好的效率。当 $R = 10000$ 时，使用 ICP – SFMS 也不可用 $^{80}Se^+$ 和 $^{82}Se^+$ 实现 Se 的检测，因为双氩离子 $^{40}Ar^{40}Ar^+$ 对 $^{80}Se^+$ 和含 Br 样品中 $^{81}Br^1H^+$ 对 $^{82}Se^+$ 存在干扰。

4. 误差的最小化

不管用不用 C/RC，利用不同的算法可以进行数学校正。不同的算法会导致不同的不确定度，因为每种方法都必须根据在特定 m/z 条件下分析物和干扰物质的情况而定。所有的方程校正都会增加总的不确定度，不管每一种方法的效率有多高，对某一种特定分析物必须考虑最合适的校正方法和最合适的分析同位素。在某些情况下，如道路扬尘中 Rh、Pd 和 Pt 的检测中，很大一部分干扰可以通过对样品的部分浸出来减少（微波加热消解前样品用 0.35mol/L 的 HNO_3 浸出）。这种简单的方法对分析物相对不溶而大部分基体可溶解的情况有一定的优势。

5. C/RC 中用 He 消除基体干扰

有报道称，在 C/RC 中用 4mL/min 的 He 气流可以有效地消除基体引起的质谱干扰，如 $^{40}Ca^{16}O^+$ 和 $^{40}Ar^{23}Na^+$ 对 $^{56}Fe^+$ 和 $^{63}Cu^+$，同时和有排气池的相比相当于降低背景 10 倍。更重要的是，虽然大米中含有 40% 的含碳化合物，在这种实验条件下的试验结果中并没有发现含碳多原子离子的干扰。另一方面，因为 C/RC 能够降低离子传输效率和性噪比，所以也就降低了检测限。该方法已用于大米消解半定量分析，因为检测最大数量元素能通过化学计量法 PCA 方法区分不同产地的大米。结果表明，在质谱测量范围内检测 73 个元素的半定量分析比对 21 个元素的定量分析提供了较强的分析能力，并且远远不要耗费那么多的时间。

6. 同位素稀释法

在使用同位素稀释法时一种可以适当校正方程的方法是同位素对卷积法（IPD），它不仅校正了质谱干扰，而且还能校正质量歧视。例如，Se 的同位素（m/z 为 76 ~ 78、80 和 82）在样品中加入 ^{77}Se 后，IPD 法通过 Br（m/z 为 79 和 81）来计算混合物中不同同位素的组成。在自然界中，除了 ^{77}Se 外，其他组成在没有干扰和质量歧视效应的情况下应该呈线性关系。因此，Excel 中运用 SOLVER 可以计算质谱干扰和质量歧视的迭代修正因子，以减小多线性模型中的方差。不仅由此产生的校正因子与外部校正的一致，而且它们不需要用标准同位素化合物进行标准测量。因此，用 IPD 后 IDA 成为一个绝对测量方法，不要再对标准进行测量。不过，这种方法不能应用于自然界中广泛存在的元素，如 Pb，因为必须要知道它们的同位素组成。

在用 ICP – QMS 或者 ICP – TOFMS 的干等离子体测量硫时，C/RC 中含氧化合物的干扰是一个问题。在一个研究中，ICP 中氩被证明是氧的主要来源之一，它可以通过一个氩气净化系统来大大减少氧的干扰。

（二）　非质谱干扰

1. 内标法

最广泛应用于修正非质谱干扰，又称为基体效应和漂移的是 IS（内标法）。为了使方法有效，用经验法则来挑选合适的内标物质以便和分析物质相匹配，尤其是质量数和某些具有高的第一电离能（FIP）需要匹配。例如，在分析地质玻璃时，元素的灵敏度比（关于内部正常的原子）和质量数与FIP 都有依存关系。然而，当在全质量测量范围内做多元素分析时，只有少量元素能够当作内标物质，因为它们必须不存在于样品中。根据文献，即使是内标物质和分析物不是那么匹配，很多人也取得了较好的校正结果。实际上，作者领导的实验小组已经表明双氩离子也能够在某些没有二次离子放电的实验中应用。有人在 ICP - TOFMS 上面做了 51 个元素，在各种可能内标物质或分析组成与不同分析条件之间尝试寻找一些可以被优先选择为内标的物质，这些分析条件包括不同的 ICP 进样位置、进样速率、NaCl 的浓度（小于 500mg/L）和 CH_3COOH 的浓度（$0 \sim 10\%$）。在所有化学和物理性质中，包括质量数、第一电离能、第二电离能、热焓、自由能、熵、电负性、离子迁移率和在溶液当中电荷数，对一个好的内标物质而言，一个突出的特征是具有相似的质量数（尤其是在补偿样品解脱率时），但是在有机物存在的情况下有例外的情况。虽然如此，好的标准物质可以利用由 VisualBasic 写的程序排列不同内标物质与分析物之间，在不同条件和不同 ICP - MS 仪器上的信号比的相对标准偏差来鉴别。

2. 产生基体效应的可能原因

因为基质效应能影响 ICP - MS 中许多过程，如气溶胶的产生、气溶胶的引入、离子在接口处的提取和正离子束在质谱中间的传输等，非质谱干扰很复杂，而且很难减小其影响。例如，在传统的样品引入等过程中库仑裂变，通过一个同心雾化器或者斯科特双向喷雾器，可以解释有时报道的分析信号增强的原因。的确，0.02mol/L 的 Na 能够显著增强分析物的信号是一个事实，这可能是分析物在 ICP 中通过基体诱导改变气溶胶大小分布，使分析物在等离子体中完全电离的结果。通过在 ICP 中一系列条件的改变取得了支持证据，这种条件是在 0.02mol/L 难分解的基质（$NaNO_3$、KNO_3 或者 $CsNO_3$）与 1% 体积比的HNO_3 相对比，在样品引入效率上面没有明显的变化但是分析中氧化物组分发生改变 $MO^+/(MO^+ + M^+ + M_2^+)$。此外，这种漂移随着特定基体阳离子比摩尔体积的增大而呈线性关系，这相当于对一个给定大小的液滴，其中半径大的阳离子和具有较少溶剂的颗粒容易蒸发。这就增加了达到瑞利限的可能性，结果导致爆裂成为更小的液滴，从而更容易引入到 ICP 中，提高了离子的传输效率而不显著改变样品引入效率。

3. 炬管结构的影响

在炬管周围有或没有屏蔽，可以用来减少仪器接口处产生的二次离子干扰。仪器少一个负载线圈产生相对较少的干扰，也能够影响非质谱干扰的水平。的确，没有屏蔽之后，氩离子的量是显著的，它能控制空间电荷效应，而后者较少依赖于样品的基体。有屏蔽后，氩离子被抑制在基体离子显著存在的地方，基体离子控制空间电荷效应，所以可能由基体样品不同而改变。炬管处有屏蔽与没有屏蔽相比，具有更强的基体效应，这在连续雾化器和 FI 中有报道。例如，安捷伦 ICP - QMS 仪器的欧米伽棱镜的再次优化必须完成在最大基体效应条件下的实验，以便测量与自然界中同位素丰度比相类似的样品。这种优化对 Cr 等轻元素尤其重要，它非常容易受空间电荷效应的影响。刚提到的优化也能够通过利用 FI 来减少，虽然它的减少主要依靠基体元素。例如，炬管没有屏蔽条件下，5000mg/L 的 Na 或者 Bi 在连续雾化器方式中会损失 45% 的分析信号，而 FI 模式则会损失 20%，但是 5000mg/L 的 Ba 在用 FI 模式时候增加到 90% 的分析信号受抑制。预期是最重的基体元素（这种情况下是 Bi）会受到最强的信号抑制，而不受进样方式的影响。

4. 质量分馏效应的影响

例如，在干等离子体模型中测量不同高灵敏度的截取锥时，发现了很多非线性的质量分馏成分，这将会使氧化物覆盖在截取锥表面。就拿 Nd 来说，其中一个同位素不与以氧化物形态和质量分馏为特征的质量数呈线性关系。Nd 同位素比率的下降会导致截取锥几何形状的变化，同时伴随着 NdO 同位素比率的增大，它也被认为是质量丰度。气溶胶载气中氮气的增加减小了质量分馏效应和氧化物，在含有 0.15% 的 N_2 时 NdO^+/Nd^+ 比小于 0.001。第一次发现的在 ICP - MS 仪器中的质量分馏效应与核空间效应有关系的研究表明，在任何情况下，Nd 同位素比和质量数线性函数的核电荷半径得出的理论期望值之间有偏差。

5. 进样系统的影响

操作条件，如样品引入系统（气溶胶的干与湿），可能对质量歧视产生较大影响。实际上，等离子体温度的改变会改变离子的动能分布。相应地，离子光学系统中的传播也可能导致重同位素的信号偏高，因为轻离子在 ICP 分布过程、碰撞中和空间电荷效应中更容易损失。对一个给定同位素，改变操作条件以提高其灵敏度只会加剧这种歧视，即使是用 MC - ICP - MS 同时接收也不能克服。另一方面，在冷等离子和湿气溶胶的操作条件下可能会减轻同位素测量中的这种效应。例如，在高载气流量和不调整离子透镜系统以提高灵敏度的条件下，在 10μg/g 的 Ho 中，$^{146}Nd/^{144}Nd$ 的非质谱干扰和在最大灵敏度下测量相比约为 1/6，当然灵敏度下降了 40%。这种方法在溶剂减少时不是那么有效，如进样率下降和使用去溶剂化系统。

6. 基体的化学分离

因为发现减小非质谱干扰的操作条件是比较耗时间的，尤其是要分析不同基体中的样品，通常情况下是对基体进行化学分离。然而，如果需要精确测量同位素比时，基体残留的少量化合物都是很麻烦的，例如，地球地幔中 Pb 同位素比的测量。Ca、Mg、Al 或者 Fe 在基体中摩尔比提高到 50 时会增大 Pb 和 Tl 灵敏度，而在低浓度下它们有更大的摩尔比。有趣的是，如果 Ar_2^+/Ar^{2+} 比同时增大到 50，实验表明 Ar 的电荷密度减小，同时导致有更大部分残留在将要分析的离子束中。因为这种影响很稳定，样品或者标准中常见基体的增加会减小由残余基体所导致的影响。这种方法值得考虑，而不应该把大量的时间和精力来完全分离基体。事实上，在基体分离过程中树脂上面的污染物也会产生较大的基体效应，会导致结果的不精确，尤其是在测量自然界中同位素的微小变化的时候，如环境中 Cd 和 Zn 的测量。

四、电感耦合等离子体质谱法的定量方法

(一) 半定量分析

在许多 ICP - MS 仪器上，若考虑到元素的电离度和同位素丰度，就可获得一条较为平滑的质量 - 灵敏度曲线。这条响应曲线可用来校准仪器，以提供半定量数据。实际上，这种校准方法是一个理想的检查工具，特别是当分析一个不熟练的基体或样品时或仅需知道某些样品成分的大致含量时，响应曲线通常用适当分布于整个质量范围内的 5 ~ 8 个元素来确定。对于每个元素的响应要进行同位素丰度、浓度和电离度的校正，从校正数据上可得到拟合的二次曲线。

曲线的实际形状取决于包括离子透镜的调谐和四极杆的操作条件在内的一些因素。虽然在某些仪器上，响应曲线可以储存，但在每次分析前都必须重新确定一条 (每天应重做)，因为响应曲线的形状与仪器的优化方式关系很大。除了曲线的形状外，曲线位置的偏移 (灵敏度) 也可能随仪器每次的设置而不同。偏移的大小可通过测量质量居中的一个元素，如 115In 或 103Rh 的灵敏度加以确定。这一步骤在 8h 内可能要进行多次。一旦响应曲线建立，未知样品中所有元素的浓度都可根据响应曲线求出。用此方法获得的数据准确度变动较大，主要取决于被测的元素和样品基体。

(二) 定量分析——外标法

使用最广泛的校准方法是采用一组外标。对于溶液分析来说，这组标准可以是含有被分析元素的简单的酸或水介质，要制备几个能覆盖被测物浓度范围的标准样品溶液。对于直接固体样品分析，如激光烧蚀法来说，标准的基体必

须与未知样品的基体相匹配。

对于液体样品的校准来说，采用简单的水溶液标准通常都是适宜的。但未知样品必须被稀释到 $< 2000\mu g/mL$ 溶解总固体含量（TDS），且不是仅含有单一基体元素，如铀中痕量硼这样的样品。超过上述 TDS 值，黏度和基体效应将很明显，但可通过将样品和标准匹配的方法在一定程度上予以校正。

校准曲线对测得的数据拟合通常都采用最小二乘法回归分析。在理想条件下，测得的数据是浓度的一个严格的线性函数。然而，误差总是叠加在真实数据上，因此，要用一个统计学方法，如回归分析来推算最佳的拟合校正曲线。可以计算出曲线对于测得数据的拟合良好性，即通常所说的相关系数。虽然在许多分析技术中都广泛地采用线性回归拟合法，但这种方法也易产生一些问题，例如，如果标准的浓度不是均匀分布，以致最高浓度远高于其他浓度点，那么，校准曲线将朝着这个远离点偏移，这将导致其他标准点拟合不好。以硼为例，在实验中硼标准溶液的浓度分别选择为 1，5，10，25，50，100$\mu g/L$，由于用石英容量瓶配制标准溶液较为不便，实验中采用塑料瓶以重量法配制硼的标准溶液。

在分析过程中，分析信号的稳定性不可能保持下去，若信号的变化与时间或分析顺序呈线性关系，则可使用外标漂移校正法。实际上，在一个完整的分析程序中，同一个样品溶液是以周期方式进行分析的。如假定在此溶液中，记录下的每个元素的信号变化都与时间或分析顺序呈线性关系，那么，就可记录这种溶液在两次分析之间信号上的相对变化，然后对每个中间插入的未知样品进行校正。

这种数据校正方法的局限性在于假定信号变化是线性。实际上，许多实例也表明这种假设是成立的。但也应注意到，虽然信号变化的总趋势是朝灵敏度降低的方向，但所有元素的变化速率并非相同。不过，这些分析信号的变化容易被监测，并可进行线性漂移校正。在许多样品基体上进行的外标漂移校正可显著地改善精度和准确度。这种校正方法的主要优点是没有向样品溶液中加入任何新成分，无论是液体形式的还是固体形式的。另外，每个元素的各自行为被分别监测，因此，可对不同被测元素采用不同的监测元素。

一般在测量中每隔一段时间（如 15min）重新测量一下 10$\mu g/L$ 的硼标准溶液，以检查仪器是否有显著的漂移，漂移不大时内标可以进行很好地校正，如果漂移太大，则停止测量，查明原因。

（三）定量分析——内标校正法

1. 内标元素的作用

用一个元素作为参考点对另一个元素进行校准或校正的方法在 ICP - AES 等许多种原子光谱分析法中被广泛采用，这种方法被称为"内标校正法"。

内标可用于下述目的。

（1）监测和校正信号的短期漂移。

（2）监测和校正信号的长期漂移。

（3）对其他元素进行校准。

（4）校正一般的基体效应。

内标元素的有效性要求其行为能准确地反映被测元素的行为。例如，如用它对其他元素进行校准，则其灵敏度必须与这个元素相同或这两个元素间的灵敏度关系必须为已知，并保持不变。假如用一个内标元素来校正不管什么原因引起的信号漂移，则内标和被测元素间的信号上的相对变化应是不变的。ICP－MS 中使用内标元素在一定程度上是沿了 ICP－AES 技术。许多ICP－MS 的用户都发现，使用单一内标进行数据校正常有吸引力，特别是当数据处理是自动地由系统软件控制时，然而，若仔细监测分析过程就能发现在整个分析过程中，不同元素的响应明显不同，很少有一个元素能反映所有元素的行为。

在短时间，例如几分钟内的非线性变化的数据校正，只可通过监测溶液中某一组分来实现。任何内标的适用性都应该在每种感兴趣的基体中的所有被测元素上加以检验。一般而论，只要内标和被测元素的信号变化是同一方向，如两者都呈现增强趋势，那么，与没有进行任何形式校正而计算出来的数据相比，短期精度将会得到改善。不过，若在短时期内信号漂移很大，则可能表明仪器有问题、仪器最佳化不正确或所用样品基体内标不适合。注意上述这些情况可能会证明比用内标法进行数据校正的效果还要好。

在长时间，例如在几个小时内信号漂移的情况下，采用内标有时可改善精度。虽然有一些元素灵敏度随时间下降，但有一些元素的灵敏度却呈现增加的趋势。必须强调，在选择任何一个元素为内标元素并用于长期信号漂移校正之前必须先确认其对基体的适用性。

在 ICP－MS 分析中已有大量资料证明有非质谱效应存在，而且也有文献研究了采用内标方法来校正被测物的抑制或增强效应。对正向功率变化、采样的位置和雾化气流速的影响的研究结果表明，在任何一组固定的操作条件下，可根据某些元素在某一基体中的行为将它们归为一组。例如，在 0.02mol/L NaCl（500μg/mL）基体存在情况下，Nb、Hf、Sr、In、Zr、Y 和 Tm 可被归为一组，因为它们表现的行为相类似。在这组元素中，它们的一次电离能分布在 5.7（Sr）～7.0eV（Mo），而信号的抑制程度在 41%（^{89}Y，^{93}Nb）～58%（^{88}Sr）。从这些观察结果上必然会得到这样的结论，即虽然从这组元素中的一个元素上大体能反映出这组中其他元素的行为，但在这些元素之间会存在明显的差异。

2. 内标元素的选择

在分析溶液形式的样品时，可直接向样品中加入内标元素，但由于样品中天然存在某些元素而使内标元素的选择受到限制，因为需将已知或相同量的内标加入到每个空白、标准和样品中，因此，样品中本来就有的元素将不能被用作内标。内标元素不应受同量异位素重叠或多原子离子的干扰或对被测元素的同位素产生这些干扰。另外，对于虽存在于样品中但在 ICP – MS 分析前已被准确测定过的元素仍可被选作内标元素。在这种情况下，该元素的浓度将随不同样品而改变，在数据处理的阶段必须加以考虑。使用样品中本来就有的天然内标在固体样品分析中是最有效的方法。

无论内标是被加入的或是天然的，还有其他一些因素也必须考虑，该元素必须有一定的浓度，其产生的信号强度不应受到计数统计的限制。另外，一些研究者曾提出，内标的质量和电离能应与被测元素的接近。多元素测量中经常采用的两个内标元素是 In 和 Rh。两个元素的质量都居质量范围的中间部分（^{115}In、^{113}In 和^{103}Rh），它们在多种样品中的浓度都很低，几乎 100% 电离（In = 98.5%，Rh = 93.8%），都不受同量异位素重叠干扰，都是单同位素（$^{103}Rh = 100$）或具有一个丰度很高的主同位素（$^{115}In = 95.7\%$）。虽然这两个元素看来均是理想的内标元素，但在实际应用中并非总是如此。

参考文献

[1] 杜子芳. 抽样技术及其应用 [M]. 北京：清华大学出版社，2005.

[2] GB/T 2828—2012 计数抽样检验程序.

[3] GB/T 30642—2014 食品抽样检验通用导则.

[4] GB/T 5606.1—2004 卷烟第 1 部分：抽样.

[5] YC/T 145.10—2003 烟用香精抽样.

[6] YC/T 144—1998 烟用三乙酸甘油酯.

[7] YC/T 144—2008 烟用三乙酸甘油酯.

[8] 武汉大学. 分析化学（第五版，上下册）[M]. 北京：高等教育出版社，2006.

[9] GB/T 9721—2006 化学试剂分子吸收分光光度法通则（紫外和可见光部分）.

[10] 夏玉宇. 化验员实用手册 [M]. 北京：化学工业出版社，2001.

[11] 许国旺. 现代实用气相色谱法 [M]. 北京：化学工业出版

社，2004.

[12] 刘虎威. 气相色谱方法及应用［M］. 北京：化学工业出版社，2000.

[13] 朱明华. 仪器分析（第二版）［M］. 北京：高等教育出版社，1993.

[14] 李立，胡勇平. 石墨炉原子吸收光谱法测定人体指甲中的痕量镉［J］. 理化检验，2002，38（5）：234.

[15] 胡勇平. 石墨炉原子吸收光谱法测定痕量镉的机体改进效应研究及其应用［J］. 理化检验，2001，37（6）：266.

[16] 黄树梁，王海荣. 石墨炉原子吸收光谱法测定食盐中的铅［J］. 理化检验，2001，37（11）：522.

[17] 鲁丹，张文娟. 原子吸收氢化物法直接测定加硒碘盐中硒［J］. 理化检验，1999，35（3）：135.

[18] 李斌，崔慧. 壳聚糖富集火焰原子吸收光谱法测定水中痕量铜（Ⅱ）［J］. 理化检验，2001，37（6）：253.

[19] 杨祥，陈飞，等. 析相萃取火焰原子吸收光谱法测定水样中痕量铁［J］. 理化检验，2002，38（7）：355.

[20] 袁惠娟，张皓宇，常海涛. 火焰原子吸收光谱法测定芝麻中铜铁锰锌消化方法比较［J］. 理化检验，2001，37（3）：137.

[21] 朱永芳. 微波消解法测定化妆品中铅砷汞［J］. 理化检验，2002，38（6）：305.

[22] 周享春，黄春华，吴爱斌. 脉冲悬浮进样火焰原子吸收光谱法直接测定土壤中铬［J］. 理化检验，2001，37（3）：97.

[23] 淦五二，何友昭，孙莉. 悬浮液进样火焰原子吸收光谱法测定高锌天麻中锌［J］. 理化检验，2001，37（1）：45.

[24] 周标，孔繁勇. 原子捕获火焰原子吸收光谱法测定无铅汽油中铅［J］. 理化检验，2002，38（10）：504.

[25] 杨莉丽，张艳欣，高英. 导数－原子捕获－火焰原子吸收光谱法测定中草药中的微量铜［J］. 分析化学，2002，30（9）：1143.

[26] 刘劲松，陈恒戊，毛雪琴. 流动注射在线阴离子树脂预富集火焰原子吸收测定痕量铜［J］. 分析化学，1998，26（11）：1369.

[27] 李亚荣，郎惠云，谭峰. 流动注射在线过滤稀释原子吸收法测定药物制剂中长托普利［J］. 分析化学，2002，30（2）：165.

[28] 谢文兵，王畅，等. 流动注射石英管原子吸收法测定微量总汞［J］. 分析化学，2001，30（12）：1466.

[29] 杜颂如. 原子吸收光谱法同时测定铅钙锡铝合金中钙和锡［J］. 理化检验，2002，38（10）：521.

［30］刘传仕．火焰原子吸收光谱法测定粗杂铜中锑［J］．理化检验，2003，38（9）：473.

［31］Diane Beauchemin. Anal. Chem. 2010，82，4786 – 4810.

［32］Santamaria-Fernandez, R. ; Carter, D. ; Hearn, R. Anal. Chem. 2008，80，5963 – 5969.

［33］Nishiguchi, K. ; Utani, K. ; Fujimori, E. J. Anal. At. Spectrom. 2008，23，1125 – 1129.

［34］Mahar, M. ; Tyson, J. F. ; Neubauer, K. ; Grosser, Z. J. Anal. At. Spectrom 2008，23，1204 – 1213.

［35］Robinson, C. D. ; Devalla, S. ; Rompais, M. ; Davies, I. M. J. Anal. At. Spectrom. 2009，24，939 – 943.

［36］Grotti, M. ; Soggia, F. ; Todoli `, J. L. Analyst 2009，133，1388 – 1394.

［37］Paredes, E. ; Grotti, M. ; Mermet, J. -M. ; Todolı, J. L. J. Anal. At. Spectrom. 2009，24，903 – 910.

［38］Jitaru, P. ; Roman, M. ; Cozzi, G. ; Fisicaro, P. ; Cescon, P. ; Barbante, C. Microchim. Acta 2009，166，319 – 327.

［39］Doherty, W. ; Gre ′goire, D. C. ; Bertrand, N. Spectrochim. Acta, Part B 2008，63，407 – 414.

［40］Horner, J. A. ; Chan, G. C. -Y. ; Lehn, S. A. ; Hieftje, G. M. Spectrochim. Acta, Part B 2008，63，217 – 233.

［41］Groh, S. ; Garcia, C. C. ; Murtazin, A. ; Horvatic, V. ; Niemax, K. Spectrochim. Acta, Part B 2009，64，247 – 254.

［42］Engelhard, C. ; Scheffer, A. ; Maue, T. ; Hieftje, G. M. ; Buscher, W Spectrochim. Acta, Part B 2007，62，1161 – 1168.

［43］Spencer, R. L. ; Krogel, J. ; Palmer, J. ; Payne, A. ; Sampson, A. ; Somers, W. ; Woods, C. N. Spectrochim. Acta, Part B 2009，64，215 – 221.

［44］Spencer, R. S. ; Taylor, N. ; Farnsworth, P. B. Spectrochim. Acta, Part B 2009，64，921 – 924.

［45］Ma, H. ; Taylor, N. ; Farnsworth, P. B. Spectrochim. Acta, Part B 2009，64，384 – 391.

［46］Farnsworth, P. B. ; Spencer, R. S. ; Radicic, W. N. ; Taylor, N. ; Macedone, J. ; Ma, H. Spectrochim. Acta, Part B 2009，64，905 – 910.

［47］Tanner, M. ; Gu ¨nther, D. Anal. Chim. Acta 2009，633，19 – 28.

［48］Schilling, G. D. ; Andrade, F. J. ; Barnes, J. H. , IV; Sperline, R. P. ; Denton, M. B. ; Barinaga, C. J. ; Koppenaal, D. W. ; Hieftje, G. M. Anal. Chem. 2007，

79, 7662 - 7668

[49] Schilling, G. D.; Ray, S. J.; Rubinshtein, A. A.; Felton, J. A.; Sperline, R. P.; Denton, M. B.; Barinaga, C. J.; Koppenaal, D. W.; Hieftje, G. M. Anal. Chem. 2009, 81, 5467 - 5473.

[50] Marengo, E.; Aceto, M.; Robotti, E.; Oddone, M.; Bobba, M. Talanta 2008, 76, 1224 - 1232.

第三章

烟用三乙酸甘油酯外观、色度、密度和折射率的测定

外观、色度、密度、折射率均是三乙酸甘油酯的物理指标，其中烟用三乙酸甘油酯外观、色度是产品最直接的评价指标，也是烟用三乙酸甘油酯的重要指标之一，会影响到卷烟滤棒的生产和质量。

第一节

外观

一、概述

烟用三乙酸甘油酯的外观一般为无色、无嗅、油状液体，不含机械杂质。测试一般采用目测和鼻嗅的方法。

二、检测方法

目测相对比较容易进行，如果盛放三乙酸甘油酯的容器是透明的，可以将盛放容器摇匀后，观测即可；如果盛放三乙酸甘油酯的容器是不透明的，则应将部分样品倒入洁净、干燥、透明的容器中进行观察。

合格的烟用三乙酸甘油酯应为明显无色、不含机械杂质，晃动以后观测，应为油状液体。

鼻嗅的正确方法为：打开容器盖子后，用手在容器口扇一扇，仅使极少量的气体经过鼻子。合格的烟用三乙酸甘油酯应该没有明显异味。

第二节

色度

一、概述

　　颜色是由亮度和色度共同表示的。亮度是颜色的一种性质，指画面的明亮程度，单位是坎德拉每平方米（cd/m^2）或称 nits，也就是每平方公尺分之烛光。

　　色度则是不包括亮度在内的颜色的性质，它反映的是颜色的色调和饱和度。一般来说，色度是指含在水中的溶解性的物质或胶状物质所呈现的类黄色乃至黄褐色的程度。溶液状态的物质所产生的颜色称为"真色"；由悬浮物质产生的颜色称为"假色"，所以，测定前必须将样品中的悬浮物除去。

　　色度也是相对表征色泽的一种定量评定。化学产品中，透明液体如溶剂、油漆、树脂、增塑剂、油脂等产品的外观色度，是产品最直接的评价指标，是重要性能之一，对其用途有重要的影响。

　　在色度的检测中，水的色度检测占了很大比重，代表了该领域的研究进展，其他化学品或有机溶剂的研究相对较少，可参照使用。

　　在水质的检验中，水的颜色测定包括颜色和色度两部分，颜色采用定性描述的方法，色度则用定量的方法。

　　1892 年 Hazen 博士在美国化学文摘上首次论述了 Pt – Co 标准色的制备方法，此后 Pt – Co 色标就有了 Hazen 色度标准或 Hazen 单位（黑曾单位）；美国公共健康联合会（APHA）记载有水和废水检查的标准方法，Part 2120 中也描述了同样的方法。于是在进行水质分级时，Pt – Co 色标一般就等同于 APHA 色标。

　　1 黑曾单位（Hazen units）系指在每升溶液中含有 2mg 六水合氯化钴（Ⅱ）（$CoCl_2 \cdot 6H_2O$）和 1mg 铂 ［以六价氯铂（Ⅳ）酸 H_2PtCl_6 的形式］时产生的颜色的色度。

　　铂 – 钴/APHA/Hazen 的色度单位都是一样的。Pt – Co 色度稀释溶液，浓度范围为 0（浅色）～500（深色）。色度的常见单位有度、Hazen、Pt – Co、PCU、毫克铂/升，它们之间转换都是相对应的。常见色度标准度在 0～40 度（不包括 40 度），准确到 5 度，40～70 度准确到 10 度。

　　色度的检测方法一般有铂钴标准比色法、铬钴标准比色法、真色色度检测法——ADMI 法、分光光度法和自动色度仪法。

1. 铂钴标准比色法

铂－钴色标是目前液体化学产品色度评定中广泛使用的色标。一般是将等体积的试样与铂－钴色标放在规定大小的比色管中，用目视比色，以相同或相近的铂－钴色标号表示产品的色度。

在目视比色时，从侧面观察的为 Hazen 色标值，从上面观察的为 APHA 色标值。通常将每升含 1mg Pt（H_2PtCl_6 形式）和 2mg $CoCl_2 \cdot 6H_2O$ 溶液的色度定为 1 个 Hazen 单值。Hazen 色标通常配成 0～500 个 Hazen 单位计 25 个色标的一个系列。

本法最低检测色度为 5 度，测定范围 5～50 度。即使轻微的浑浊度也会干扰测定，故浑浊样品需先离心使之清澈，然后取上清液测定。

2. 铬钴标准比色法

该法用重铬酸钾和硫酸钴配成与天然水黄色色调相近的标准色列，用于水样目视比色定量，色度单位与铂钴法相同。

本法最低检测色度为 5 度，测定范围 5～50 度。即使轻微的浑浊度也会干扰测定，故浑浊样品需先离心使之清澈，然后取上清液测定。

3. 真色色度检测方法——ADMI 法

真色是指水样去除浊度后的颜色。水样利用分光光度计在 590nm、540nm、438nm 三个波长测量透光率，由透光率计算三色激值（Tristimulus Value）及蒙氏转换值（Munsell Values），最后利用亚当－尼克森色值公式（Adams－Nickerson chromatic value formula）算出 DE 值。DE 值与标准品检量线比对可求得样品的真色色度值（ADMI 值，美国染料制造协会，American Dye Manufacturers Institute）。

该方法适用于具有颜色的水或废水，其颜色特性可不同于铂－钴标准品的黄色色系。使用范围为 25～250 色度单位（一个色度单位指 1mg 以铂氯酸根离子计存在于 1L 水溶液中时所产生的色度），样品高于 250 色度单位，应定量稀释后测定。

通常测定清洁的天然水是用铂钴比色法。此法操作简便，色度稳定，标准色列如保存适宜，可长期使用。但其中氯铂酸钾太贵，大量使用很不经济。铬钴比色法，试剂便宜易得，方法精密度和准确度与铂钴比色法相同，只是标准色列保存时间较短。

4. 分光光度法

现行水质色度测定的国家标准主要采用两种方法，一种为铂钴比色法，另一种为稀释倍数法。两种方法都是基于人眼判断，具有主观随意性，影响测量精度；同时两种方法对水质色度评价单位不一致，给水质色度测量带来一定的麻烦。

现今，分光光度法是测量水质重要方法之一，鉴于比色法对现行水质色度测定国家标准的局限性，大量文献提出采用分光光度法，根据某个特定波长处吸光度与色度的数值关系或吸收峰面积与色度的数值关系来测定待测水样的色度值。

根据溶液的不同色调，选择不同的滤光器，用光电比色计或分光光度计测定溶液的透光率，由光密度来评定色度。色调与滤光器的选择见表3-1。

表3-1　　　　　　　　　　　　色调与滤光器的选择

色调	滤光器颜色	波长范围/nm	色调	滤光器颜色	波长范围/nm
黄-绿色	紫	400~500	紫	黄-绿	560~575
黄	蓝	450~480	蓝	黄	575~590
橙	绿-蓝	480~490	绿-蓝	橙	590~625
红	蓝-绿	490~500	蓝-绿	红	625~670
紫红	绿	500~560			

分光光度法中大多使用铂-钴标准液配制标准色阶，也有的使用铬-钴标准液配制标准色阶，各试验方法所选择波长和比色皿不同，因为系列标准色阶的颜色较浅，吸光度值偏小，为了得到较准确的吸光度值，通常使用3cm厚的比色皿，也有选择5cm厚的比色皿的，选用的波长也不尽相同，有280nm、339nm、350nm、370nm、380nm、455nm，即波长范围通常选定在339~380nm近紫外光区内。

为了快速准确测定水质色度，并且满足水质色度测定新方法的客观性、普适性，以及与国家标准的一致性，黄杰等以水质色度测定国家标准为基础，通过光谱数据采集、整理和色度学计算，研究色差与色度、稀释倍数之间的相关性，分析基于光谱及色差计算作为水质色度测定方法的可行性。研究结果表明：色差与色度、稀释倍数都有良好的相关性，通过采集水样可见区吸收光谱数据，经色差计算即可获得水样色度或稀释倍数。进一步，以色差作为中间关系量，建立了色度与稀释倍数的转换关系式，方便单位转换统一。利用光谱及色差计算测定水质色度的方法，系统定标后就无须标准溶液，待测溶液颜色也不受限制，并且避免人为主观判断误差，更准确、更可靠，为实际水质色度自动测定及水质测定新标准研究提供参考。

赵晓伟等为了推动有关分光光度法测量水体色度的国家标准的建立，对美国和中国台湾地区的水体色度标准检测方法进行了研究，提出了新的基于三波长透射率测量水体色度的方法。根据现行国家标准中的色度学相关数据，选择在595nm、555nm和445nm三个波长处的光谱透射率计算水样的三测量值，依照国标推荐的色差公式建立了测量水样色度的标准检量线。利用所提出的新的水体色度测量方法对5个水样的色度值进行了实际测量，结果表明，新的测量方法所得到的水体色度值与铂钴比色法一致。

分光光度法与目视比色法相比，测定结果的准确性高，精密度好，可以避免因分析人员的视觉差异而带来的误差。然而，色度决定于整个可见区光谱吸收情况，各试验方法所选择波长和比色皿不同，使得各方法具有一定的偏向性，即采用特定波长或吸收峰面积测量水体色度，没有考虑人眼对不同波长有不同的响应，不符合色度学原理，因而不适用于水体色度测量，还需进一步的实验研究完善。

5. 自动色度仪法

另外，使用仪器法测定色度能减少因不同分析人员带来的误差，并简化分析过程，使色度的测定更简便、快速。高精度自动色度仪依据多种相应色度标准，对食用油、工业用油等石化产品和化学试剂等进行自动色度分析测量，仪器一般采用精确校准的滤光片，操作简单，人性化菜单设计，整个测量过程只需25s，涵盖 Lovibond RYBN、AOCS、Gardner、Saybolt、ASTM、Pt – Co 等多种色度标准，且仪器具有良好的精确性、重现性，为实验室的研究分析、产品的精加工和高标准的质量控制提供了优质的保障。

三乙酸甘油酯的色度体现"烟用"的方面主要是二醋酸纤维丝束滤嘴的色泽，即使对一些有色滤嘴而言，若三乙酸甘油酯产品色泽不纯，会造成底色不纯，也会影响滤嘴色泽和产品质量。

色度实际上也是三乙酸甘油酯的外观指标，但不是采用简单的目测方式进行评定。烟用三乙酸甘油酯的色度一般要求按照 GB/T 3143—1982《液体化学产品颜色测定方法（Hazen 单位——铂–钴色号）》进行色度的测定，要求色度 Pt – Co 色号≤15。

二、检测方法

GB/T 3143 现行有效版本是 1982 年颁布的国家标准，该标准适用于测定透明或稍带接近于参比的铂–钴色号的液体化学产品的颜色，这种颜色特征通常为"棕黄色"，这与三乙酸甘油酯近无色的特征不同。同时，该标准使用的六水合氯化钴和氯铂酸钾均为分析纯，在近无色烟用三乙酸甘油酯的条件下，标准物质中杂质的引入可能会影响到三乙酸甘油酯色度的分析。

为了避免标准物质中杂质的影响，2006 年颁布了 GB/T 605—2006《化学试剂色度测定通用方法》，该标准对标准物质六水合氯化钴和氯铂酸钾的纯度进行了表征，在附录中分别规定了两种标准物质的纯度测定方法，并在标准物质配制过程中对使用量进行了校准。

烟用三乙酸甘油酯为无色透明的化学试剂，在 GB/T 3143—1982《液体化学产品颜色测定法》和 GB/T 605—2006《化学试剂色度测定通用方法》中使用的较为宽广的黑曾单位号过于广泛，为烟用三乙酸甘油酯色度的测定造成了不便，同时 YC 144—2008《烟用三乙酸甘油酯》引用了 GB/T 3143—1982《液体化学产品颜色测定法》，标准物质中杂质的引入可能会影响到三乙酸甘油酯色度的分析。基于上述两种原因，项目组结合 GB/T 3143—1982《液体化学产品颜色测定法》和 GB/T 605—2006《化学试剂色度测定通用方法》，考虑到方便实用性，添加了标准物质纯度的表征方法，并结合实际烟用三乙酸甘油酯的色度测定结果，将标准物质的黑曾单位范围缩小至 5~50 黑曾单位。

1. 方法原理

按一定的比例将氯铂酸钾、六水合氯化钴和盐酸配成水溶液（铂-钴标准溶液），所得溶液的色调与待测样品的色调在多数情况下是相近的，用目视法比较样品与铂-钴标准溶液，可得出样品的色度，并以 Hazen（铂-钴）颜色单位表示结果。

2. 仪器

需要的实验室仪器有以下几种。

（1）比色管　GB/T 3143—1982 规定使用纳氏比色管，纳氏比色管是比色管的一种，又称奈斯勒比色管，英文为 Nessler glasses（tube）。一般的比色管分为有塞子和无塞子两种，纳氏比色管即是无塞子的比色管。其他等同比色管也可以使用，也有的称为"成套高型具塞比色管"，50mL 或 100mL，在底部以上 100mm 处有刻度标记，光学透明玻璃底部无阴影。一套比色管的玻璃颜色和刻线高度应相同，即规格一致。所用与样品接触的玻璃器皿都要用盐酸或表面活性剂溶液加以清洗，最后用蒸馏水或去离子水洗净、沥干。

（2）比色管架　一般比色管架底部衬白色底板，底部也可安有反光镜，以提高观察颜色的效果。

（3）分光光度计　应符合 GB/T 9721 的规定，如 72 型分光光度计或类似的分光光度计。基本要求为：根据测定的波长选择光源，测定波长为 200~350nm 时用氢灯（或氘灯），测定波长为 350~850nm 时用钨灯（或碘钨灯）；通常测定时，选用狭缝宽度为 1nm；吸收池材质可根据测定的波长进行选择，测定波长为 200~350nm 时用石英吸收池，测定波长为 350~850nm 时用玻璃或石英吸收池。

3. 试剂

需要的试剂有以下几种。

（1）盐酸（HCl） 分析纯，符合 GB/T 662—2006《化学试剂 盐酸》要求。

实际上，盐酸为不同浓度的氯化氢水溶液，呈透明无色或黄色，有刺激性气味和强腐蚀性。此处要求的盐酸为浓盐酸，即含 38% 氯化氢的水溶液，相对密度 1.19，熔点 −112℃，沸点 −83.7℃。

（2）六水合氯化钴（CoCl$_2$·6H$_2$O） 分析纯，具体的含量需重新测定。方法如下：

称取 0.4g 样品，精确至 0.0001g，溶于 50mL 水中，用乙二胺四乙酸二钠标准滴定溶液 [c（EDTA）= 0.05mol/L] 滴定至终点前约 1mL 时，加 10mL 氨–氯化铵缓冲溶液（pH≈10）及 0.2g 紫脲酸铵指示剂，继续滴定至溶液呈紫红色。

六水合氯化钴的质量分数 w_1，数值以"%"表示，按式（3-1）计算：

$$w_1 = \frac{V \times c \times M}{m \times 1000} \times 100 \qquad (3-1)$$

式中　V——乙二胺四乙酸二钠标准滴定溶液体积的数值，mL；

　　　c——乙二胺四乙酸二钠标准滴定溶液浓度的准确数值，mol/L；

　　　M——六水合氯化钴的摩尔质量的数值，g/mol [M（CoCl$_2$·6H$_2$O）= 237.9]；

　　　m——样品质量的数值，g。

（3）氯铂酸钾（K$_2$PtCl$_6$） 分析纯，具体的含量需重新测定。方法如下。

称取 0.5g 样品，精确至 0.0001g。用 170mL 硫酸溶液（40%）加热溶解，加 2g 甲酸钠，于电炉上煮沸至反应完全、上层溶液澄清（可不断补充水，保持溶液体积不变）。冷却，加 130mL 水，搅匀，用慢速定量滤纸过滤，用热盐酸溶液 [c（HCl）= 0.1mol/L] 洗涤至滤液无硫酸盐反应 [用氯化钡溶液（100g/L）检验溶液时应无混浊现象]。将沉淀置于已在 800℃ 恒量的坩埚中，再于 800℃ 灼烧至恒量。

氯铂酸钾的质量分数 w_2，数值以"%"表示，按式（3-2）计算：

$$w_1 = \frac{m_1 \times 2.491}{m} \times 100 \qquad (3-2)$$

式中　m_1——沉淀质量的数值，g；

　　　m——样品质量的数值，g。

（4）氯铂酸 氯铂酸的制法：在玻璃皿或瓷皿中用沸水浴上加热法将 1.00g 铂溶于足量的王水中，当铂溶解后，蒸发溶液至干，加 4mL 盐酸溶液再蒸发至干，重复此操作两次以上，这样可得 2.10g 氯铂酸。

由于实验室自制氯铂酸，操作麻烦，且由于用到王水，危险性较大，故在氯铂酸钾可以得到的情况下，可以不需要氯铂酸。

4. 标准溶液的配制

（1）标准比色母液的制备（500 Hazen 单位） 在 1000mL 容量瓶中溶解 1.00g 六水合氯化钴和相当于 1.05g 的氯铂酸或 1.245g 的氯铂酸钾于水中，加入 100mL 盐酸溶液，稀释到刻线，并混合均匀。

注：标准比色母液可以用分光光度计以 1cm 的比色皿，以水作参比，按下列波长进行检查，其吸光度范围符合表 3-2 的要求。

表 3-2　　　　　　　　500 黑曾单位铂-钴标准溶液吸光度允许范围

波长/nm	吸光度	波长/nm	吸光度
430	0.110~0.120	480	0.105~0.120
455	0.130~0.145	510	0.055~0.065

标准比色母液应放入带塞棕色玻璃瓶中，置于暗处，温度不能超过 30℃，该溶液可以长期保存，有效期可达 1 年，是否失效，应检测溶液的吸光度，若仍在表 3-2 所规定的范围内，还可继续使用。储存过程中应防止此溶液蒸发及被玷污。

（2）标准铂-钴对比溶液的配制 GB/T 3143—1982 规定在 10 个 500mL 及 14 个 250mL 的两组容量瓶中分别加入如下表所示的标准比色母液的体积数，用蒸馏水稀释到刻线并混匀。所得对比标准溶液的色度见表 3-3。

表 3-3　　　　　　　　　　标准铂-钴对比溶液的色度

500mL 容量瓶		250mL 容量瓶	
标准比色目液的体积/	相应颜色/	标准比色目液的体积/	相应颜色/
mL	Hazen 单位（铂-钴色号）	mL	Hazen 单位（铂-钴色号）
0	0	30	60
5	5	35	70
10	10	40	80
15	15	45	90
20	20	50	100
25	25	62.5	125
30	30	75	150
35	35	87.5	175
40	40	100	200
45	45	125	250

续表

500mL 容量瓶		250mL 容量瓶	
标准比色目液的体积/ mL	相应颜色/ Hazen 单位（铂–钴色号）	标准比色目液的体积/ mL	相应颜色/ Hazen 单位（铂–钴色号）
50	50	150	300
		175	350
		200	400
		225	450

一般来说，烟用三乙酸甘油酯的色度 Pt–Co 色号≤15，所以实际检测中，配制的标准铂–钴对比溶液的范围和方法可以适当简化，即在一组 50mL 的比色管中，用移液管分别加入 0，0.5，1，1.5，2，2.5，3mL 的标准比色母液，并用水稀释至标线，溶液色度分别为 0，5，10，15，20，25，30 Hazen 单位。

测定时可以吸取不同体积的 500 黑曾单位铂–钴标准溶液，稀释至 50mL 或 100mL，这样就可以得到不同黑曾单位的稀铂–钴标准系列。移取 500 黑曾单位铂–钴储备液的体积可以用式（3–3）计算：

$$V_1 = \frac{N \times V_2}{500} \qquad (3-3)$$

式中　V_1——所需 500 黑曾单位铂–钴标准溶液的体积，mL；

　　　N——欲配制的稀铂–钴标准溶液的黑曾单位数；

　　　V_2——欲配制的稀铂–钴标准溶液的体积，mL。

实验过程中，可以选用更小体积的 50mL 及 14 个 100mL 的两组容量瓶中分别加入如下表所示的标准比色母液的体积数，用蒸馏水稀释到刻线并混匀。所得对比标准溶液的色度见表 3–4。

表 3–4　配制系列铂–钴标准溶液所需 500 黑曾单位铂–钴标准溶液的体积

50mL 容量瓶		100mL 容量瓶	
标准比色目液的体积/ mL	相应颜色/ Hazen 单位（铂–钴色号）	标准比色目液的体积/ mL	相应颜色/ Hazen 单位（铂–钴色号）
0.5	5	1.0	5
1.0	10	2.0	10
1.5	15	3.0	15
2.0	20	4.0	20
2.5	25	5.0	25
3.0	30	6.0	30

续表

50mL 容量瓶		100mL 容量瓶	
标准比色目液的体积/ mL	相应颜色/ Hazen 单位（铂-钴色号）	标准比色目液的体积/ mL	相应颜色/ Hazen 单位（铂-钴色号）
3.5	35	7.0	35
4.0	40	8.0	40
4.5	45	9.0	45
5.0	50	10.0	50

该系列稀释溶液应放入带塞棕色玻璃瓶中，置于暗处，温度不能超过30℃，可以保存1个月。但最好应用新鲜配制的。

5. 试验步骤

向一支比色管中注入一定量的试样，使注满到刻线处，同样向另一支纳氏比色管中注入具有类似颜色的标准铂-钴对比溶液注满到刻线处。

比较试样与标准铂-钴对比溶液的颜色，比色时在日光或日光灯照射下，正对白色背景，从上往下观察，避免侧面观察，提出接近的颜色。记录水样与铬-钴色度标准系列的色度，记录数据。

试样的颜色以最接近于试样的标准铂-钴对比溶液的 Hazen（铂-钴）颜色单位表示。如果试样的颜色与任何标准铂-钴对比溶液不相符合，则根据可能估计一个接近的铂-钴色号，并描述观察到的颜色。

本试验方法中使用的部分试剂具有腐蚀性，操作者须小心谨慎。如溅到皮肤上应立即用水冲洗，严重者应立即治疗。

6. 方法学评价

方法的精密度结果见表3-5、表3-6。实验发现，15 Hazen 单位的溶液比 10Hazen 和 5Hazen 的溶液是可以比较明显看出澄清淡黄色，而 10Hazen 和 5Hazen 的色度几乎没有区别，10Hazen 和 5Hazen 要多比较几次才会感觉 5Hazen 更加透亮一些。所以，日内重复性都是一样的，不同日期检测时，由于光线的差别，判别可能会有些区别，但不会把 10 Hazen 单位的溶液判断为 15 Hazen 单位的溶液。

表3-5　　　　　　　　　　方法的日内重复性（$n=6$）

Hazen 单位（铂-钴色号）					
样品1	5	5	5	5	5	5
样品2	5	5	5	5	5	5
样品3	10	10	10	10	10	10

表 3 – 6   方法的日间重复性 （ $n = 6$ ）

Hazen 单位（铂 – 钴色号）					
样品 1	5	5	5	5	10	5
样品 2	5	5	10	5	5	5
样品 3	10	5	10	10	10	10

7. 样品测定

国家烟草质量监督检验中心对国内各烟草企业所使用的烟用三乙酸甘油酯进行了普查分析，从数据看：检测的 55 个样品中，色度均小于等于 10 （见表 3 – 7），说明我国在用的烟用三乙酸甘油酯的色度控制良好。

表 3 – 7   色度普查分析数据统计

色度（铂 – 钴色号）	样品个数	占比/%	色度（铂 – 钴色号）	样品个数	占比/%
5	48	87.3	15	0	0.0
10	7	12.7			

8. 小结

参考 GB/T 3143—1982《液体化学产品颜色测定法》和 GB/T 605—2006《化学试剂色度测定通用方法》，考虑方法的方便性，可将系列铂 – 钴标准溶液的黑曾单位范围缩小至 5 ~ 50 黑曾单位。考虑到避免标准物质杂质对色度测定的影响，参考 GB/T 605—2006《化学试剂色度测定通用方法》，添加了标准物质六水合氯化钴和氯铂酸钾的纯度测定。

可以引入自动色度仪法，该法与铂 – 钴比色法结果一致性较好，但操作更加简便，不用配制一系列溶液，也不用目测，可以减少人眼误差。

第三节

密度

密度是三乙酸甘油酯的物理指标之一，对于烟用三乙酸甘油酯，其含量要求不低于 99.0%，已经属于高纯试剂，密度可以用来辅助评价烟用三乙酸甘油酯的产品质量。烟用三乙酸甘油酯的密度（ ρ_{20} ）一般在 1.154 ~ 1.164g/cm^3。

一、概述

密度是指物质每单位体积内的质量，在厘米·克·秒制中，密度的单位为克每立方厘米（g/cm^3）；在国际单位制和中国法定计量单位中，密度的单位为千克每立方米（kg/m^3）。

密度是物质的特性之一，每种物质都有一定的密度，不同物质的密度一般不同，因此我们可以利用密度来鉴别物质。其办法是测定待测物质的密度，把测得的密度和密度表中各种物质的密度进行比较，就可以鉴别物体是什么物质做成的。

相对密度是指物质的密度与参考物质的密度在各自规定的条件下之比。符号为 d，无量纲量。一般参考物质为空气或水：当以空气作为参考物质时，在标准状态（0℃和101.325kPa）下干燥空气的密度为 $1.293kg/m^3$（或 1.293g/L）；当以水作为参考密度时，即 $1g/cm^3$ 作为参考密度（水4℃时的密度）时，过去称为比重（specific gravity）。相对密度一般是把水在 4℃时的密度当作 1 来使用，另一种物质的密度跟它相除得到的。相对密度只是没有单位而已，数值上与实际密度是相同的。

一般来说，液体的相对密度是指在环境温度（20℃）下，一种物质的密度与4℃时水的密度的比值，以相对密度 d（水 =1）表示。

纯物质的相对密度在特定的条件下为不变的常数。但如物质的纯度不够，则其相对密度的测定值会随着纯度的变化而变化。因此，测定物质的相对密度，可用以检查物品的纯杂度。因此，在化工产品检验中，密度是常见的质量控制指标之一。

液体密度和相对密度的测定一般有密度瓶（比重瓶）法、密度计法、韦氏天平法、自动密度仪法。密度计法测定石油和液体石油产品的密度简便、准确，因此各部门普遍采用该方法测定油品的密度。由于在手动测量过程中常受温度、挥发性及黏度等多种条件的影响，因此，自动化程度较高的自动密度仪得到了更好的应用。

液体试剂的相对密度，一般用密度瓶或密度计测定，采用密度瓶法时的环境（指密度瓶和天平的放置环境）温度应略低于20℃，或各品种项下规定的温度；测定易挥发液体的相对密度，可用韦氏密度秤。

1. 密度瓶（比重瓶）法

在同一温度下，将密度瓶用蒸馏水标定其体积，然后测定同体积试样的质量以求其密度。

常用规格有容量为5、10、25 或50mL 的密度瓶或附温度计的密度瓶（见《中国药典》2010 年版二部附录 Ⅵ A 附图）。测定使用的密度瓶必须洁净、干燥。

2. 密度计法

在物理实验中使用的液体密度计，是一种测量液体密度的仪器。液体密度计是根据物体浮在液体中所受的浮力等于重力的原理制造与工作的。

在密度计之前称比重计，在概念上，密度与比重具有相似的物理意义，即描述某个物体单位体积内所含的物质量。如果某个物体体积为 v，其质量为 m，重力加速度为 g（$=0.98\mathrm{m/s^2}$），那么这个物体的重量为 mg。此时，这个物体的密度为 m/v，比重则为 mg/v。显然，密度与比重之间在数值上只相差一个重力加速度 g。早前我们用比重概念，现在我们只用密度概念。由于物体有固体、气体和液体三种基本形态，所以密度计也有对应的种类。液体密度计是用来测量液体密度的。

液体密度计是采用振筒式密度传感器的原理进行液体密度测试的。将待测液体泵入谐振筒传感器后，由单片机进行测量处理，快速直接，而且灵敏度高。该密度计可广泛用于各种液体密度的测量，且配合不同的浓度转换软件，还能直接读出相应液体的浓度值或比重，如酒精，通过单片机软件的处理，可直接读出体积浓度数据，测试更为简便。该仪器适用于测量各种化学试剂（氢氟酸除外）、液体食品饮料（含碳酸的要先消除气泡）、石油液体产品及其他各种化工液体产品的密度。不需要熟练的分析人员，不依赖于测量环境，是现场安全测量液体的密度及溶液浓度的最佳工具。

常用的液体密度计和比重计有浮子式密度计、静压式密度计、振动式密度计和放射性同位素密度计。食品工业中常用的密度计按其标度方法的不同，可分为普通密度计、锤度计、乳稠计、波美计等。

浮子式密度计：它的工作原理是物体在流体内受到的浮力与流体密度有关，流体密度越大，浮力越大。如果规定被测样品的温度（例如规定 25℃），则仪器也可以用比重数值作为刻度值。这类仪器中最简单的是目测浮子式玻璃比重计，简称玻璃比重计。

静压式密度计：它的工作原理是一定高度液柱的静压力与该液体的密度呈正比，因此可根据压力测量仪表测出的静压数值来衡量液体的密度。膜盒是一种常用的压力测量元件，用它直接测量样品液柱静压的密度计称为膜盒静压式密度计。另一种常用的是单管吹气式密度计。它以测量气压代替直接测量液柱压力。将吹气管插入被测液体液面以下一定深度，压缩空气通过吹气管不断从管底逸出。此时管内空气的压力便等于那段高度的样品液柱的压力，压力值可换算成密度。

振动式密度计：它的基本工作原理是物体受激而发生振动时，其振动频率或振幅与物体本身的质量有关。如果在物体内充以一定体积的液体样品，则其振动频率或振幅的变化便反映一定体积的样品液体的质量或密度。

GB 15892—2009《生活饮用水用聚氯化铝》中密度的测定方法是：将液体聚氯化铝试样注入清洁、干燥的量筒内，不得有气泡。将量筒置于（20±1）℃的恒温水浴中。待温度恒定后，将密度计缓缓地放入试样中。待密度计在试样中稳定后，读出密度计弯月面下缘的刻度（标有弯月面上缘刻度的密度计除外），即为20℃时试样的密度。

3. 韦氏天平法

其基本原理是根据阿基米德定律，浸在液体（或气体）里的物体受到向上的浮力作用，浮力的大小等于被该物体排开的液体的重力（注意：是重力不是重量），用同一密度秤，将其玻璃沉锤依次浸入水和供试品中，并调节密度秤使其平衡，即可求出玻璃沉锤的浮力。如调节密度秤，使玻璃沉锤在水中的浮力（即 $F_水$）为1.0000，就可以从密度秤上直接读出供试品的相对密度，即一定体积的物体（如密度秤的玻璃锤），在不同液体中所受的浮力与该液体的相对密度成正比。

韦氏密度秤由玻璃锤、横梁、支柱、砝码与玻璃筒五部分构成（见《中国药典》2010年版二部附录 Ⅵ A 附图）。根据玻璃锤体积大小不同，分为20℃时相对密度为1和4℃时相对密度为1的韦氏比重秤。

韦氏天平法通用性较差，目前已很少使用。

4. 自动密度仪法

自动密度仪是现在测定液体物质密度比较通用的方法，通过测量样品的共振频率来测定样品的密度。它可准确、快速地测量各种液体的密度，且操作简便，影响因素少，故得到了广泛的应用。

自动密度仪一般具有以下特点：①测试精度高，准确性好，明显优于液体比重瓶法；②测试速度快，3~8min完成整个测试过程；③适用范围广，可以测定各种粉末状、颗粒状、块状的固体样品和不挥发的液体样品；④测试范围宽，样品密度大小不受限制；⑤自动化程度高，微处理器控制全自动操作（自动分析、计算、显示），且具有自身故障诊断功能；⑥操作简单，每步操作均有提示。

二、检测方法

（一）密度瓶法

1. 测定原理

在20℃时，先后称量密度瓶内同体积的烟用三乙酸甘油酯和水的质量，测得样品在20℃时的相对密度，再换算成样品在20℃时的密度。

常见的密度瓶有两种：普通密度瓶和带温度计密度瓶。

2. 试剂

（1）水　蒸馏水，应符合 GB/T 6682—2008 中三级水规格。

（2）乙醇　分析纯。

（3）丙酮　分析纯。

3. 仪器

（1）分析天平　分度值为 0.0001g。

（2）密度瓶　玻璃，最好选用 25mL，符合 GB/T 21785—2008《实验室玻璃器皿密度计》的要求。

（3）恒温水浴　温度控制在（20±0.1）℃。

（4）温度计　10~30℃，分度值为 0.1℃。

4. 测定步骤

（1）密度瓶的准备　依次用乙醇和丙酮清洗密度瓶，用干燥的空气流干燥密度瓶的内壁，然后用干布或滤纸拭干外壁。盖上瓶塞，立即称量连同瓶塞的密度瓶的质量，精确至 0.0001g，记为 m_0。

（2）蒸馏水的称量　用刚煮沸并冷却至稍低于 20℃的水注入密度瓶内，再将密度瓶浸入水浴中，30min 后，用滤纸吸去由毛细管溢出的水，盖上瓶塞，并用干布或滤纸拭干密度瓶的外部，立即称量连同瓶塞的密度瓶的质量，精确至 0.0001g，记为 m_1。

（3）烟用三乙酸甘油酯的称量　将密度瓶中的水倒空，按规定（1）将其洗净并干燥。

用试样代替水，按（2）条的规定进行操作，连同瓶塞的密度瓶的质量，精确至 0.0001g，记为 m_2。

（4）结果的计算与表述　烟用三乙酸甘油酯的密度（ρ_{20}）按式（3-4）计算：

$$\rho_{20} = \frac{m_2 - m_0}{m_1 - m_0} \times d_{20} \tag{3-4}$$

式中　ρ_{20}——烟用三乙酸甘油酯试样在 20℃时的密度，g/cm^3；

　　　　m_0——空密度瓶的质量，g；

　　　　m_1——装入水后密度瓶的质量，g；

　　　　m_2——装入烟用三乙酸甘油酯试样后密度瓶的质量，g；

　　　　d_{20}——纯水在 20℃时的密度，数值为 0.9982g/cm^3。

5. 注意事项

（1）密度瓶必须洁净、干燥（所附温度计不能采用加温干燥），操作顺序为先称量空密度瓶，再装供试品称量，最后装水称重。

（2）装过供试液的密度瓶必须冲洗干净，如供试品为油剂，测定后应尽量倾去，连同瓶塞可先用石油醚和三氯甲烷冲洗数次，待油完全洗去，再以乙醇、水冲洗干净，再依法测定水重。

（3）供试品及水装瓶时，应小心沿壁倒入密度瓶内，避免产生气泡，如有气泡，应稍放置待气泡消失后再调温称重。供试品如为糖浆剂、甘油等黏稠液体，装瓶时更应缓慢沿壁倒入，因黏稠度大产生的气泡很难逸去而影响测定结果。

（4）将密度瓶从水浴中取出时，应用手指拿住瓶颈，而不能拿瓶肚，以免液体因手温影响体积膨胀外溢。

（5）测定有腐蚀性供试品时，为避免腐蚀天平盘，可在称量时用一表面皿放置天平盘上，再放密度瓶称量。

（6）密度瓶是用玻璃制成的固定容积的容器，玻璃具有不易与待测物起化学反应、热膨系数小、易清洗等优点，瓶塞与瓶口密合，二者是经研磨而相配的，不可"张冠李戴"，瓶塞上有毛细管，盖紧瓶盖后，多余的液体会顺着毛细管流出。使用密度瓶应尽可能保持其容积的固定，同时保持密度瓶外的清洁干燥，毛细管中液面与瓶塞上表面平行。

〔二〕　密度计法

1. 测定原理

液体密度计是根据物体浮在液体中所受的浮力等于重力的原理制造与工作的。由密度计在被测液体中达到平衡状态时所浸没的深度读出该液体的密度。

2. 仪器

（1）密度计　分度值为 $0.001\mathrm{g/cm^3}$。

（2）玻璃量筒　250～500mL。

（3）恒温水浴　温度控制在（20±0.1）℃。

（4）温度计　0～50℃，分度值为0.1℃。

3. 测定步骤

（1）在恒温（20℃）下的测定：将待测试样注入清洁、干燥的量筒内，不得有气泡，将量筒置于20℃的恒温水浴中。待温度恒定后，将清洁、干燥的密度计缓缓地放入试样中，其下端应离筒底2cm以下，不能与筒壁接触，密度计的上端露在液面外的部分所沾液体不得超过2～3分度。待密度计在试样中稳定后，读出密度计弯月面下缘的刻度（标有读弯月面上缘刻度的密度计除外），即为20℃试样的密度。

（2）在常温下的测定：按上述操作在常温下进行。

（3）试验结果：常温 t℃下测定试样的密度 ρ_t（g/cm³）按式（3-5）计算：

$$\rho_t = \rho_i + \rho_i \times \alpha \,(20 - t) \qquad (3-5)$$

式中　ρ_t——试样在 t（℃）时密度计的读数值，g/cm^3；

　　　　α——密度计的玻璃膨胀系数，一般为 0.000025；

　　　　20——密度计的标准温度,℃；

　　　　t——测定时的温度,℃。

常温 t℃下试样的 ρ_t 密度换算为 20℃时的密度 ρ_{20}（g/cm^3），按式（3-6）计算：

$$\rho_{20} = \rho_t + k \times (t-20) \tag{3-6}$$

式中　k——试样密度的温度校正系数（可根据查表或由不同液态化工产品实测求得）。

4. 注意事项

（1）该法操作简便迅速，但准确性差，需要样液量多，且不适用于极易挥发的样品。

（2）操作时应注意不要让密度计接触量筒的壁及底部，待测液中不得有气泡。

（3）读数时应以密度计与液体形成的弯月面的下缘为准。若液体颜色较深，不易看清弯月面下缘时，则以弯月面上缘为准。

（4）注意密度计的清洁。密度计颈部带油污和表面活性剂，使其上升，读数偏高。

（5）测定时间的影响：在长期的密度测定过程中，师国记等注意到大多数操作人员，把加热过的原油试样迅速地转移到密度计量筒后，经过短时间（大约5min）的搅拌就开始读取温度、测定密度。这样的操作过程以及记录的数据看似符合国家标准中的相关规定，测定的结果也看似准确；操作人员也认为，原油加热温度和水浴的温度基本上一致，而且是在恒温水浴中，温度是稳定的，记录的数据及测定的结果也都符合国家标准规定，其操作是正确的。

而实际上，操作越快结果越准确的做法是错误的。在实验室条件下，温度短时间（15min 以内）内难以达到稳定，影响的因素有：①加热完试样，在转移试样的过程中，环境温度对试样温度的影响还是比较大的，随着季节的变化，影响大小也不同；②在试样移至密度计量筒后，用搅拌棒（或温度计）搅拌试样并记录温度的过程中，由于试样加热温度与恒温水浴的温度也有一定的差值，加上转移过程中温度的变化，实际上，短时间（15min 以内）内试样温度是处于一种渐趋稳定的过程，因此说试样温度在短时间内实际上是处于变化过程中。

在温度变化过程中测定密度，其结果会有较大波动。经过对比实验，他们要求操作人员在原油试样加入密度计量筒后，在恒温水浴中经过至少 20min 的充分搅拌后，再读取温度，温度基本稳定后，才能进行测定，而且密度计放入试样至少 3min 后，才开始测定密度。

（三）　自动密度仪法

1. 测定原理

将样品置于自动密度仪中，由仪器自动给出密度值。

自动的液体密度计均基于 U 形振荡管的原理。将被测样置于一个可与外界完全隔绝的恒温 U 形玻璃管中，玻璃 U 形管通过电磁感应产生振荡，通过一个传感器测得其振动周期，根据弹簧振子做简谐振动时周期 $T = 2\pi\ (m/k)^{1/2}$ 模型求得 U 形管中液体的密度。

2. 仪器

自动密度仪。

3. 测定步骤

（1）设定测量温度为 20℃，预热 30min。

（2）将样品通过自动进样器或手动进样方式注入测量管，保证 U 形管清洁干燥，确定 U 形管中没有吸附的气泡存在，并被样品完全充满，按要求启动测量程序后读取测定结果。

（3）吸出试样，清洗、干燥测量池。

以安东帕 U 形振荡管密度计为例。

（1）开机，检查仪器及电脑连接是否正常，预热 30min。

（2）彻底清洗并干燥测量池。

（3）打开瓶子后，通过一个玻璃或金属的注射器不带气泡快速地将液体密度标准注入测量池。

（4）测量结束后，打印结果（在一定温度下的密度）。

（5）对测量池进行一次彻底的清洗，关机。

注意在每次测量之前，使用无气双重蒸馏水检测校正的正确性；每天用水进行一次密度检测和一次温度 20℃ 的校正。

（四）　方法学评价

实验选取三个样品，考察了密度瓶法和自动密度仪法各自的重复性，以及两种方法的数据比对情况。实验结果见表 3 - 8 ~ 表 3 - 11，密度瓶法的日内重复性的 RSD 在 0.03% ~ 0.06%，极差在 0.001 ~ 0.002；自动密度仪法测定结果稳定，日内重复性和日间重复性的 RSD 均为 0，极差一般为 0.0001，当保留到小数点后 3 位时，每次测定的结果就是一样的，重复性很好。

以上结果表明，两种方法的重复性均较好，但密度瓶法的重复性比自动密度仪法的重复性稍差，但对于这三个样品，两个方法测定的密度值的一致性较好，均为 1.158g/cm³。由于密度与物质的纯度相关，实验选择样品时，挑选的是不同三乙酸甘油酯含量的样品，样品 1、2、3 的三乙酸甘油酯含量分别是

99.3%、99.6%和99.9%，但实际测定的密度均为1.158g/cm³，说明在用的烟用三乙酸甘油酯的纯度较高，密度几乎没有差别。

表3-8 密度瓶法的日内重复性（n=6）

	密度/（g/cm³）						平均值/（g/cm³）	极差/（g/cm³）	RSD/%
样品1	1.159	1.158	1.158	1.158	1.159	1.159	1.158	0.001	0.05
样品2	1.157	1.157	1.158	1.158	1.159	1.159	1.158	0.002	0.06
样品3	1.158	1.158	1.158	1.158	1.159	1.158	1.158	0.001	0.03

表3-9 密度瓶法的日间重复性（n=6）

	密度/（g/cm³）						平均值/（g/cm³）	极差/（g/cm³）	RSD/%
样品1	1.158	1.159	1.157	1.156	1.158	1.158	1.158	0.003	0.09
样品2	1.158	1.157	1.158	1.159	1.159	1.157	1.158	0.002	0.08
样品3	1.158	1.158	1.156	1.158	1.159	1.158	1.158	0.003	0.08

表3-10 自动密度仪法的日内重复性（n=6）

	密度/（g/cm³）						平均值/（g/cm³）	极差/（g/cm³）	RSD/%
样品1	1.158	1.158	1.158	1.158	1.158	1.158	1.158	0.000	0
样品2	1.158	1.158	1.158	1.158	1.158	1.158	1.158	0.000	0
样品3	1.158	1.158	1.158	1.158	1.158	1.158	1.158	0.000	0

表3-11 自动密度仪法的日间重复性（n=6）

	密度/（g/cm³）						平均值/（g/cm³）	极差/（g/cm³）	RSD/%
样品1	1.158	1.158	1.158	1.158	1.158	1.158	1.158	0.000	0
样品2	1.158	1.158	1.158	1.158	1.158	1.158	1.158	0.000	0
样品3	1.158	1.158	1.158	1.158	1.158	1.158	1.158	0.000	0

（五）　样品测定

采用自动密度仪法，国家烟草质量监督检验中心对国内各烟草企业所使用的烟用三乙酸甘油酯进行了普查分析，从数据看：55 个产品的密度在 0.157 ~ 0.159g/cm³（见表 3 – 12）。

表 3 – 12　　　　　　　　　密度普查分析数据统计

密度/（g/cm³）	样品个数	占比/%	密度/（g/cm³）	样品个数	占比/%
0.154 < X ≤ 0.155	0	0.0	0.160 < X ≤ 0.161	0	0.0
0.155 < X ≤ 0.156	0	0.0	0.161 < X ≤ 0.162	0	0.0
0.157 < X ≤ 0.158	21	38.2	0.162 < X ≤ 0.163	0	0.0
0.158 < X ≤ 0.159	34	61.8	0.163 < X ≤ 0.164	0	0.0
0.159 < X ≤ 0.160	0	0.0			

（六）　小结

YC 144—2008 推荐使用韦氏天平法，但韦氏天平通用性较差，目前已很少使用，借鉴《中国药典》（2010 年版），本项目推荐使用密度瓶法，并引入自动化程度高、重复性好的自动密度仪法。

通过实验验证，密度瓶法和自动密度仪法的结果一致性较好，但自动密度仪自动化程度高、重复性更好、不同实验室的数据比对良好，测定结果几乎是一样的。

第四节

折射率

折射率也称为折光指数或折光率，是三乙酸甘油酯的重要指标，对于烟用三乙酸甘油酯，一般色度要求 ≤15，属于比较纯净的液体，折射率可以用来进一步辅助评价烟用三乙酸甘油酯的产品质量。烟用三乙酸甘油酯的折光指数（n_D^{20}）一般在 1.430 ~ 1.435。

一、概述

光线从一种介质射到另一种介质时，除了一部分光线反射回第一介质外，另一部分进入第二介质中并改变传播方向，这种现象称作光的折射。发生折射时，入射角正弦与折射角正弦之比恒等于光在两种介质中的传播速度之比。

$$\frac{\sin\alpha_1}{\sin\alpha_2} = \frac{v_1}{v_2}$$

式中　α_1——入射角；

　　　α_2——折射角；

　　　v_1——光在第一种介质中的传播速度；

　　　v_2——光在第二种介质中的传播速度。

光在真空中的速度 C 和在介质中的速度 v 之比称作介质的绝对折射率（简称折射率、折光率、折射指数）。真空的绝对折射率为 1，空气的绝对折射率是 1.000294，实际应用上可将光线从空气中射入某物质的折射率称为绝对折射率。

对于任意两介质中光速之比定义为相对折光指数，$n_{21} = v_1/v_2$，v_1 与 v_2 分别为光在第一介质与第二介质的传播速度。工程上一般不用绝对折光指数，而取第一媒质为空气，空气的绝对折光指数为 1.00029。

折射率以 n 表示，一般在折射率 n 的右下角注明波长，右上角注明温度，若使用钠黄光、样液温度为 20℃，测得的折射率用 n_D^{20} 表示。溶液浓度与折射率呈正比。

由于折射率与波长有关，所以必须注明是何种波长下的折射率。定义的平均折射率是介质对钠黄光（$\lambda = 589.3\text{nm}$）的折射率，或对氦黄光（$\lambda = 587\text{nm}$）的折射率。

折射率是物质的一种物理性质。它是生产中常用的工艺控制指标，通过测定液态物品的折射率可以鉴别物品的组成，确定物品的浓度，判断物品的纯净程度及品质。

对于纯净物，可以利用折射率这一物理特性来鉴定和辨别样品。对于二元混合物（例如溶质溶于溶剂中），可以利用折射率来测量浓度。对于组成比例已知的三元或多元混合物，可以通过监测折射率来执行质量控制。由于折射率测量法快速可靠，已经成为全球各个行业广泛采用的先进测量方法。在许多标准操作程序和实验室分析过程中，测量折射率都是非常关键的一个环节。

折射率的测定使用折光仪，包含有手动和自动的仪器。

1. 手动阿贝折光仪

用手动阿贝折光仪进行折射率的检测，样品须放在双层棱镜之间，外接一个庞大的水浴循环进行恒温，调节到标准操作温度 20℃ 或 25℃，通过一个目镜观察一条窗口线，该窗口线显示彩色的狭缝，调整至最佳的对比度，旋转移动窗口线，使之与格子线的标线位置相一致。从刻度上就能读出折射率，这种方法操作烦琐，测量结果因操作者目测的不同产生变化。

传统阿贝折光仪的折射率刻度值为 0.001，而 0.0002 是估读值。校准也应用同样的方法，读数的准确性限制在±0.0004。

温度对样品折射率的测定影响较大。样品必须平衡在标准参考温度（20℃或25℃），其可接受的误差必须低于±0.1℃，而这种类型的仪器几乎达不到该要求。

这些误差导致样品测量结果偏离较大，严格的质量要求使手动阿贝折光仪逐渐退出了香精香料实验室。

2. 自动折光仪

自动数字折光仪检测折射率是通过测量内部全反射的临界角，这样，样品颜色和浑浊度不影响测量结果。仪器几乎是无损运行，结果可直接从数字显示中读出。精密的光学和微处理机控制的数据处理功能使仪器精度达到0.00001，使用发光二极管（LED）作光源，平均寿命可达100000h。

如Abbemat系列自动折光仪提供最高的准确度，具有下述独特特征：

（1）内置帕尔贴控温，恒温样品温度，控温范围10～85℃，控温准确度高达±0.03℃，液体样品折射率随温度的变化率为（1～8）×10^{-4}/℃。

（2）第二个内置帕尔贴控温光学部件，使折光仪整个光学部件恒定在20℃±0.03℃，不受测量和周围环境温度的影响。

（3）折射率不受样品颜色和浊度的影响。

（4）Abbemat系列自动折光仪的棱镜材质：YAG（用于激光发生器的钇铝石榴石），接近钻石硬度，长期使用无磨损，无划痕。

（5）样品用量少，最小体积为0.2mL。

二、检测方法

（一）手动阿贝折光仪

1. 原理

阿贝折光仪的结构一般由观测系统和读数系统组成。

观测系统：光线由反光镜反射，经进光棱镜、折射棱镜及其间的样液薄层折射后射出，再经色散补偿器，由物镜将明暗分界线成像于分划板上，经目镜放大成像于观测者眼中。

读数系统：光线由小反光镜反射，经毛玻璃射到刻度盘上，经转向棱镜及物镜将刻度成像于分划板上，通过目镜放大后成像于观测者眼中。

2. 试剂

所用试剂均为分析纯试剂，水应符合GB/T 6682—2008中三级水的要求。

标准物质有：

（1）水　20℃时的折射率为1.3330。

（2）对异丙基甲苯　20℃时的折射率为1.4906。

（3）苯甲酸苄酯 20℃时的折射率为 1.5685。

（4）1-溴萘 20℃时的折射率为 1.6585。

3. 仪器

常用实验仪器有以下各项。

（1）折光仪 可直接读出 1.3000～1.7000 的折射率，精度为 ±0.0002。

（2）保持温度的装置 保证折光仪的测定温度为（20±0.1）℃。

（3）光源 应使用钠光测定。如用漫射日光或电灯光作折光仪光源时，应用消色补偿棱镜。

4. 测定步骤

（1）折光仪的校准 通过测定标准物质的折射率来校准折光仪，或按照该仪器制造商的说明书用已知折射率的玻璃片进行校准。

如将折射棱镜的抛光面加 1～2 滴溴代萘，再贴上标准试样的抛光面，当读数视场指示于标准试样上的值时，观察望远镜内明暗分界线是否在十字线中间，若有偏差则旋转调节螺钉，使分界线象位移至十字线中心。校正完毕，在以后的测定过程中不允许随意再动此部位（读数视野读出的折射率与标准玻璃所刻数值比较相差不大于 ±0.0001）。阿贝折光计对于低刻度值部分可在一定温度下用蒸馏水校准。

（2）测定 将试样放入折光仪。待温度稳定后，进行测定。

阿贝折光仪操作程序如下。

①测定前清洗棱镜表面，用脱脂棉花先后蘸取无水乙醇和无水乙醚轻擦，待溶剂挥发、棱镜完全干燥后备用；

②将恒温水浴与棱镜连接，调节水浴温度，使棱镜温度保持在所要求的操作温度；

③按第八章规定校正折光仪读数。重复①和②操作；

④用滴管向下面棱镜加几滴试样，迅速合上棱镜并旋紧，试样应均匀充满视野而无气泡，静置 2min，待棱镜温度恢复到所要求的操作温度上；

⑤对准光源，由目镜观察，转动补偿器螺旋使明暗两部分界线明晰，所呈彩色完全消失。再转动螺旋，使分界线恰通过接物镜上"×"线的交点上；

⑥读出折射率，估读至 0.0001。

（3）在 10～30℃ 的室温下测定折射率，可按式（3-7）计算在 20℃ 时的折射率 n_D^{20}：

$$n_D^{20} = n_D^t + f\ (t-20) \tag{3-7}$$

式中 n_D^{20}——烟用香精试样在 20℃ 时的折射率；

n_D^t——室温时的折射率；

t——测定折射率时的温度，℃；

f——校正系数（一般采用$f = 4 \times 10^{-4}$）。

对同一样品独立进行平行测定获得的两次独立测试结果的绝对差值一般不得大于0.0002。

5. 注意事项

（1）每次测量后必须用洁净的软布揩拭棱镜表面，油类需用乙醇、乙醚或苯等轻轻揩拭干净。

（2）对颜色深的样品宜用反射光进行测定，以减少误差。可调整反光镜，使无光线从进光棱镜射入，同时揭开折射棱镜的旁盖，使光线由折射棱镜的侧孔射入。

（3）折射率通常规定在20℃时测定，若测定温度不是20℃，应按实际的测定温度进行校正。若室温在10℃以下或30℃以上，一般不宜进行换算，须在棱镜周围通过恒温水流，使试样达到规定温度后再测定。

（二）　自动折光仪

1. 原理

折光仪测量折射率采用的是反射光，而非折射光。一个LED光源将光线从各个角度照射到测量棱镜顶部的样品上。在样品与棱镜的界面处，入射光束被折射到样品中，或者反射回棱镜中。高分辨率的传感器阵列检测反射光束。据此，可以计算出全反射的临界角，随后便可根据临界角确定样品的折射率（RI）。为获得高质量的折射率（RI）测量结果，折光仪必须做好三个参数的测定：温度（T）、波长（λ）以及测量全反射临界角（crit）。

使用自动折光仪，可以在由所选组件组成的高质量光学设置下测量全反射临界角。极低的干扰光、高分辨率CCD传感器和菲涅耳分析可以实现高达0.000001的折射率分辨率。光电测量系统经过密封处理并且单独恒温，可避免高温状态下受冷凝等外部因素的影响。温度是对折射率影响最大的因素。自动折光仪可在数秒钟内精确控制样品的温度，温度准确度高达0.03℃。

折光仪可以通过干涉滤片将波长调节至带宽±0.2nm，可确保测量具有不同色散系数的样品时获得准确的测量结果。

2. 仪器

自动折光仪。

3. 测定步骤

（1）设定测量温度为20℃，预热30min。

（2）用进样器吸取待测样品至检测池，确保检测池中无气泡后，开始测量并记录结果。

（3）吸出试样，清洗、干燥测量池。

以下以安东帕折光仪为例。

（1）开机，检查仪器及电脑连接是否正常，预热30min。

（2）在每次测量之前，使用无气双重蒸馏水检测校正的正确性。

（3）彻底清洗并干燥测量池。

（4）打开瓶子后，通过一个玻璃或金属的注射器不带气泡快速地将液体注入测量池。

（5）测量结束后，打印结果。

（6）对测量池进行一次彻底的清洗，关机。

（三）方法学评价

实验选取三个样品，考察了手动阿贝折光仪和自动折光仪的重复性，实验结果见表3-13～表3-16，可以看出，两种方法的重复性均较好，且数据一致性较好。

表3-13　　　　　　手动阿贝折光仪的日内重复性（$n=6$）

	折射率						平均值	极差	RSD/%
样品1	1.431	1.431	1.431	1.431	1.431	1.431	1.431	0.000	0
样品2	1.431	1.431	1.431	1.431	1.431	1.431	1.431	0.000	0
样品3	1.431	1.431	1.431	1.431	1.431	1.431	1.431	0.000	0

表3-14　　　　　手动阿贝折光仪法的日间重复性（$n=6$）

	折射率						平均值	极差	RSD/%
样品1	1.431	1.432	1.431	1.431	1.430	1.431	1.431	0.002	0.14
样品2	1.431	1.431	1.431	1.431	1.431	1.432	1.431	0.001	0.07
样品3	1.431	1.431	1.430	1.431	1.431	1.431	1.431	0.001	0.07

表3-15　　　　　自动折光仪法的日内重复性（$n=6$）

	折射率						平均值	极差	RSD/%
样品1	1.432	1.432	1.432	1.432	1.432	1.432	1.432	0.000	0
样品2	1.432	1.432	1.432	1.432	1.432	1.432	1.432	0.000	0
样品3	1.432	1.432	1.432	1.432	1.432	1.432	1.432	0.000	0

表3-16　　　　　　自动折光仪的日间重复性（$n=6$）

	折射率						平均值	极差	RSD/%
样品1	1.432	1.432	1.432	1.432	1.432	1.432	1.432	0.000	0
样品2	1.432	1.432	1.432	1.432	1.432	1.432	1.432	0.000	0
样品3	1.432	1.432	1.432	1.432	1.432	1.432	1.432	0.000	0

（四）　样品测定

采用自动折光仪法，国家烟草质量监督检验中心对国内各烟草企业所使用的烟用三乙酸甘油酯进行了普查分析，从数据看：55 个产品的折射率在 1. 430 ~ 1. 431（见表 3 – 17）。

表 3 – 17　　　　　　　　　　折射率普查分析数据统计

折射率	样品个数	占比/%	折射率	样品个数	占比/%
1. 430	0	0.0	$1. 432 < X \leqslant 1. 433$	0	0.0
$1. 430 < X \leqslant 1. 431$	55	100.0	$1. 433 < X \leqslant 1. 434$	0	0.0
$1. 431 < X \leqslant 1. 432$	0	0.0	$1. 434 < X \leqslant 1. 435$	0	0.0

（五）　小结

YC 144—2008 推荐使用阿贝折光仪，但阿贝折光仪手动操作烦琐，应该引入自动折光仪法，并推荐使用自动折光仪法，其自动化程度高、重复性好。

通过实验验证，手动阿贝折光仪法和自动折光仪法的结果一致性较好，但自动折光仪法自动化程度高、重复性更好、同实验室的数据比对良好，适合批量处理样品。

参考文献

［1］ U. S. Environmental Protection Agency, Environmental Monitoring and Support Laboratory. 1983. Methods for Chemical analysis of Water and Wastes, Method 110. 1.

［2］ American Public Health Association, American Water Works Association &Water Pollution Control Federation. 1989. Standard Methods for the Examination of Water and Waste water, 19th Ed, Method 2120E, pp. 2 – 7 ~ 2 – 8. APHA, Washington, DC.

［3］ GB 3143—1982 液体化学产品颜色测定方法（Hazen 单位——铂 – 钴色号）.

［4］ DZ/T 0064. 4—1993 中华人民共和国地质矿产行业标准 地下水质检验方法 色度的测定.

［5］ GB 11903—1989 水质 色度的测定.

［6］ GB 505—1988 中华人民共和国国家标准 化学试剂 色度测定通用方法.

［7］ GB/T 605—2006 化学试剂 色度测定通用方法.

［8］ GB/T 3979—1997 物体色的测量方法（neqC IE 1931）.

［9］ GB/T 13216.4—1991 甘油试验方法 色泽的测定（Hazen 单位 铂 - 钴色度）.

［10］ GB/T 17530.3—1998 工业丙烯酸及酯色度的测定.

［11］ GB/T 132551—1991 工业己内酰胺 50% 水溶液色度的测定 分光光度法.

［12］ GB/T 1628.2—2000 工业冰乙酸色度的测定 分光光度法.

［13］ GB/T 22295—2008 透明液体颜色测定方法（加德纳色度）.

［14］ GB/T 23770—2009 液体无机化工产品 色度测定通用方法.

［15］ 陈强，罗亮.分光光度法测定水体色度的一种新方法.甘肃环境研究与监测，2003，16（4）：342 - 343.

［16］ 郑道德.透明液体色度评定.化工标准·计量·质量，2001，1：20 - 23，48.

［17］ 黄杰，沈为民，楼俊，等.基于光谱及色差计算测定水质的色度.光谱实验室，2012，29（6）：3399 - 3403.

［18］ 余潘，沈为民，黄杰等.可见区分光光度法测量水体色度［J］.光学技术，2011，37（5）：551 - 555.

［19］ 王群，威奚中，威谭唯.清澈液体的色度测定.福建分析测试，2007，16（2）：95 - 96.

［20］ 曾凡亮，罗先桃.分光光度法测定水样的色度.工业水处理，2006，9：69 - 72，77.

［21］ 郜洪文.分光光度法测定工业废水色度研究.环境工程，1993，11（5）：44 - 47.

［22］ 刘春，郭春娟.用分光光度计测定地面水色度.环境科技，1994，14（1）：75 - 76.

［23］ 马登军.分光光度法快速测定天然水色度.中国环境监测，1993，9（4）：15 - 16.

［24］ 王安，谢宇.水中色度测定的研究.中国环境监测，2000，4（2）：37 - 40.

［25］ 王永琴，苏筱军.分光光度法测定水中色度探讨.预防医学文献信息，1997，2（8）：146.

［26］ 张德安.分光光度法测定水色度的研究.中国预防医学杂志 1994，11（6）：370 - 371.

［27］ 王滨，刘金凤.分光光度法测定水中色度.中国卫生检验杂志，

1996，6（2）：118-119.

［28］赵晓伟，沈为民，黄杰，等. 基于三波长透射率的水体色度检测标准. 环境工程学报，2013，12：4766-4772.

［29］GB/T 9721—2006 化学试剂 分子吸收分光光度法通则（紫外和可见光部分）.

［30］GB/T 208—2014 水泥密度测定方法.

［31］GB 15892—2009 生活饮用水用聚氯化铝.

［32］GB/T 4472—2011 化工产品密度相对密度的测定.

［33］GB/T 1884—2000 原油和液体石油产品密度实验室测定法（密度计法）.

［34］GB/T 2013—2010 液体石油化工产品密度测定法.

［35］GB 611—1988 化学试剂 密度测定通用方法.

［36］GB/T 611—2006 化学试剂 密度测定通用方法.

［37］GB/T 1884—2000 原油和液体石油产品密度实验室测定法（密度计法）.

［38］GB/T 6688—2008 染料 相对强度和色差的测定 仪器法.

［39］GB/T 6750—2007 色漆和清漆 密度的测定 比重瓶法.

［40］GB/T 11540—2008 香料 相对密度的测定.

［41］GB/T 13531.4—1995 化妆品通用检验方法 相对密度的测定.

［42］GB/T 22230—2008 工业用液态化学品 20℃时的密度测定.

［43］中华人民共和国药典：2010 年版，二部/国家药典委员会编. 北京：中国医药科技出版社，2010.1，附录39.

［44］JJF 1229—2009 质量密度计量名词术语及定义.

［45］JJG 171—2004 液体相对密度天平 检定规程.

［46］JJG 2094—2010 密度计量器具.

［47］YC/T 145.2—2002 烟用香精 相对密度的测定.

［48］师国记，何育山，孔维军，等. 原油密度测定过程中常见的几个误区. 计量管理，2006，12：58-59.

［49］GB/T 21785—2008 实验室玻璃器皿密度计.

［50］GB/T 6488—2008 液体化工产品 折光率的测定（20℃）.

［51］GB/T 14454.4—2008 香料 折射率的测定.

［52］YC/T 145.3—2002 烟用香精 折射率的测定.

［53］GB/T 5527—2010 动植物油脂 折射率的测定.

［54］GB/T 614—2006 化学试剂 折光率测定通用方法.

第四章

烟用三乙酸甘油酯含量的测定

三乙酸甘油酯本身具一定的生物惰性，被美国食品与药物管理局（FDA）确认是生产食品及包装材料时允许使用的安全添加剂之一。而在烟草行业使用时，三乙酸甘油酯是醋酸纤维滤棒常用的增塑剂，为了达到足够的硬度，三乙酸甘油酯的目标用量一般为整个滤棒重量的 6% ~ 10%，三乙酸甘油酯含量可能会影响滤棒成型后的硬度；三乙酸甘油酯及其所含的杂质对卷烟的抽吸质量也有较大影响，所用三乙酸甘油酯的纯度越高，其所含杂质就会越少，卷烟吸味产生不利的影响就会越低。所以三乙酸甘油酯纯度的测定具有重要的意义。

烟用三乙酸甘油酯含量的测定方法主要有皂化法、气相色谱法和气相色谱质谱联用法。皂化法操作烦琐，且测定的是单乙酸甘油酯、二乙酸甘油酯、三乙酸甘油酯等酯类化合物的总量，造成测定结果偏高，不能够反应样品的实际纯度。YC 144—2008 方法中采用无水乙醇将样品稀释定容至 50mL，以气相色谱法测定，面积归一化法定量，定容操作不便，有机溶剂消耗较大，且据文献报道，乙醇与三乙酸甘油酯会发生酯交换反应，导致测定结果不稳定。孔浩辉等以乙醇或异丙醇为溶剂，反式茴香脑为内标，气相色谱仪检测，建立了三乙酸甘油酯纯度的内标定量法，克服了面积归一化法中不能出峰的杂质对测定结果的影响，但该方法也可能会出现所用溶剂与三乙酸甘油酯反应的情况。为此，边照阳等对面积归一化法进行了重新研究，建立了一种操作简单、测定结果准确的烟用三乙酸甘油酯含量的气相色谱法测定方法。

第一节

皂化法

对于三乙酸甘油酯含量的测定，我国烟草行业 1998 年制定了烟用三乙酸甘油酯的行业标准 YC/T 144—1998《烟用三乙酸甘油酯》，标准中对三乙酸甘油酯的含量测定采用经典化学方法皂化法。

皂化反应通常指的是碱（通常为强碱）和酯反应，生产出醇和羧酸盐，尤指油脂和碱反应。

这个反应最初应用于由动、植物油脂（硬脂酸、软脂酸和油酸的混合甘油酯）加苛性碱水解来制造肥皂脂肪酸钠或钾和甘油，因此这类反应被称为皂化反应。

狭义地讲，皂化反应仅限于油脂与氢氧化钠或氢氧化钾混合，得到高级脂肪酸的钠/钾盐和甘油的反应。这个反应是制造肥皂流程中的一步，因此而得名。它的化学反应机制于 1823 年被法国科学家 Eugène Chevreul 发现。

习惯上，将 1g 油脂碱水解所消耗的氢氧化钾质量（mg）定义为皂化值。也可以利用它计算油脂的相对分子质量。

一、原理

在氢氧化钾乙醇溶液中，三乙酸甘油酯以及中间产物二醋酸甘油酯、一醋酸甘油酯均发生皂化反应。在皂化反应中，氢氧化钾作为皂化剂直接参与反应，其将体系中的三乙酸甘油酯，乃至二醋酸甘油酯和一醋酸甘油酯反应完后，仍有剩余，然后在酚酞作指示剂条件下，以盐酸标准溶液进行酸碱滴定，可以求出盐酸标准溶液所消耗氢氧化钾的量，进而求出甘油酯所消耗氢氧化钾的量，然后可以计算三乙酸甘油酯的酯含量。

二、检验步骤

1. 试剂

氢氧化钾，分析纯；

乙醇，分析纯；

酚酞，指示剂；

浓盐酸，36%。

盐酸标准溶液（0.5mol/L）：量取 45mL 浓盐酸，以水稀释并定容至 1000mL。

氢氧化钾乙醇溶液（0.5 mol/L）：称 28g 的 KOH，以适量的无水乙醇溶解，冷却后倒入 1000mL 的容量瓶，用无水乙醇洗涤几次，洗涤液全倒入容量瓶，加无水乙醇至刻度线即可。

2. 仪器

水浴锅；酸式滴定管。

3. 操作步骤

称取1g样品，置于250mL三角烧瓶中，加0.5mol/L的氢氧化钾乙醇溶液50mL，在水浴上加热回流1h，冷却。

以酚酞作指示剂，用0.5mol/L的盐酸标准溶液滴定至终点。

同时作一空白试验。

4. 结果计算

三乙酸甘油醋含量按式（4-1）进行计算：

$$X_i = 100 \times \frac{(V_2 - V_1) \times c \times 218.21}{3000 \times m} \qquad (4-1)$$

式中　X_i——三乙酸甘油酯的质量分数，%；

　　　V_2——空白样消耗盐酸标准溶液的体积，mL；

　　　V_1——试样消耗盐酸标准滴定溶液的体积，mL；

　　　c——盐酸标准溶液的浓度，mol/L；

　　　m——试样质量，g；

　218.21——三乙酸甘油酯摩尔质量，g/mol。

三、方法讨论

皂化反应是一个较慢的化学反应，为了加快反应速度，可以在化学反应的过程中，采取以下措施：

（1）保持系统的较高温度；

（2）以物理方式不断搅拌溶液以增加分子碰撞的数量；

（3）加入酒精，使混合得更充分。

该法系常规化学分析方法，受人为因素的影响较大，且比较费时，效率低，且该方法以总酯量评价三乙酸甘油酯的含量，不能区分包括单乙酸甘油酯、二乙酸甘油酯等所有酯类，结果偏高，所以 YC/T 144—1998《烟用三乙酸甘油酯》对三乙酸甘油酯含量的指标要求为98.5%～100.4%，即三乙酸甘油酯含量存在大于100%的结果。

第二节

气相色谱法

随着检测技术的改进，对于三乙酸甘油酯含量的测定，气相色谱法逐步取代皂化法。目前，对化学品纯度进行检验时，一般采用有机溶剂稀释后，以通用型检测器［火焰光度检测器（FID）、二极管阵列检测器（DAD）］进样检测，面积归一化计算。

一、外标法

（一）　原理

将样品注入气相色谱仪，气化后经毛细管色谱柱分离，流出物用氢火焰离子化检测器检测，用面积归一化法定量。

（二）　仪器与试剂

无水乙醇、异丙醇（AR，天津市科密欧化学试剂有限公司）；丙酮（HPLC级，美国 J T Baker 公司）。

Agilent 6890N 气相色谱仪［配备火焰离子化检测器（FID），美国 Agilent 公司］；Eppendorf Research 单道可调量程移液器（量程分别为 0.5 ~ 10μL 和 100 ~ 1000μL，配 0.1 ~ 10μL 和 50 ~ 1000μL 吸头，德国 Eppendorf 公司）。

（三）　样品处理与测定

移取 0.1mL 三乙酸甘油酯样品于 50mL 锥形瓶中，加入 10mL 丙酮，振荡 10min。用气相色谱仪测定制备后的样品，记录样品中三乙酸甘油酯和杂质的色谱峰面积。每个样品应平行测定两次。

同时每批样品做一组空白。

检测条件同标准 YC 144—2008。

——色谱柱：熔融石英毛细管柱 DB - 5，长 30m，内径 0.32mm，固定相为 5% 苯基甲基聚硅氧烷，膜厚 1.0μm；

——程序升温：初始温度 130℃，保持 2min，以 10℃/min 的速率升至 250℃，保持 5min；

——进样口温度：250℃；

——载气：99.999% 以上纯度的氮气或氦气，恒流模式，流速 1.5mL/min；

——进样量：1μL，分流进样，分流比 30∶1；

——检测器温度：280℃。

（四）　结果计算和表述

三乙酸甘油酯含量由式（4 - 2）计算得出：

$$c = 100 \times \frac{A}{\sum_1^n A_i} \qquad (4 - 2)$$

式中　c——三乙酸甘油酯含量，%；

　　　A——三乙酸甘油酯的峰面积；

　　　ΣA_i——各组分的峰面积之和（溶剂峰不计）。

取两次平行测定值的算术平均值作为测试结果，保留小数点后 1 位。两次测定值之差不应大于 0.1%。

（五） 结果与讨论

对化学品含量即纯度进行检验时，一般采用有机溶剂稀释后进样检测，面积归一化计算。对于液态纯品，也存在直接进样的情况。一般主要考虑以下两点问题：①直接进样行不行？②若采用稀释进样的方式，以什么溶剂稀释、稀释多少倍？

1. 直接进样

对化学品含量即主纯度进行检验时，一般采用有机溶剂稀释后进样检测，面积归一化法计算；对于液态纯品，也存在直接进样分析的情况。

实验考察了将烟用三乙酸甘油酯直接进样分析的情况，即移取 1mL 三乙酸甘油酯样品于 2mL 色谱瓶中，以气相色谱仪检测。

实验发现，将三乙酸甘油酯样品直接进样分析的优势有：①无需任何前处理，操作简单；②不使用溶剂稀释，不会引入来自溶剂的干扰。

但实验也发现，直接进样分析会对结果产生以下影响：①色谱图上色谱峰较多，如图 4-1 所示，且主要色谱峰的峰型较差，这主要是因为样品浓度太大，造成色谱柱过载，在这种情况下，定量结果不准确；②由于三乙酸甘油酯黏度很大，易在进样针中的推动杆与针内壁的缝隙里残留，造成样品之间的交叉污染，若用溶剂清洗，则会造成溶剂残留。

因此，后续实验不采用直接进样分析方法。

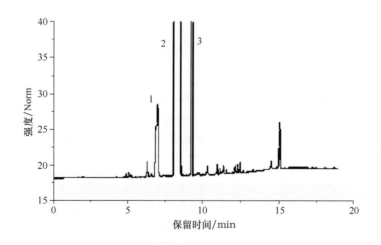

图 4-1 直接进样分析的样品色谱图
1—二乙酸甘油酯和单乙酸甘油酯 2—三乙酸甘油酯 3—二乙酸单丙酸甘油酯

2. 稀释溶剂对样品检测结果的影响

（1）稀释溶剂对色谱图的影响　根据三乙酸甘油酯及其主要杂质二乙酸单丙酸甘油酯、二乙酸甘油酯和单乙酸甘油酯的溶解性，实验选取了无水乙醇、异丙醇和丙酮作为稀释溶剂，考察了不同稀释溶剂对测定结果的影响，即参照 YC 144—2008，分别以无水乙醇、异丙醇和丙酮将三乙酸甘油酯样品稀释 100 倍后，进行 GC 检测。

结果发现：

①在 3 种溶剂的纯溶剂色谱图（图 4 - 2a、图 4 - 3a 和图 4 - 4a）中，3min 后无色谱峰出现，而三乙酸甘油酯样品直接进样时的色谱图（图 4 - 1）中，4min 前无色谱峰出现，表明 3 种溶剂均不含干扰三乙酸甘油酯测定的杂质。

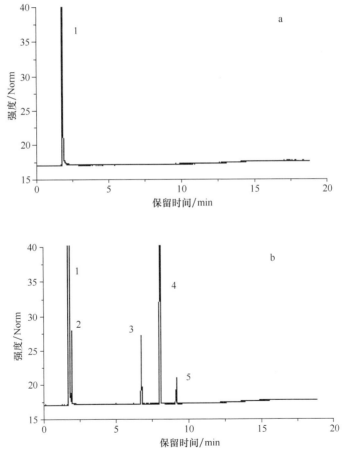

图 4 - 2　乙醇纯溶剂（a）、乙醇稀释三乙酸甘油酯后（b）的样品色谱图

1—乙醇　2—乙酸乙酯　3—二乙酸甘油酯和单乙酸甘油酯　4—三乙酸甘油酯　5—二乙酸单丙酸甘油酯

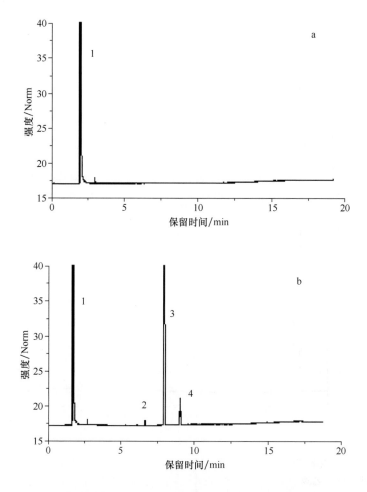

图4-3 异丙醇纯溶剂（a）、异丙醇稀释三乙酸甘油酯后（b）的样品色谱图
1—异丙醇 2—二乙酸甘油酯和单乙酸甘油酯 3—三乙酸甘油酯
4—二乙酸单丙酸甘油酯

②以无水乙醇稀释三乙酸甘油酯后进样的色谱图（图4-2b）上，色谱峰个数较少，4min后只有4个色谱峰，且峰面积相对于直接进样时明显减少，这主要是由于稀释作用引起的；但在乙醇溶剂峰附近出现1个较强色谱峰，该峰被证实为乙酸乙酯，即乙酸乙酯在乙醇溶剂中不存在，在三乙酸甘油酯样品直接进样时不存在，但在三乙酸甘油酯的乙醇稀释体系中存在，推断是由三乙酸甘油酯与乙醇的共同作用产生的，这与文献的结论一致，即乙醇会与三乙酸甘油酯发生酯交换反应，生成了乙酸乙酯，反应示意图见图4-5。

a
b
1
2
3
4
强度/Norm
保留时间/min
0
5
10
15
20
25
30
35
40

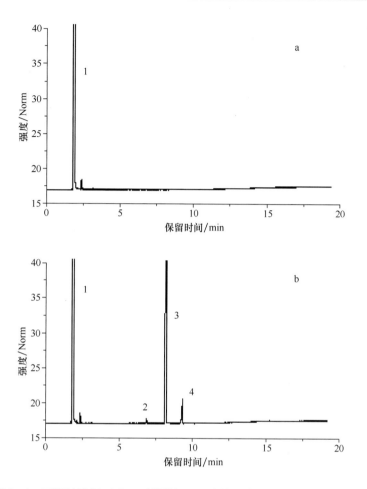

图 4－4　丙酮纯溶剂（a）、丙酮稀释三乙酸甘油酯后（b）的样品色谱图

1—丙酮　2—二乙酸甘油酯和单乙酸甘油酯　3—三乙酸甘油酯　4—二乙酸单丙酸甘油酯

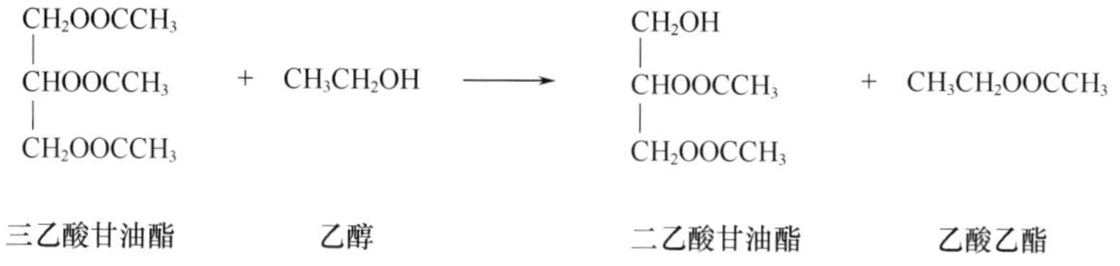

CH₂OOCCH₃
CHOOCCH₃
CH₂OOCCH₃
+
CH₃CH₂OH
CH₂OH
CHOOCCH₃
CH₂OOCCH₃
+
CH₃CH₂OOCCH₃
三乙酸甘油酯
乙醇
二乙酸甘油酯
乙酸乙酯

图 4－5　乙醇与三乙酸甘油酯发生酯交换反应的示意图

③对比异丙醇和丙酮溶剂空白色谱图（图 4－3a 和图 4－4a）、三乙酸甘油酯样品直接进样分析的色谱图（图 4－1）、异丙醇和丙酮稀释样品后的色谱图（图 4－4b 和图 4－5b），未发现异丙醇和丙酮溶剂中含有干扰三乙酸甘油酯纯度测定的成分，也未发现新的色谱峰，表明在该实验条件下异丙醇和丙酮不与三乙酸甘油酯发生反应。

④对比图 4 – 2b、图 4 – 3b 和图 4 – 4b，发现异丙醇和丙酮稀释体系的二乙酸甘油酯和单乙酸甘油酯的色谱峰面积几乎没有差别，而乙醇稀释体系的二乙酸甘油酯和单乙酸甘油酯的色谱峰面积比异丙醇和丙酮稀释体系大得多，说明乙醇与三乙酸甘油酯发生酯交换反应时，除生成乙酸乙酯外，还生成了二乙酸甘油酯和单乙酸甘油酯，且 2 种物质生成量比原样品中纯度高得多，因此对三乙酸甘油酯含量的测定结果会产生较大影响。

（2）稀释溶剂对三乙酸甘油酯含量的影响　实验发现，不同稀释溶剂对三乙酸甘油酯含量的测定结果也有影响，如表 4 – 1 所示。以丙酮和异丙醇为稀释溶剂时，结果的一致性较好，且样品的稳定性较好，在 48 h 内几乎没有变化；而以乙醇为稀释溶剂时，有 3 个样品（3#，7# 和 10#）的测定结果与丙酮和异丙醇作稀释剂的结果高度一致，且结果稳定，其余 7 个样品的测定结果均比丙酮和异丙醇作稀释剂的结果低，且结果不稳定，随着放置时间的增加，三乙酸甘油酯含量有不同程度的下降。

表 4 – 1　　　　　　不同稀释溶剂体系的三乙酸甘油酯含量　　　　　单位:%

样品编号	丙酮稀释		异丙醇稀释		乙醇稀释	
	0h	48h	0h	48h	0h	48h
1#	99.81	99.82	99.82	99.81	99.50	99.41
2#	99.42	99.41	99.39	99.40	99.28	98.55
3#	99.90	99.89	99.88	99.89	99.88	99.87
4#	99.79	99.80	99.80	99.82	99.79	99.42
5#	99.74	99.73	99.73	99.74	99.70	99.18
6#	99.38	99.39	99.39	99.39	99.26	97.73
7#	99.82	99.82	99.82	99.82	99.82	99.81
8#	99.14	99.13	99.13	99.14	98.77	97.60
9#	99.74	99.76	99.76	99.77	99.64	99.02
10#	99.89	99.88	99.89	99.89	99.87	99.88

综上，乙醇会与三乙酸甘油酯发生酯交换反应，但在不同样品体系中的反应速率不同。理论上，酯交换反应的程度与体系的酸（碱）度有关。因此，实验测定了该 10 个样品的酸度，发现 3#、7# 和 10# 这 3 个样品的酸度值较高，均大于 0.025%，超过了 YC 144—2008 标准中对酸度 0.010% 的限量要求，而其他 7 个样品的酸度值均小于 0.008%。实验数据验证了理论推断，即样品的酸（碱）度不同，其与乙醇的反应程度不同，导致含量测定结果偏低的程度也不同；若体系的酸度较大，该反应也可能被抑制，使乙醇稀释体系结果与丙

酮和异丙醇稀释体系结果相同。

因此，不宜采用无水乙醇来稀释三乙酸甘油酯样品，可以用异丙醇和丙酮稀释三乙酸甘油酯样品。但据文献报道，异丙醇也存在与三乙酸甘油酯发生反应的可能性，实验中发现，在三乙酸甘油酯的异丙醇稀释体系中加入高浓度的氢氧化钠溶液，可以催化异丙醇与三乙酸甘油酯的反应，导致其酯含量测定结果降低，虽然一般异丙醇溶剂的碱度不足以达到催化该反应的程度，但也要密切关注碱污染时，异丙醇与三乙酸甘油酯可能发生的反应。文献表明，三乙酸甘油酯中丙酮溶液性质稳定，因此选择丙酮作为三乙酸甘油酯含量测定体系的稀释溶剂。

3. 稀释倍数对样品检测结果的影响

实验考察了以丙酮对样品作不同稀释倍数稀释时的情况，结果如下。

（1）稀释倍数为 5 倍时，色谱峰前伸，峰型较差，稀释倍数大于 50 倍时，色谱峰型较好，即随着稀释倍数的增大，三乙酸甘油酯浓度降低，峰面积逐渐减小，峰型逐渐变得对称，适合于定量；

（2）随着稀释倍数的增大，色谱图上色谱峰个数逐渐减少，数据见表 4 – 2。由表 4 – 2 可知，从稀释倍数 5 增大到稀释倍数 100 时，4min 后色谱峰个数从 45 个逐渐减少到 4 个，只剩下三乙酸甘油酯及主要杂质二乙酸甘油酯和单乙酸甘油酯、二乙酸单丙酸甘油酯的色谱峰，这是由于稀释倍数增大时，三乙酸甘油酯和杂质的浓度变低，导致一些杂质成分在色谱上不能出峰；

（3）随着稀释倍数的增大，三乙酸甘油酯含量逐渐增加，数据见表 4 – 2，这是由于稀释倍数增大，色谱峰个数减少，在面积归一化法的计算方式下，导致三乙酸甘油酯含量相对增加，但表 4 – 2 显示这种变化幅度较小，只体现在小数点后第 2 位，而三乙酸甘油酯含量测定结果一般保留到小数点后 1 位，所以稀释倍数对测定结果几乎没有影响。

综上，在面积归一化法定量方式下，稀释倍数对主成分三乙酸甘油酯含量的测定结果几乎没有影响，但出于色谱峰型和样品主要杂质测定的考虑，维持原有方法 100 倍的稀释倍数。

表 4 – 2　　　　　　　　　不同稀释倍数下的样品检测结果

稀释倍数	三乙酸甘油酯含量/%	4min 后色谱峰个数/个	稀释倍数	三乙酸甘油酯含量/%	4min 后色谱峰个数/个
0（直接进样）	99.33	63	50	99.37	11
5	99.35	45	100	99.39	4
10	99.35	35	200	99.40	4
20	99.36	24			

4. 取样量对样品检测结果的影响

实验考察了在稀释倍数保持在 100 倍时取样量对含量结果的影响，表 4 – 3 的结果显示，随着取样量的不同，三乙酸甘油酯含量结果无显著差异，数据的极差为 0.01%，远低于 YC 144—2008 标准中两次测定结果极差小于 0.2% 的规定。

表 4 – 3 不同取样量下的样品检测结果

取样量/mL	三乙酸甘油酯含量/%	取样量/mL	三乙酸甘油酯含量/%
0.005	99.39	0.2	99.39
0.01	99.39	0.5	99.38
0.05	99.38	1.0	99.39
0.1	99.38		

5. 定容与不定容对样品检测结果的影响

由于稀释倍数和取样量对测定结果几乎没有影响，所以定容就显得没有意义。实验考察了在稀释倍数保持在约 100 倍时定容与不定容对含量结果的影响，实验设计及实验结果见表 4 – 4。可以看出，实验 1 ~ 实验 3 的稀释倍数约为 101 倍，与实验 4 的 100 倍稀释倍数的准确定容下的实验结果没有显著差异，所以，从节约溶剂和简化操作考虑，建议将前处理改为：取 0.1mL 样品，置于 50mL 锥形瓶中，加入 10mL 丙酮，摇匀后，待测。

表 4 – 4 不同稀释倍数下的样品检测结果

	样品前处理	含量/%		样品前处理	含量/%
实验 1	0.1mL 样品 +10mL 丙酮	99.64	实验 3	0.5mL 样品 +50mL 丙酮	99.63
实验 2	0.2mL 样品 +20mL 丙酮	99.62	实验 4	0.5mL 样品，以丙酮定容至 50mL	99.62

6. 是否扣除面积归一化法中不能出峰杂质含量的讨论

气相色谱法（面积归一化计算）中水分、无机元素不出峰，以乙酸计的酸度物质极性大，会随溶剂一起出峰，即本方法将三乙酸甘油酯样品中的三种主要杂质水分、无机元素和酸度含量默认为零，是一个大致估算方法。那么三乙酸甘油酯含量最终结果是否需要将水分、酸度和无机元素扣除呢，不扣除对结果会有多大影响呢？

（1）烟用三乙酸甘油酯的水分含量限量值为 0.05%，一般烟用三乙酸甘油酯样品中水分含量为 0.01% ~ 0.04%，而三乙酸甘油酯含量要求不低于 99.0%，所以从三乙酸甘油酯含量中扣除水分，一般不会对结果产生明显的影响。

（2）酸度值比水分含量更低，一般小于 0.01%，从三乙酸甘油酯含量中扣除酸度值，几乎没有影响。

（3）烟用三乙酸甘油酯属于有机试剂，其中的无机元素要求是砷≤1.0mg/kg，铅≤5.0mg/kg；从 2015 年普查分析数据看：55 个样品中均未检出砷和铅；国家烟草质量监督检验中心从 2008 年以来接收的委托样品中也从未检出过砷和铅；根据三乙酸甘油酯的生产流程，可以看出生产原辅料几乎均为高纯化学试剂甘油和乙酸酐，设备多为高强度不锈钢，几乎不会带入砷、铅以及其他无机元素的污染。所以，从烟用三乙酸甘油酯含量中扣除无机元素值，对结果也是几乎没有影响。

综上，可以看出，烟用三乙酸甘油酯样品中的三种主要杂质水分、无机元素和酸度含量较低，相比其 99.0% 的三乙酸甘油酯含量，可以忽略不计，将其默认为零与将其真实含量从三乙酸甘油酯含量中扣除的最终结果几乎是一样的。

另外，资料调研表明，食品及国内外烟草行业的含量测定方法一般采用气相色谱法（面积归一化计算），且不扣除水分和其他杂质含量，只有日本大赛璐公司的方法是扣除水分的；国家标准一些化学试剂中，均采用面积归一化且不扣除水分和其他杂质的方法测定含量。

所以，三乙酸甘油酯含量最终结果不需要将水分、酸度和无机元素扣除。

7. 方法的重复性

选取 3 个不同三乙酸甘油酯含量水平的样品进行方法重复性测定，每个样品平行测定 6 次，计算方法的日内重复性，测定结果见表 4-5，可以看出，测定值的相对标准偏差（RSD）小于 0.009%，测定值的极差不大于 0.02%。

在不同日期对 3 个样品分别测定，计算方法的日间重复性，测定结果见表 4-6，可以看出，测定值的相对标准偏差（RSD）小于 0.015%，测定值的极差不大于 0.03%。说明本方法的重复性较好，能满足测定的需要。

表 4-5			方法的日内重复性（$n=6$）					单位:%	
	1	2	3	4	5	6	平均值	极差	RSD
样品 1	99.81	99.82	99.81	99.81	99.82	99.81	99.81	0.01	0.005
样品 2	99.47	99.46	99.48	99.46	99.46	99.46	99.47	0.02	0.008
样品 3	99.34	99.36	99.35	99.34	99.36	99.36	99.35	0.02	0.010

表 4 – 6   方法的日间重复性（$n = 6$）   单位：%

	1	2	3	4	5	6	平均值	极差	RSD
样品 1	99.81	99.81	99.82	99.8	99.81	99.82	99.81	0.02	0.008
样品 2	99.47	99.48	99.46	99.45	99.47	99.47	99.47	0.02	0.010
样品 3	99.35	99.33	99.36	99.36	99.34	99.35	99.35	0.03	0.012

8. 本方法与 YC/T 420—2011 方法的比较

烟用三乙酸甘油酯含量测定的标准方法，还有行业标准 YC/T 420—2011《烟用三乙酸甘油酯纯度的测定 气相色谱法》，该方法采用已知浓度的高纯三乙酸甘油酯作为标准物质，内标法定量，该方法克服了归一化法中不能出峰的杂质对测定结果的影响，可以提高检测结果的准确性。但作为内标法，不可避免存在一定的测定偏差，对含量较高的三乙酸甘油酯样品，容易出现检测结果含量超过 100% 的情况发生；另外，内标法相比面积归一化法，需要配制一系列标准工作曲线，操作相对麻烦。

为了验证本方法与 YC/T 420—2011 测定数据的一致性，采用两种方法分别对 10 个烟用三乙酸甘油酯样品含量进行了测定，结果见表 4 – 7。可以看出，除个别样品本方法的结果稍高外，两种方法的测定结果一致性较好。其原因是因为本方法将三乙酸甘油酯样品中的水分、无机元素和酸度默认为零，而 YC/T 420—2011 避免了这些方面。

虽然面积归一化法是大致估算方法，但其操作简便、数值稳定、影响因素少，所以，三乙酸甘油酯含量的检测方法推荐使用面积归一化法，当对检测数据存在异议时，可以 YC/T 420—2011 方法为仲裁方法。

表 4 – 7   本方法与 YC/T 420—2011 方法的测定结果对比

样品编号	本方法测定结果	YC/T 420 方法测定结果	本方法减去 YC/T 420 方法
1	99.8	99.6	0.2
2	99.9	99.9	0.0
3	99.7	99.6	0.1
4	99.7	99.7	0.0
5	99.6	99.5	0.1
6	99.5	99.6	− 0.1
7	99.5	99.5	0.0
8	99.4	99.4	0.0
9	99.4	99.5	− 0.1
10	99.3	99.2	0.1

9. 实际样品测定

采用本方法对 55 个烟用三乙酸甘油酯样品进行了检测，结果见表 4 – 8。结果显示，所有样品的结果均大于 99.0%。有 2 个样品的检测结果为 99.3%，4 个样品的检测结果为 99.4%，其他 49 个样品的含量结果≥99.5%。

表 4 – 8　　　　　　　　　　　　样品普查分析结果统计

三乙酸甘油酯含量/%	个数	占比/%	三乙酸甘油酯含量/%	个数	占比/%
99.0	0	0	99.5	3	5.5
99.1	0	0	99.6	9	16.4
99.2	0	0	99.7	23	41.8
99.3	2	3.6	99.8	7	12.7
99.4	4	7.3	99.9	7	12.7

10. 小结

通过探讨烟用三乙酸甘油酯含量测定的影响因素，对 YC 144—2008 方法的样品移取体积、容器、稀释用溶剂及用量进行了优化，对 YC 144—2008 标准中三乙酸甘油酯含量的测定方法进行改进，以使操作简便、有机溶剂用量少、成本节约、结果更加稳定。

（1）从造成色谱柱过载、色谱峰形太差及易引起样品间交叉污染的角度考虑，不宜直接进样。在低灵敏度的仪器上也许可以使用直接进样，但在多数气相色谱仪上易过载，不适用。

（2）乙醇会与三乙酸甘油酯发生酯交换反应，不宜作为三乙酸甘油酯的稀释溶剂。

（3）异丙醇或丙酮均可作为三乙酸甘油酯的稀释溶剂，但二者各有优缺点：异丙醇毒性小，可以作为优先考虑的替代溶剂，但作为醇类，也要密切关注碱污染下的异丙醇与三乙酸甘油酯可能的反应；丙酮的稀释体系结果的稳定性好，但丙酮是制备毒品的一种原料，公安部门控制严格，不易购买。

（4）对于异丙醇和丙酮作为稀释溶剂时的稀释倍数，实验表明对测定结果没有显著影响，即稀释倍数较小时多出的杂质峰占总面积的比例非常小，若以测定含量为目的，可以控制稀释倍数为 50～100 倍，若以考查杂质情况为目的，可以适当减小稀释倍数至 20 倍左右，当然，也要与是否为国产或进口仪器相匹配。

（5）在保持稀释倍数约为 100 不变的情况下，可适当减少三乙酸甘油酯产品的取样量，以节约有机溶剂的使用，操作更加简便，而测定结果几乎保持不变。

二、内标法

孔浩辉等在应用上述方法进行相关产品检测的时候发现，用面积归一化法进行定量时有时有一定的缺陷，就是不同物质在同一检测器上具有不同的响应值，当没有采用校正因子对各物质出峰面积进行校正时，用峰面积比值计算各物质组分含量的比例关系会存在一定的偏差，特别是当样品中含有某些相对分子质量大、不能从色谱柱中流出，或者存在某些 GC 检测器上响应值极低甚至无法检出的物质时，更可能造成该方法的检测结果严重偏高，从而将不符合要求的产品误判为符合要求的产品。针对这一情况，他们对检测方法进行了改进，以乙醇为溶剂，反式茴香脑为内标，并采用极性毛细管柱进行色谱分离，用带 FID 检测器的气相色谱仪进行检测，建立了增塑剂中三乙酸甘油酯的内标定量法。结果表明，该方法与《烟用三乙酸甘油酯》（YC 144—2008）所推荐的定量方法相比较，能够实现烟用三乙酸甘油酯纯度的准确测定。三乙酸甘油酯在质量分数 33% ~ 110%，线性回归系数 > 0.999；回收率为 95.4% ~ 105%，RSD 均小于 1%。

本小节参照 YC/T 420—2011 介绍烟用三乙酸甘油酯纯度的气相色谱测定法——内标法。

（一）原理

用加有内标物的异丙醇稀释三乙酸甘油酯样品，用配有氢火焰离子化检测器的气相色谱仪进行测定，采用内标法定量。

（二）试剂和仪器

1. 试剂

异丙醇，分析纯。

内标物，正十七碳烷，纯度≥99%。

三乙酸甘油酯标准物质，纯度≥99%。

稀释剂：含有适当浓度内标物的异丙醇溶液，内标物的浓度一般为 1.7mg/mL。

三乙酸甘油酯标准工作溶液：将三乙酸甘油酯标准物质溶解于稀释剂中，制备至少 6 级标准溶液，其含量范围应覆盖预计在样品中检测到的三乙酸甘油酯含量。标准工作溶液应即配即用。推荐配制方法为：准确称取约 0.15，0.18，0.22，0.26，0.30，0.34g（精确至 0.0001g）三乙酸甘油酯标准物质至 150mL 具塞锥形瓶，准确加入稀释剂 50mL，盖上瓶盖，摇匀。此标准工作溶液的含量范围为：3.0 ~ 6.8mg/mL。

2. 仪器

气相色谱仪，配有分流进样方式的进样口和氢火焰离子化检测器（FID）。

毛细管色谱柱，规格为［30m（长度）×0.32mm（内径）×1.0μm（膜厚）〕，固定相为（14% – 氰丙基苯基） – 甲基聚硅氧烷。采用其他色谱柱应验证其适用性。

十万分之一天平（感量：0.01mg/80g、0.1mg/220g）。

（三） 检验步骤

1. 抽样

按照 YC 144—2008 的规定抽取实验室样品。

2. 试样制备

称取约 0.25g（精确至 0.0001g）样品于 150mL 具塞锥形瓶中，准确加入稀释剂 50mL，盖上瓶盖，摇匀。每个样品应制备 2 个平行试样。

3. 仪器条件

以下气相色谱分析条件可供参考，采用其他条件时应验证其适用性。

——进样口温度：250℃；

——初始温度：130℃；

——程序升温：初温保持 2min，然后以 10℃/min 的速率由 130℃升至 250℃，保持 5min；

——检测器温度：280℃；

——载气：氦气（He），恒定流速：1.5mL/min；

——高纯氢气 35mL/min、空气 400mL/min、尾吹气（氦气或氮气）20mL/min；

——进样量：1.0μL；

——分流比：50∶1。

4. 标准工作曲线的制作

用气相色谱仪按照仪器条件测定三乙酸甘油酯标准工作溶液，计算每个标准溶液中三乙酸甘油酯与内标物的峰面积比，做出三乙酸甘油酯浓度与其相应峰面积比的线性回归方程，$R \geqslant 0.9999$。

每 20 次样品测定后应注入一个中等浓度的标准工作溶液，如果测得的值与原值相差超过 0.2%，则应重新进行标准工作曲线的制作。

5. 样品测定

按相同方法测定三乙酸甘油酯试样，计算三乙酸甘油酯与内标物的峰面积比，由线性回归方程计算得出试样中三乙酸甘油酯的含量。

（四） 结果计算

样品中三乙酸甘油酯的纯度按式（4 – 3）计算得出，结果以%表示。

$$A = \frac{C \times V}{W} \times 100 \qquad\qquad (4-3)$$

式中 A——三乙酸甘油酯样品的纯度，%；

C——试样中三乙酸甘油酯的测定含量，mg/mL；

V——试样体积，mL；

W——样品的称样量，mg。

取两次平行试样测定结果的算术平均值作为样品测定结果，精确至0.1%。

两次平行测定结果的相对平均偏差应小于0.2%。

第三节

气相色谱－质谱联用法

气相色谱－质谱法也被用来检测三乙酸甘油酯的酯含量。

张鼎方等将三乙酸甘油酯与无水丙酮按1:1体积比混合后，取其混合液进GC/MS，扫描范围：30～500a.m.u，根据定性结果，将样品的质谱图扣除丙酮溶剂峰积分后所得三乙酸甘油酯质谱峰的面积百分比，即为样品的相对酯含量。

本小节参照《三乙酸甘油酯的酯含量测定方法研究》论文介绍烟用三乙酸甘油酯含量的气相色谱－质谱联用法。

1. 材料与仪器

（1）材料　选取车间现场使用的A、B两种三乙酸甘油酯。

（2）试剂　无水丙酮（分析纯，含量不小于99.5%）等。

（3）仪器　气质联用仪（带自动进样装置）（美国安捷伦科技公司）。

2. 样品处理

由于考虑到将三乙酸甘油酯直接进样，浓度过大，可能影响峰形，将三乙酸甘油酯与无水丙酮按1:1体积比混合后，取其混合液进GC/MS。

3. 测定方法

（1）色谱条件

HP－5MS弹性石英毛细管柱［60m（长度）×0.25mm（内径）×0.25μm（膜厚）］；柱流速1.5mL/min；

进样口温度：220℃；

进样方式：分流进样，分流比10:1；进样量：2μL；

柱温：采取程序升温，60（2min）～240℃（6min）。

（2）质谱条件

传输线温度：240℃；电子能量：70eV；离子源温度：230℃；扫描范围：

30 ~ 500a. m. u.。

谱图检索：NIST、WILEY 和结构谱图库三个谱库进行检索。

4. 结果与讨论

根据 GC/MS 定性结果，通过检测样品 A 的五个平行实验，将样品 A 的质谱图扣除丙酮溶剂峰积分后所得三乙酸甘油酯质谱峰的面积百分比，即为样品的相对酯含量，所得结果，相对偏差为 0.15%，说明该方法重复性很好。

但三乙酸甘油酯和主要杂质的电离方式不同，造成 MS 响应因子的差别较大；另外，从检测结果来看，该法比用经典皂化法所测得的酯含量还偏高，所以，该法的适用性稍差。

参考文献

［1］周永芳，张伟杰，蒋平平. 国内外烟草用增塑剂三醋酸甘油酯现状及发展趋势［J］. 增塑剂，2010，21（2）：4 - 14.

［2］黄华发. 卷烟滤嘴中三醋酸甘油酯向主流烟气的转移研究［J］. 安徽农业科学，2012，40（6）：3602 - 3604.

［3］彭军仓，何育萍，陈黎，等. 滤棒和增塑剂中三醋酸甘油酯的定量分析［J］. 烟草科技，2004（8）：36 - 37.

［4］马丽娜，施文庄，李琼芳，等. 气相色谱法测定醋纤滤棒中的三醋酸甘油酯［J］. 烟草科技，2005（2）：28 - 29.

［5］YC/T 144—1998 烟用三乙酸甘油酯［S］.

［6］YC 144—2008 烟用三乙酸甘油酯［S］.

［7］孔浩辉，陈翠玲，汪军霞，等. 三乙酸甘油酯检测方法的研究［J］. 现代食品科技，2010，26（2）：215 - 217.

［8］YC/T 420—2011 烟用三乙酸甘油酯纯度的测定 气相色谱法［S］.

［9］张鼎方，陆鸣. 三乙酸甘油酯的酯含量测定方法研究［J］. 福建分析测试，2006，15（4）：43 - 44.

［10］鞠庆华，郭卫军，张利雄，等. 甘油三乙酸酯超临界酯交换反应及其动力学研究［J］. 石油化工，2005，34（12）：1168 - 1171.

［11］蒋锦锋，李栋，刘惠芳，等. 三乙酸甘油酯中丙酮溶液标准物质［J］. 烟草科技，2013（5）：36 - 40.

第五章

烟用三乙酸甘油酯酸度的测定

如果加入的三乙酸甘油酯本身就有酸味或其他杂气，在烟气抽吸过程中就会给抽烟者增加不舒适刺激，破坏该种卷烟的吃味，造成卷烟品质的下降；且三乙酸甘油酯能与水发生皂化反应（即酯化反应的可逆反应），在酸、碱、高温或其他杂质存在的情况下，反应速度大大加快，生成二乙酸甘油酯和醋酸，使产品含量降低、酸度增加。所以三乙酸甘油酯酸度的测定具有重要的意义。

目前对于溶剂酸度的测定方法主要有酸碱滴定法和自动电位滴定法。酸碱滴定法是经典的、应用广泛的测定酸碱值的分析检测手段。自动电位滴定法具有终点检测敏锐、人为误差小、分析速度快、精密度高等优点。

第一节

常规酸碱滴定法

YC/T 144—1998 中规定的游离酸测定方法为：量取 95% 乙醇 50mL，加 10g/L 酚酞指示液 0.5mL，摇匀，用 0.1mol/L 氢氧化钠标准溶液滴定至溶液呈粉红色（不计读数），然后加 5.0g（4.3mL）样品摇匀，用 0.1mol/L 氢氧化钠标准溶液滴定至溶液呈粉红色，保持 5s 不褪色。计取读数。

YC 144—2008 中规定的酸度的测定原理与 YC 144—1998 是一样的，都是以酚酞为指示剂，以氢氧化钠标准滴定溶液滴定，但具体操作细节进行了改进，主要是考虑到烟用三乙酸甘油酯中的酸度值较低，为防止出现滴定过量，尤其是空白无水乙醇滴定过量的情况，在新方法中增大了称样量，由 5.0g 增加至 40g，并降低了氢氧化钠标准滴定溶液的浓度，即 0.1mol/L 降低至 0.02mol/L，并规定了结果报告形式和实验误差。

但 YC 144—2008 中进行酸度测定时的试剂和仪器设备规定不明晰，不便于实验准备，可操作性不强，且所用 0.02mol/L 氢氧化钠标准滴定溶液的浓度过低，不能由 GB/T 601—2002 直接配制，应先配制较高浓度 0.1mol/L 氢氧化钠标准滴定溶液，再进行稀释。

一、实验部分

（一）原理

通过采用 NaOH 溶液滴定烟用三乙酸甘油酯乙醇溶液中的乙酸，测定烟用三乙酸甘油酯的酸度。

（二）材料与方法

1. 试剂

无水乙醇、氢氧化钠，分析纯，购自天津市化学试剂三厂；酚酞指示剂，购自天津市科密欧化学试剂有限公司。

蒸馏水，符合 GB/T 6682—2008 中三级水的要求，用前煮沸至少 10min，加盖放冷，制得无二氧化碳纯水。

邻苯二甲酸氢钾，基准试剂，105～110℃ 电烘箱中干燥至恒重，置于干燥器中冷却至室温。

酚酞指示剂（10g/L）：按 GB/T 603 配制，即称取 1g 酚酞，以无水乙醇溶解，并定容至 100mL。

氢氧化钠标准滴定溶液（0.1mol/L）配制方法如下。

（1）先按 GB/T 601—2002 配制，即称取 110g 氢氧化钠，溶于 100mL 无二氧化碳的水中，摇匀，注入聚乙烯容器，密闭放置该溶液。然后用塑料移液管量取 5.4mL 上层清液，用无二氧化碳的水稀释至 1000mL，摇匀。

（2）再进行标定，称取 0.75g 工作基准试剂邻苯二甲酸氢钾，精确至 0.1mg，加 50mL 无二氧化碳的水溶解，加 2 滴酚酞指示液，用配制好的氢氧化钠溶液滴定至溶液呈粉红色，并保持 30s，同时做空白试验。

（3）计算，氢氧化钠标准滴定溶液的浓度［c（NaOH）］，数值以摩尔每升（mol/L）表示，按式（5－1）计算：

$$c = \frac{m \times 1000}{(V_1 - V_2) \times M} \qquad (5-1)$$

式中　c——氢氧化钠标准滴定溶液的浓度，mol/L；

　　　m——邻苯二甲酸氢钾的质量，g；

　　　V_1——氢氧化钠溶液的体积，mL；

　　　V_2——空白试验氢氧化钠溶液的体积，mL；

　　　M——邻苯二甲酸氢钾的摩尔质量，g/mol［M（$KHC_8H_4O_4$）＝204.22］。

氢氧化钠标准滴定溶液（0.02mol/L）：移取50mL NaOH溶液（0.1mol/L）至250mL塑料容量瓶中，以无二氧化碳的水定容。此溶液随配随用。

2. 仪器设备

电子天平（BSA224S-CW型，感量0.1mg，德国Sartorios公司）；碱式滴定管，10mL；Eppendorf Multipette Xstream电动连续分液器（德国Eppendorf公司），配10mL分液管。

（三） 实验方法

取50mL无水乙醇于250mL三角烧瓶中，加3滴酚酞指示剂，摇匀；用碱式滴定管中的氢氧化钠标准滴定溶液（0.02mol/L）滴至刚显粉红色，读数为V_1。

然后加40g三乙酸甘油酯样品于三角烧瓶中，精确至0.0001g，摇匀，用氢氧化钠标准滴定溶液（0.02mol/L）滴至刚显粉红色，保持5s不褪色即为终点，读数为V_2。

烟用三乙酸甘油酯的酸度按照式（5-2）计算得出：

$$X = \frac{(V_2 - V_1) \times C \times 60.05}{1000 \times m} \times 100\% \qquad (5-2)$$

式中　X——烟用三乙酸甘油酯的酸度，%；

　　　V_1——滴定三乙酸甘油酯前滴定管的读数，mL；

　　　V_2——滴定三乙酸甘油酯后滴定管的读数，mL；

　　　C——氢氧化钠标准滴定溶液的浓度，mol/L；

　60.05——乙酸的摩尔质量，g/mol；

　　　m——样品质量，g。

取两次平行测定值的算术平均值为检测结果，结果精确至0.001%。两次测定值之差不应大于0.001%。

二、结果与讨论

手动酸碱滴定法仪器设备简单，精密度和回收率结果见表5-1至表5-3。在测定不同酸度水平时的方法日内精密度为1.1%~4.5%，日间精密度为2.5%~5.6%，在低、中、高三种加标浓度下得到的方法回收率为99.3%~99.6%，方法具有良好的精密度和较高的回收率。

表5-1			方法的日内重复性（$n=6$）					单位:%
	1	2	3	4	5	6	平均值	极差	RSD
样品1	0.0031	0.0032	0.0035	0.0034	0.0033	0.0032	0.0033	0.0004	4.5
样品2	0.0074	0.0073	0.0075	0.0076	0.0074	0.0076	0.0075	0.0003	1.6
样品3	0.0108	0.0107	0.0106	0.0108	0.0105	0.0106	0.0107	0.0003	1.1

表 5 - 2   方法的日间重复性（$n=6$）   单位:%

	1	2	3	4	5	6	平均值	极差	RSD
样品 1	0.0033	0.0035	0.0032	0.0031	0.0036	0.0033	0.0033	0.0004	5.6
样品 2	0.0075	0.0077	0.0074	0.0076	0.0072	0.0073	0.0075	0.0005	2.5
样品 3	0.0107	0.0109	0.011	0.0105	0.0103	0.0104	0.0106	0.0007	2.6

表 5 - 3   方法的回收率

加标浓度	样品质量/g	加入乙酸/$\times 10^{-5}$ mol	测得酸度/%	回收乙酸/$\times 10^{-5}$ mol	回收率/%
低	40.0164	2.682	0.006	2.666	99.4
中	39.9718	5.364	0.01	5.324	99.3
高	40.0761	10.728	0.018	10.681	99.6

需要注意的是：在三乙酸甘油酯酸度的滴定过程中，同时会发生三乙酸甘油酯的水解反应，生成乙酸，且随着氢氧化钠标准滴定溶液的不断加入，在 NaOH 的作用下，该水解反应速率加快，若慢慢滴入碱液，就会出现"滴入—变红—摇动—褪色—再滴入—变红—摇动—褪色……"的循环现象，以致得不到酸值的准确结果。因此滴定速率不能过慢，并且需要准确把握突变点，在滴定变色后保持 5s 不褪色，即认为是终点。

另外，10mL 碱式滴定管是常规酸碱滴定常用的经典玻璃装置，但是需要手动排气泡，需要肉眼估读体积的读数，操作比较烦琐，且存在一定的危险性，易被碱液伤手。随着时代的发展，出现了一些手动滴定管的替代装置，如 Eppendorf Multipette Xstream 电动连续分液器，可选配 10mL 分液管，不用手动排气泡，也不用估读体积的读数，直接可以读出加入的碱液的体积，操作简便、安全。

在 GB/T 601—2002 中，对于化学试剂标准滴定溶液的制备的一般规定如下。

（1）本标准除另有规定外，所用试剂的纯度应在分析纯以上，所用制剂及制品，应按 GB/T 603—2002 的规定制备，实验用水应符合 GB/T 6682—1992 中三级水的规格。

（2）本标准制备的标准滴定溶液的浓度，除高氯酸外，均指 20℃时的浓度。在标准滴定溶液标定、直接制备和使用时若温度有差异，应按 GB/T 601—2002 附录 A 补正。标准滴定溶液标定、直接制备和使用时所用分析天平、砝码、滴定管、容量瓶、单标线吸管等均须定期校正。

（3）在标定和使用标准滴定溶液时，滴定速度一般应保持在 6 ~ 8mL/min.

（4）称量工作基准试剂的质量的数值小于等于 0.5g 时，按精确至 0.01mg 称量；数值大于 0.5g 时，按精确至 0.1mg 称量。

（5）制备标准滴定溶液的浓度值应在规定浓度值的 ±5% 范围以内。

（6）标定标准滴定溶液的浓度时，须两个人进行实验，分别各做四平行，每人四平行测定结果极差的相对值不得大于重复性临界极差 [$C_r R_{95}$ (4)] 的相对值 0.15%，两人共八平行测定结果极差的相对值不得大于重复性临界极差 [$C_r R_{95}$ (8)] 的相对值 0.18%。取两人八平行测定结果的平均值为测定结果。在运算过程中保留五位有效数字，浓度值报出结果取四位有效数字。

注：①极差的相对值是指测定结果的极差值与浓度平均值的比值，以"%"表示；②重复性临界极差 [$C_r R_{95}$ (n)] 的定义见 GB/T 11792—1989，重复性临界极差的相对值是指重复性临界极差与浓度平均值的比值，以"%"表示。

（7）本标准中标准滴定溶液浓度平均值的扩展不确定度一般不应大于 0.2%，可根据需要报出，其计算参见 GB/T 601—2002 附录 B（资料性附录）。

（8）本标准使用工作基准试剂标定标准滴定溶液的浓度。当对标准滴定溶液浓度值的准确度有更高要求时，可使用二级纯度标准物质或定值标准物质代替工作基准试剂进行标定或直接制备，并在计算标准滴定溶液浓度值时，将其质量分数代入计算式中。

（9）标准滴定溶液的浓度小于等于 0.02mol/L 时，应于临用前将浓度高的标准滴定溶液用煮沸并冷却的水稀释，必要时重新标定。

（10）除另有规定外，标准滴定溶液在常温（15 ~ 25℃）下保存时间一般不超过两个月，当溶液出现浑浊、沉淀、颜色变化等现象时，应重新制备。

（11）贮存标准滴定溶液的容器，其材料不应与溶液起理化作用，壁厚最薄处不小于 0.5mm。

（12）本标准中所用溶液以（%）表示的均为质量分数，只有乙醇（95%）中的% 为体积分数。

第二节

快速酸碱滴定法

YC 144—2008 中规定使用 10mL 碱式滴定管进行滴定，通过记录滴定三乙酸甘油酯前后滴定管的读数，计算得到三乙酸甘油酯的酸度。但以碱式滴定管手动滴定时，操作烦琐，且需记录大量数据；更重要的是，该方法的滴定终点变化不明显，不易观察，易滴定过量。

目前，市场上出现了各种连续式数字滴定器之类的设备，经济实用，安全性高，操作简单，无需调零，且可以调节分液速率，实现快速滴定。国家烟草质量监督检验中心对三乙酸甘油酯酸度测定时的各种影响因素进行考查研究，在实验误差允许范围内，经科学论证，建立了一种三乙酸甘油酯酸度的快速滴定方法，将操作步骤进行简化、改进，实现了三乙酸甘油酯酸度的快速滴定，提高了测定的准确性。

一、实验部分

1. 仪器与试剂

Eppendorf Multipette Xstream 电动连续分液器（德国 Eppendorf 公司），配 10mL 分液管；电子天平（BSA224S‒CW 型，德国 Sartorios 公司）。

乙醇、氢氧化钠，分析纯，购自天津市化学试剂三厂；酚酞指示剂，购自天津市科密欧化学试剂有限公司；蒸馏水，符合 GB/T 6682 中二级水的要求。

2. 样品处理与滴定

按 GB/T 603—2002 配制酚酞指示剂：10g/L；按 GB/T 601—2002 配制氢氧化钠标准滴定溶液：0.02mol/L。

取 50mL 无水乙醇于 250mL 三角烧瓶中，加 3 滴酚酞指示剂，摇匀；以电动连续分液器添加 0.02mol/L 的 NaOH 溶液，每次添加 0.05mL，至刚显粉红色。

加（40 ± 0.30）g 三乙酸甘油酯样品于三角烧瓶中，摇匀，以电动连续分液器添加 0.02mol/L 的 NaOH 溶液，每次添加 0.11mL，至粉红色，保持 10s 不褪色即为终点，记下加液次数 n。

由加液次数 n，根据表 5‒4 读出三乙酸甘油酯的酸度值。

表 5 - 4　　　　　NaOH 加液次数 n 与三乙酸甘油酯酸度值对照表

n	酸度/%	n	酸度/%	n	酸度/%	n	酸度/%	n	酸度/%
1	0.000	19	0.006	37	0.012	55	0.018	73	0.024
2	0.001	20	0.007	38	0.013	56	0.018	74	0.024
3	0.001	21	0.007	39	0.013	57	0.019	75	0.025
4	0.001	22	0.007	40	0.013	58	0.019	76	0.025
5	0.002	23	0.008	41	0.014	59	0.019	77	0.025
6	0.002	24	0.008	42	0.014	60	0.020	78	0.026
7	0.002	25	0.008	43	0.014	61	0.020	79	0.026
8	0.003	26	0.009	44	0.015	62	0.020	80	0.026
9	0.003	27	0.009	45	0.015	63	0.021	81	0.027
10	0.003	28	0.009	46	0.015	64	0.021	82	0.027
11	0.004	29	0.010	47	0.016	65	0.021	83	0.027
12	0.004	30	0.010	48	0.016	66	0.022	84	0.028
13	0.004	31	0.010	49	0.016	67	0.022	85	0.028
14	0.005	32	0.011	50	0.017	68	0.022	86	0.028
15	0.005	33	0.011	51	0.017	69	0.023	87	0.029
16	0.005	34	0.011	52	0.017	70	0.023	88	0.029
17	0.006	35	0.012	53	0.018	71	0.023	89	0.029
18	0.006	36	0.012	54	0.018	72	0.024	90	0.030

二、结果与讨论

我国烟草行业标准 YC 144—2008 中三乙酸甘油酯酸度的计算公式见式 (5-2)，式（5-2）中酸度 X 的影响因素是样品质量 m、氢氧化钠标准滴定溶液的浓度 C 和滴定前后滴定管的读数 V_1、V_2，其中 m 在 40g 左右，C 在 0.02mol/L 左右，V_1、V_2 会因样品的不同而差别较大，所以 V_1、V_2 是影响三乙酸甘油酯酸度的主要因素，m 和 C 是次要因素，实验进一步考查了这些参数对酸度测定的具体影响程度。

就三乙酸甘油酯而言，其水解速度属于一般且偏快，但其酸值要求属于偏低，一般为 0.002% ~ 0.005%，所以 NaOH 溶液浓度要较低（一般用 0.02mol/L），称取样品要较多（40g 左右），滴定速度不能太慢，粉红色保持时间 5s。

1. 添加 NaOH 溶液的设备、每次添加体积的选择与优化

一般碱式滴定管的滴头，1mL 约 20 ~ 25 滴，以 25 滴为例，每滴约为 0.04mL，滴定前需要调整滴头处没有气泡，滴定前后需要记录滴定管的读数，读数还要有估算过程，操作麻烦，且接近滴定终点时，因害怕滴定过量，就会慢慢滴入碱液，很容易出现"滴入—变红—摇动—褪色—再滴入—变红—摇动……褪色……"的现象，以致得不到酸值的准确结果。电动连续分液器与滴定管有相似之处，一次大体积吸液后可以进行多次小体积的分液，有各种体积规格的分液管，分液体积可调，适合长时间的液体分装操作，那么式（5 - 2）可调整为式（5 - 3），其中 V_{DIS} 为每次分液体积，n 为分液次数。这样加液次数与加液体积存在定量关系，从而可以利用电动连续分液器显示的加液次数计算加液体积，继而计算酸度结果 ［见式（5 - 3）］。

$$X = \frac{V_{DIS} \times n \times C \times 60.05}{1000 \times m} \times 100 \tag{5 - 3}$$

实验发现，每次分液体积为 0.05mL 时，与碱式滴定管的每滴体积相当，滴定速度仍较慢，达不到快速滴定的目的；每次分液体积为 0.15mL 或 0.20mL 时，滴定速度过快，容易滴定过量；每次分液体积为 0.10mL 左右时，滴定速度较快，也不容易滴定过量；然后按照式（5 - 3），将 m 假设为 40.0000g，将 C 假设为 0.0200mol/L，计算每次分液体积分别为 0.08，0.09，0.10，0.11，0.12，0.13mL 时，分液次数与样品酸度的关系表，发现分液体积越小，酸度值变化越慢，最终选定每次分液体积为 0.11mL，如表 5 - 4 所示，每 0.001% 的酸度值变化对应于 3 次分液操作，使滴定速度较快，但也不容易滴定过量。

本方法利用电动连续分液器作为添加 NaOH 溶液的设备，每次分液体积 0.11mL，具有以下优势。

（1）分液管气泡调节简单，只需按一下分液键，且无需记录滴定前后的读数；

（2）分液快速，操作简单，每按一下分液键，就可以完成加液 0.11mL，约是原来每滴 0.04mL 的 3 倍，滴定速度加快，避免了"滴入—变红—摇动—褪色—再滴入—变红—摇动—褪色……"的现象，使滴定结果更加准确；

（3）无需担心滴定过量时体积误差较大，如果实验员多加了 1、2 次，也可以倒推出多加前的加液次数，从表 5 - 4 可知，在每次分液体积为 0.11mL 的情况下，酸度值不会变化太快，不会影响测定结果。

2. 样品称样量及称量精确度的影响

由于多数烟用三乙酸甘油酯的酸度值较低，一般在 0.002% ~ 0.005%，所以称取样品要较多，YC 144—2008 中规定"加40g 样品（精确至 0.0001g）"，而

酸度测定的结果要求为"保留小数点后 3 位"。表 5 – 4 是在式（5 – 3）中 $C = 0.02\text{mol/L}$，$m = 40.0000\text{g}$ 的理想情况下，酸度 X 与加液体积（$V_{DIS} \times n$）的对应关系，结果发现：在其他条件不变的情况下，当实际称样量在 39.70 ~ 40.30g 时，酸度计算结果与 40.0000g 的差别仅在小数点后的第五位，并不会改变表 5 – 4 的酸度值。而由于三乙酸甘油酯黏度较大，不易称量准确，本法在保证不影响实验结果的情况下，通过弱化称样时的精确度，只控制称样量在 39.70 ~ 40.30g 即可，无需记录天平读数，简化了操作。

3. NaOH 溶液浓度的影响

由于多数烟用三乙酸甘油酯的酸度值较低，一般在 0.002% ~ 0.005%，所以氢氧化钠标准滴定溶液的浓度不宜过高，实验首先按 GB/T 601—2002 配制浓度较大的氢氧化钠标准滴定溶液：0.1mol/L，经基准试剂邻苯二甲酸氢钾标定之后，再稀释成浓度较稀的氢氧化钠滴定溶液：0.02mol/L。表 5 – 4 是在式（5 – 3）中 $C = 0.02\text{mol/L}$，$m = 40.0000\text{g}$ 的理想情况下，酸度 X 与加液体积（$V_{DIS} \times n$）的对应关系，结果发现：在其他条件不变的情况下，当氢氧化钠滴定溶液的浓度在 0.019 ~ 0.021mol/L 时，酸度计算结果的偏差仅为 0.02mol/L 计算结果的 5%，并不会改变表 5 – 4 的酸度值。而在稀释过程中，根据调整稀释比例，将氢氧化钠滴定溶液的浓度稀释在 0.019 ~ 0.021mol/L 是没有问题的。如果实在是超出了该范围，可以将表 5 – 4 的酸度值乘以一个校正系数，操作起来依然简便。

4. 方法的重复性

选取不同酸度水平的样品进行重复性测定，测定结果见表 5 – 5。由表 5 – 5 可以看出，测定值之差均不大于 0.001%，符合酸度测定的要求，说明本法的重复性较好，能满足测定的需要。

表 5 –5　　　　　　　　　　　方法的重复性

样品	酸度/%					
1	0.002	0.002	0.002	0.002	0.002	0.002
2	0.007	0.007	0.008	0.008	0.007	0.008
3	0.015	0.014	0.015	0.015	0.015	0.014

5. 样品检测

实验选取 10 个样品，分别利用常规酸碱滴定法和本法进行酸度的测定，实验结果见表 5 – 6，可以看出，对同一样品，尤其对于酸度值较低的样品，本法与常规酸碱滴定法的测定结果吻合性较好，但对于酸度值较大的样品，由于常规酸碱滴定法的滴定速度相对较慢，会出现滴不到终点的情况，但本法由于提高了滴定速度，可以给出准确的酸度值。

表 5-6　　　　　　　　　　　　样品酸度检测结果　　　　　　　　　　单位:%

样品	YC 144—2008	本法	样品	YC 144—2008	本法
1	0.002	0.002	6	0.005	0.005
2	0.005	0.005	7	0.003	0.003
3	0.003	0.003	8	—	0.023
4	0.012	0.011	9	0.008	0.007
5	0.006	0.006	10	—	0.021

注:"—"表示未出现滴定终点。

三、小结

本法针对三乙酸甘油酯酸度滴定过程中若滴定速度过慢，易引起水解，导致不能滴到终点的情况，对样品称样精度、添加 NaOH 溶液的设备、每次添加 NaOH 溶液的体积进行了考查和改进，在测定误差允许范围内，经科学论证，制定了氢氧化钠加液次数与三乙酸甘油酯酸度值的关系表，建立了滴定速度大大提高的快速滴定方法，对烟用三乙酸甘油酯的质量安全控制具有重要意义。

第三节

自动电位滴定法

三乙酸甘油酯酸度的测定方法有行业标准规定的以酚酞作为指示剂的常规酸碱滴定法，而梁俐俐等发现，该方法的滴定终点变化不明显，不易观察，且手动操作烦琐，需记录大量中间数据。电位滴定法采用与常规酸碱滴定法不同的终点判别方法，不依赖指示剂颜色的变化。自动电位滴定仪通过记录每次添加的滴定剂的体积 V 和相应的电极电位 E，绘制 $E-V$，$\Delta E/\Delta V-V$ 以及 $\Delta^2 E/\Delta^2 V-V$ 曲线，并根据电极电位的突变自动判别滴定终点、停止滴定，而且自动计算测定结果。电位滴定法具有终点检测敏锐、人为误差小、分析速度快、精密度高等优点。因此，进行了本研究，旨在寻找准确、快速测定三乙酸甘油酯酸度的方法。

一、实验部分

1. 试剂和仪器

三乙酸甘油酯（分析纯，上海国药集团化学试剂有限公司，以及福建中烟两家供应商供应的商品）；无水乙醇和95%乙醇（分析纯，广东西陇化工有限公司）；氢氧化钠和冰醋酸（含量≥99.5%）（分析纯，上海联试化工试剂有限公司）；邻苯二甲酸氢钾（一级基准物质，郑州烟草研究院提供）。超纯水（电阻率>18.2 MΩ，25 ℃）；pH 缓冲溶液（德国 Merck 公司）。

氢氧化钠 – 乙醇标准滴定溶液（0.1mol/L）：参照 GB/T 601 配制。称取 4g 氢氧化钠，加少量水溶解，用乙醇稀释至 1000mL。常温密闭保存，有效期 2 个月。

氢氧化钠 – 乙醇标准滴定溶液（0.01mol/L）：移取 25mL NaOH 溶液至250mL 塑料容量瓶中，以乙醇定容。此溶液随配随用。

DL58 自动电位滴定仪（瑞士 Mettler – Toledo 公司），配备 DG113 – SC 非水滴定复合电极、Rondolino 滴定台、DL5X 搅拌器、PT1000 温度传感器、Labx 程序控制软件和配套的 100mL 聚乙烯滴定杯；量程 5 ~ 50mL 自动分液器（德国 Brand 公司）。HA – 180M 分析天平（感量 0.0001g，日本 AND 公司）；Milli – Qgradient 超纯水系统（美国 Millipore 公司）。

2. 分析方法

（1）仪器设置：搅拌器速度：1900r/min；样品的预搅拌时间：30s；滴定剂添加模式：等体积增量添加，体积增量 0.05mL，间隔 5s；电位限定范围：– 240 ~ – 150mV；等当点个数：1；阈值：100；滴定间隙电极在超纯水中活化时间：30s；滴定仪控制模式：Remote；滴定温度由温度传感器自动测定并反馈给滴定仪。

（2）电极的校准：使用前电极先在新鲜超纯水中活化（浸泡）1 ~ 2h，活化后调用滴定仪自带的电极校准方法，用 pH = 4、7、10 的标准缓冲溶液进行校准。校准后电极的斜率应符合电极使用说明书的要求。

（3）无水乙醇的滴定：用自动分液器准确移取 3 份 50mL 无水乙醇作空白溶剂，用 0.01mol/L 氢氧化钠 – 乙醇标准溶液作滴定剂分别滴定至等当点，滴定仪自动记录滴定剂的消耗体积，取平均值 $\overline{V}_{blank}$，并将其作为辅助值 H_1 储存起来，以便在后续的计算中随时调用。

（4）氢氧化钠 – 乙醇标准溶液的标定：准确称取 3 份 0.01g 左右（105℃下干燥 2h）邻苯二甲酸氢钾，分别加入 1mL 超纯水，振摇溶解，再加 50mL无水乙醇，用氢氧化钠 – 乙醇标准溶液分别滴定至等当点。

滴定过程中，滴定仪同时绘制 E – V 和 $\Delta E/\Delta V$ – V 曲线（图 5 – 1）。仪器根据等当点消耗的滴定剂体积 V，用式（5 – 4）计算氢氧化钠 – 乙醇标准溶液

的浓度 C_{NaOH}，并求平均值 $\overline{C}_{NaOH}$。由 $\overline{C}_{NaOH}$ 和预配的氢氧化钠 – 乙醇标准溶液的浓度 0.01mol/L 的比值，即得标准溶液的浓度校正系数 t。将 t 值输入到仪器中，仪器可以在后续的计算过程调用。

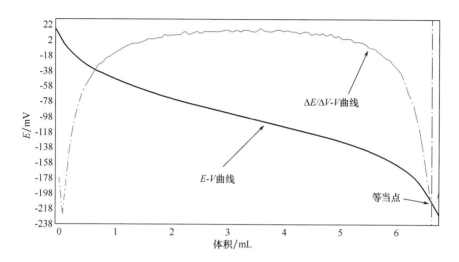

图 5 – 1　邻苯二甲酸氢钾基准物质标定氢氧化钠 – 乙醇标准溶液的滴定曲线

（图中的实线为滴定仪的电极电位 E 随滴定剂体积 V 的变化曲线，虚线为电极电位 E 的
一阶导数随滴定剂体积 V 的变化曲线）

$$C_{NaOH} = \frac{m \times 10^3}{M \times (V - \overline{V}_{blank})} \qquad (5-4)$$

式中　C_{NaOH}——由每份基准物质求得的滴定剂的浓度，mol/L；

　　　　m——称取的基准物质的质量，g；

　　　　M——基准物质邻苯二甲酸氢钾的摩尔质量，204.23g/mol；

　　　　V——每份基准物质消耗的滴定剂的体积，mL；

　　　　$\overline{V}_{blank}$——空白溶剂所消耗的滴定剂的体积平均值，mL。

（5）样品的测定：准确称取 3~4 份 20~25g 三乙酸甘油酯样品，分别加入 50mL 无水乙醇，用已标定的氢氧化钠 – 乙醇标准溶液滴定至等当点，$E-V$ 和 $\Delta E/\Delta V - V$ 曲线（图 5-2）。滴定仪根据预配的滴定剂的浓度和浓度校正系数、等当点所消耗的滴定剂体积，以及空白溶剂耗用的滴定剂体积平均值（内置值 H_1），按照式（5-5）自动计算样品的酸度 a、平均值、标准偏差和相对标准偏差。

$$a = \frac{(V - H_1) \times C \times t \times M}{m \times 10} \qquad (5-5)$$

式中　a——三乙酸甘油酯的酸度，以乙酸计，%；

　　　　V——待测样品所消耗的滴定剂的体积，mL；

　　　　H_1——空白溶剂所消耗的滴定剂的体积平均值，mL；

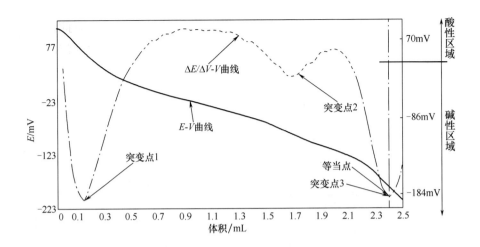

图 5 - 2   氢氧化钠 - 乙醇标准溶液滴定三乙酸甘油酯的滴定曲线
（图中的实线为滴定仪的电极电位 E 随滴定剂体积 V 的变化曲线，
虚线为电极电位 E 的一阶导数随滴定体积 V 的变化曲线）

　　C——预配的滴定剂的物质的量浓度，0.01mol/L；

　　t——标准溶液的浓度校正系数；

　　M——乙酸的摩尔质量，60.05g/mol；

　　m——所称取的三乙酸甘油酯的质量，g。

二、结果与讨论

1. 滴定终点的选择

由图 5 - 2 看出，在三乙酸甘油酯的一阶导数滴定曲线上存在 3 个突变点，对应的电极电位分别约在 70、- 86 和 - 184mV。电位 70mV 附近的突变点处于酸性区域，可以确定不是滴定终点；电位 - 86mV 的突变点虽已处于碱性区域，但相比电位 - 184mV 的突变点，变化不够尖锐，而且基准物质标定氢氧化钠 - 乙醇标准溶液的一阶导数曲线（图 5 - 1）在 - 86mV 附近没有突变点，因此，电位 - 86mV 的突变点也不是滴定的终点；基准物质滴定氢氧化钠 - 乙醇标准溶液的终点的电位突跃范围在 170 ~ - 240mV（图 5 - 1），而 - 184mV 的突变点处于该区域，因此，又根据该点的一阶导数值确定：- 184mV 附近的突变点为三乙酸甘油酯样品的滴定终点，即等当点个数：1 个；电位限定范围：- 150 ~ - 240mV；等当点阈值：100。

2. 检测条件的确定

通过改变预搅拌的时间测定数份三乙酸甘油酯样品的酸度，其酸度在预搅拌时间 10 ~ 50s 基本保持不变，如图 5 - 3 所示。同样，分别改变搅拌速度、每次添加的滴定剂体积和滴定的间隔时间测定三乙酸甘油酯的酸度，以酸度对搅拌速度、添加体积和间隔时间做图，结果见图 5－4 至图 5－6。由此可见，在保证滴定结果准确度的前提下，检测参数为：预搅拌时间 30s；搅拌速度 1900r/min；添加体积 0.05mL；间隔时间 5s。

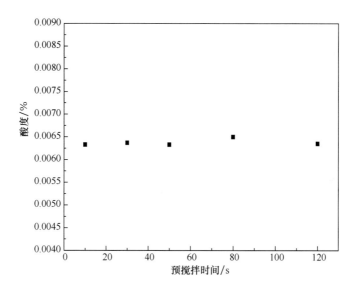

图 5－3 酸度检测值与预搅拌时间的关系

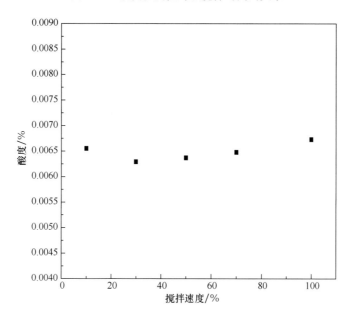

图 5－4 酸度检测值与搅拌速度的关系（最高转速为 3800r/min）

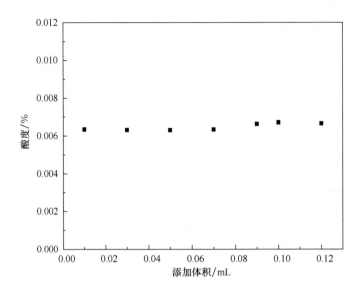

图 5 – 5　酸度检测值与添加体积的关系

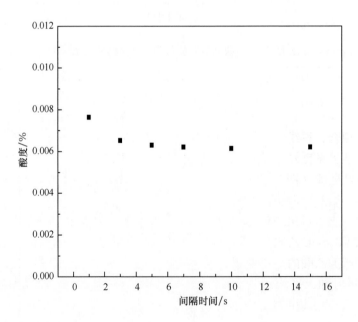

图 5 – 6　酸度检测值与间隔时间的关系

3. 精密度、线性范围、回收率和定量限

方法的精密度结果见表 5 - 7、表 5 - 8。在测定不同酸度水平时的方法日内精密度为 1.6% ~ 3.0%，日间精密度为 2.9% ~ 5.7%，方法具有良好的精密度。

表 5 - 7			方法的日内重复性（$n=6$）					单位：%
	1	2	3	4	5	6	平均值	极差	RSD
样品 1	0.0027	0.0026	0.0027	0.0028	0.0026	0.0027	0.0027	0.0002	2.8
样品 2	0.0064	0.0066	0.0064	0.0065	0.0063	0.0064	0.0064	0.0003	1.6
样品 3	0.0092	0.0091	0.009	0.0092	0.0097	0.0096	0.0093	0.0007	3.0

表 5 - 8			方法的日间重复性（$n=6$）					单位：%
	1	2	3	4	5	6	平均值	极差	RSD
样品 1	0.0027	0.0029	0.0030	0.0027	0.0028	0.0031	0.0029	0.0004	5.7
样品 2	0.0064	0.0062	0.0066	0.0063	0.0065	0.0067	0.0065	0.0005	2.9
样品 3	0.0093	0.0090	0.0095	0.0094	0.0091	0.0098	0.0094	0.0008	3.1

准确称取 10 ~ 50g 三乙酸甘油酯样品 7 份，分别滴定至等当点，由所消耗的滴定剂的体积（已扣除空白溶剂消耗的滴定剂体积）对样品质量做图，并进行线性拟合，得线性方程 $y = 0.0915x + 0.0025$，相关系数 $r = 0.99916$。由此看出，线性关系良好，y 轴的截距仅为 $2.5 \mu L$（图 5 - 7）。同时，酸度值对样品质量线性曲线（图 5 - 8）的斜率仅为 4×10^{-6}，说明酸度在样品质量 10 ~ 50g 内不随样品质量的变化而变化。

称取一定质量的三乙酸甘油酯，加 50mL 无水乙醇稀释，再加入浓度已知、体积 ≤ 0.5mL 乙酸水溶液，测定混合溶液的酸度。根据已知的三乙酸甘油酯酸度和所加乙酸的物质的量，计算乙酸加标回收率，结果如表 5 - 9 所示。由表 5 - 9 可知，平均回收率为 101.1%，标准偏差 1.36%，相对标准偏差（RSD）1.35%。说明本方法的准确性较高，适合定量分析。

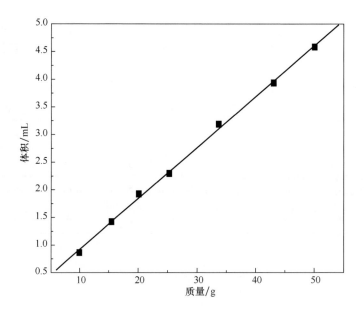

图 5 - 7　滴定体积与样品质量的线性曲线

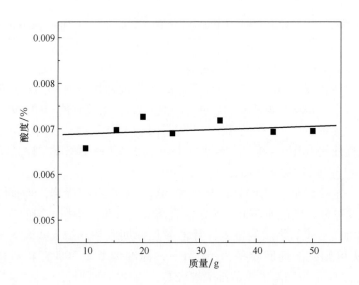

图 5 - 8　酸度与样品质量的线性曲线

表 5 - 9　　自动电位滴定法测定三乙酸甘油酯酸度*的加标回收率

三乙酸甘油酯的质量/g	加标乙酸物质的量/$\times 10^{-5}$mol	加标后的酸度/%	酸度的差值/%	回收乙酸物质的量/$\times 10^{-5}$mol	加标回收率/%
18.8998	1.603	0.01162	0.00526	1.656	103.3
19.9231	3.206	0.01626	0.00990	3.285	102.5
21.7189	4.810	0.01986	0.01350	4.884	101.5
25.0860	6.413	0.02177	0.01541	6.439	100.4
19.8497	2.405	0.01360	0.00724	2.394	99.5
20.8686	4.008	0.01791	0.01155	4.015	100.2
20.3564	5.611	0.02298	0.01662	5.635	100.4

注：＊加乙酸前三乙酸甘油酯样品的酸度为 0.00636%。

　　配制一系列不同浓度的乙酸标准溶液，同一浓度的乙酸溶液平行测定 3 份，获得相应的 RSD。将乙酸的含量换算成 20g 三乙酸甘油酯的酸度，以 RSD 对酸度做图，并进行拟合，结果如图 5 - 9 所示。由此可见，以 RSD = 3% 作为准确定量的界限，则相应的三乙酸甘油酯的酸度为 0.00175%（图中点划线的交点）。这说明方法的定量限足够低，适合定量测定。

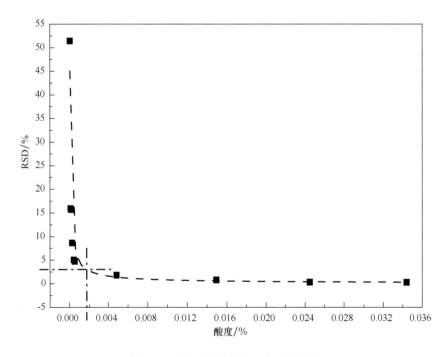

图 5 - 9　相对标准偏差和酸度的关系

4. 方法比对

分别采用常规酸碱滴定法和自动电位滴定法同时测定相同样品的比对数据如表 5 - 10 所示。

表 5 - 10　　　　常规酸碱滴定法和自动电位滴定法测定结果对比

样品编号	酸度/%		样品编号	酸度/%	
	酸碱滴定法	电位滴定法		酸碱滴定法	电位滴定法
1	0.008	0.006	6	0.004	0.003
2	0.002	0.001	7	0.005	0.004
3	0.004	0.003	8	0.005	0.004
4	0.004	0.003	9	0.005	0.004
5	0.003	0.002	10	0.004	0.003

表中数据可以看出，自动电位滴定法的测定结果要略低于常规酸碱滴定法，这可能是由于滴定终点判断差异造成的。

为了验证本方法在不同实验室的应用情况，组织了行业内 6 家单位，对常规酸碱滴定法开展共同试验，结果如表 5 - 11 所示，从表中可以看出 3 个样品的 6 家实验室共同试验结果极差在 0.0003% ~ 0.0008%，RSD 在 3.1% ~ 5.4%，说明常规酸碱滴定法再现性良好。

表 5 - 11　　　　　常规酸碱滴定法共同试验数据　　　　　单位:%

	1	2	3	4	5	6	平均值	极差	RSD
样品 1	0.0031	0.0031	0.0030	0.0030	0.0028	0.0033	0.0030	0.0003	5.4
样品 2	0.0071	0.0070	0.0070	0.0075	0.0069	0.0075	0.0072	0.0006	3.7
样品 3	0.0104	0.0100	0.0100	0.0104	0.0099	0.0107	0.0102	0.0008	3.1

另外，也组织了 6 家烟草行业单位，对自动电位滴定法开展共同试验，结果如表 5 - 12 所示，从表中可以看出 3 个样品的 6 家实验室共同试验结果极差在 0.0010% ~ 0.0027%，RSD 在 7.6% ~ 13.0%，说明方法再现性良好。

表 5 - 12　　　　　自动电位滴定法共同试验数据　　　　　单位:%

	1	2	3	4	5	6	平均值	极差	RSD
样品 1	0.0035	0.0027	0.0030	0.0025	0.0026	0.0027	0.0028	0.0010	13.0
样品 2	0.0066	0.0068	0.0073	0.0076	0.0063	0.0064	0.0068	0.0013	7.6
样品 3	0.0086	0.0099	0.0102	0.0113	0.0088	0.0093	0.0097	0.0027	10.4

对比表 5 – 11 和表 5 – 12，可以看出，两种方法的一致性良好，但自动电位滴定法的测定结果要略低于手动滴定法，这可能是由于滴定终点判断差异造成的；且自动电位滴定法的实验室间偏差高于手动滴定法，可能与各实验室间自动电位滴定仪的不同有关。

5. 样品检测

在所测定的 68 个实际样品中，三乙酸甘油酯酸度最低为 0.001%，个别样品酸度较大，导致酸碱滴定到达不了终点，小于等于 0.005% 的样品比例为 80.9%，小于等于 0.010% 的比例为 95.6%，说明我国在用的烟用三乙酸甘油酯的酸度控制良好（见表 5 – 13）。

表 5 – 13　　　　　　　　实际样品的酸度检测数据统计

酸度范围/%	样品个数	占比/%	酸度范围/%	样品个数	占比/%
0.001	1	1.5	0.007	2	2.9
0.002	22	32.4	0.008	0	0.0
0.003	10	14.7	0.009	2	2.9
0.004	16	23.5	0.01	1	1.5
0.005	6	8.8	$0.01 < X \leqslant 0.02$	1	1.5
0.006	5	7.4	>0.02	2	2.9

三、小结

常规酸碱滴定法是经典方法，但属手动操作，相对烦琐；自动电位滴定法的精密度高，线性关系良好，自动化程度高。但电位滴定法的测定结果要低于手动滴定法，且二者的测定结果存在显著性差异，从而会导致结果的判定存在问题。

参考文献

［1］周永芳，张伟杰，蒋平平. 国内外烟草用增塑剂三醋酸甘油酯现状及发展趋势［J］. 增塑剂，2010，21（2）：4 – 14.

［2］黄华发. 卷烟滤嘴中三醋酸甘油酯向主流烟气的转移研究［J］. 安徽农业科学，2012，40（6）：3602 – 3604.

［3］孙学辉，赵乐，彭斌，等. 滤棒中三醋酸甘油酯用量对卷烟主流烟

气有害成分释放量的影响 [J]．烟草科技，2011 (6)：35–38.

[4] 彭军仓，何育萍，陈黎，等．滤棒和增塑剂中三醋酸甘油酯的定量分析 [J]．烟草科技，2004 (8)：36–37.

[5] 马丽娜，施文庄，李琼芳，等．气相色谱法测定醋纤滤棒中的三醋酸甘油酯 [J]．烟草科技，2005 (2)：28–29.

[6] 贺占博，祁刚，曹汇川．表面活性剂对甘油三乙酯酸性水解的影响 [J]．化学工业与工程，2002，19 (3)：257–260，264.

[7] 边照阳，刘珊珊，范子彦，等．烟用三乙酸甘油酯含量测定标准方法的改进 [J]．烟草科技，2014，12：43–46，56.

[8] YC/T 144—2008 烟用三乙酸甘油酯 [S]．

[9] YC 144—1998 烟用三乙酸甘油酯 [S]．

[10] 周培琛，刘泽春，黄华发，等．自动电位滴定法测定三乙酸甘油酯的酸度 [J]．烟草科技，2011 (11)：53–57.

[11] GB/T 603—2002 化学试剂 试验方法中所用制剂及制品的制备 [S]．

[12] GB/T 601—2002 化学试剂标准滴定溶液的制备 [S]．

第六章

烟用三乙酸甘油酯水分的测定

烟用三乙酸甘油酯产品中，水分含量一般在 $0.01\% \sim 0.04\%$ ，过高或过低都会影响到其性能，水分过高时易促使三乙酸甘油酯的水解，降低其含量，并会使产品酸值升高（返酸），最后导致产品酸值不合格。低水分对产品的保质期有一定的正面作用。烟用三乙酸甘油酯中水分的测定目前主要采用卡尔·费休法和气相色谱法，以下章节将对两种方法分别做详细介绍。

第一节

卡尔·费休法

烟用三乙酸甘油酯属于化工试剂，行业内长期以来一直采用卡尔·费休法对其水分进行测定。其测定原理为：仪器的电解池中的卡尔·费休试剂达到平衡时注入含水的样品，水参与碘、二氧化硫的氧化还原反应，在吡啶和甲醇存在的情况下，生成氢碘酸吡啶和甲基硫酸吡啶，消耗了的碘在阳极电解产生，从而使氧化还原反应不断进行，直至水分全部耗尽为止，依据法拉第电解定律，电解产生碘是与电解时耗用的电量成正比例关系的，其反应如下：

$$H_2O + I_2 + SO_2 + 3C_5H_5N \longrightarrow 2C_5H_5N \cdot HI + C_5H_5N \cdot SO_3$$
$$C_5H_5N \cdot SO_3 + CH_3OH \longrightarrow C_5H_5N \cdot HSO_4CH_3$$

在电解过程中，电极反应如下：

阳极：$2I^- - 2e \longrightarrow I_2$

阴极：$I_2 + 2e \longrightarrow 2I^- \quad 2H^+ + 2e \longrightarrow H_2 \uparrow$

卡尔·费休法测定水分分为容量法和库仑法，两者最大区别在于 I_2 的来源不同，容量法中的 I_2 来自于滴定剂，而库仑法中 I_2 则通过电解含 I^- 离子的电解液产生。电解的速度是有限的，容量法更适用于水分含量高（0.001%～100%）的样品的测量，而库仑法则适用于微量、痕量水（0.0001%～100%）的测定。另外通过电解池的电量与碘量是有着严格的定量关系的，因此库仑法有着更高的测量精度。

烟用三乙酸甘油酯成分构成简单，主要含量为酯，杂质为少量的有机酸和醇，与卡尔·费休试剂发生副反应的可能性较低，因此，可以采用直接进行滴定的分析方法。在 YC/T 144—2008《烟用三乙酸甘油酯》中，对水分测定方法没有作太多描述，只是写明："按 GB/T 6283 规定测定，每个样品平行测定两次。取两次平行测定值的算术平均值为测试结果，保留小数点后 3 位。两次测定值之差不应大于 0.003%。"

标准 GB/T 6283—2008《化工产品中水分含量的测定 卡尔·费休法（通用方法）》规定了水分测定的具体步骤，但 GB/T 6283—2008 通用方法规定宽泛，为手动测定装置，需目测终点；卡尔·费休试剂成分较为复杂，配制步骤烦琐，且较易与空气中的水分发生反应，保存条件苛刻。GB/T 6283—2008 中没有取样量的规定，针对性和操作性不强；也未明确称样时常用的差量法及其操作细节。

近年来，随着科技的发展，市场上已有商品化的卡尔·费休试剂出售（包括不含吡啶的卡尔·费休试剂）；与之配套的则是卡尔·费休自动水分测定仪的出现，例如全新的梅特勒－托利多卡尔·费休系列水分仪，可以快速而精确地对不同样品不同含量的水分进行测定，其中库仑法水分仪是适用于样品水分含量从 1mg/L 到 5% 的测定；容量法水分仪适用于样品水分含量从 100mg/L 到 100% 的测定。在卡尔·费休水分仪上，滴定剂不是使用滴定管进行添加的，而是在具有电解电极作用的电流的溶液内直接生成的，精确度会进一步提升，这也淘汰了滴定剂浓度测定。

在 YC 144—2008 中，没有明确说明采用库仑法还是容量法对样品进行测定，也没有对称样量作出明确规定，而对于特定滴度的卡尔·费休试剂和特定的仪器测定方法而言，称样量的大小直接影响仪器的响应时间和测定结果的重现性。

实验分别采用库仑法和容量法的卡尔·费休水分仪，通过不同称样量的重复性试验，确定卡尔·费休法测定烟用三乙酸甘油酯水分的最佳称样量；通过对比分析两种方法的操作过程与测定结果，确定两种方法对测定烟用三乙酸甘油酯水分的适用性；最终以建立简便、快速、准确性与重复性好、技术与实际操作可行的分析方法为目的。

一、实验部分

1. 试剂和仪器

所用试剂均为分析纯试剂，水符合 GB/T 6682—2008 中三级水的要求或超纯水。

无水甲醇，水分含量≤0.05%。

Mettler Toledo C30 库仑法全自动水分仪，配 KFR – CO_2 无吡啶库仑电量法卡尔·费休试剂（天津四友精细化学品有限公司）；

Mettler Toledo V20 容量法全自动水分仪，配 KFR – CO_2 无吡啶容量法单组分卡尔·费休试剂（国药集团化学试剂有限公司），滴定度为 3~5mg/mL；

Eppendorf 自动分液枪（配 5mL 枪头，德国 Eppendorf 公司）；5mL 一次性注射器（带针头）（常州市医疗器材厂有限公司）；BSA2245 – CW 电子天平（感量：0.0001g，德国 Sartorius 公司）。

2. 样品测定

（1）库仑法　按照规定将卡尔·费休水分测定仪打开，并调整至最佳状态，进入测定模式。

将 5mL 一次性注射器针头上的保护帽去掉，迅速将针头伸入样品中，保证样品溶液覆盖住针长度的 1/2，缓慢移动注射器推杆，一次性吸入样品 2~3mL，快速将注射器（带针头）从样品中取出，将针头保护帽盖上。

将吸入 2~3mL 样品的一次性注射器整体放置天平上，记录读数，为 W_1；取下针头保护帽，迅速将针头伸入卡尔·费休水分仪的进样口，移动注射器推杆，向滴定剂中加入 1mL 左右的样品，在水分仪测定模式下对样品水分进行测定。加入过程注意针头不能浸入滴定剂，不能接触进样口的瓶壁。加入过程必须快速操作，防止空气中水分对样品的污染。加入结束后，将进样口盖上，注射器针头保护帽盖好，整体放置天平上，记录读数，为 W_2。$W_1 - W_2$ 所得到的结果即为此次测定所使用的样品含量。从水分仪上可以直接得到水分的读数。

（2）容量法

①仪器准备：所用玻璃器皿在使用前洗净并用水冲洗后，放入干燥箱内升温至（105±5）℃干燥 2h 以上，再放入干燥器内冷却备用。水分滴定仪滴定装置所有接口需封闭，排气口加装干燥剂（分子筛）。加入无水甲醇溶剂至刚接触到电极头，测定样品前滴定杯液面控制在滴定杯刻度的 40mL 以下或刚接触到电极头为宜；滴定杯内溶液使用一段时间后需抽出更换新的无水甲醇溶剂。

②预滴定：将滴定杯中废液抽空，加入无水甲醇至刚接触到电极头。点击

KF，开始运行，仪器自动进入预滴定状态，用于除去无水甲醇中的水分；预滴定结束后，仪器自动转到待机状态，此时界面显示漂移值小于 $40\mu g/min$，即表示仪器已自动完成预滴定（溶剂处于无水状态），仪器自动提示开始标定和开始样品，点击开始标定/开始样品进行卡尔·费休试剂标定/样品测定。

③标定卡尔·费休试剂滴定度：标定前先将排液口插回卡尔·费休试剂瓶中用泵形成内循环，边循环边用手摇卡尔·费休试剂瓶使瓶内试剂混匀，然后将排液口插回滴定杯中密封好，点击 KF，仪器自动进入预滴定状态。用注射器量取纯水样品 $10\mu L$，在天平上精确称量，称准至 $0.0001g$。

点击按键【开始标定】，仪器自动跳出 KF：添加样品时，将精确称量的纯水注入滴定杯中，点击【确定】，仪器自动完成滴定后输入加入的纯水质量（单位为 g），仪器自动计算标定结果。纯水标定时最少应进行两次平行标定，且两次平行标定结果之差不能大于 $0.2mg/mL$，否则应重新标定，标定结束后仪器自动计算出标定结果的平均值并保存于仪器中用于计算样品测定结果，标定结果必须在 $3\sim6mg/mL$ 才有效，如不在 $3\sim6mg/mL$ 应重新更换卡尔·费休试剂后再进行标定。

卡尔·费休试剂滴定度的标定周期为一周标定一次，如对样品测定结果有怀疑时，可提前标定，标定时注意每个操作细节规范性，认真做好标定记录。

④样品测定：经标定后的卡尔·费休试剂仪器已自动保存标定结果，样品测定结束后输入加入的样品质量（单位为 g），仪器即自动计算出样品水分含量。

仪器完成预滴定后，以 5mL 注射器吸取样品 $2\sim3mL$，将针头保护帽盖上；将注射器整体置于天平上，记录读数，为 W_1。

将注射器中约 1mL 的样品注入卡尔·费休自动水分测定仪，并对样品水分进行测定。

然后将注射器针头保护帽盖好，整体置于天平上，记录读数，为 W_2，以差量法计算测定所使用的样品质量，并将其输入卡尔·费休自动水分测定仪，得到样品中水分的含量。

注意：加样过程注意针头不能插入滴定剂，不能接触进样口的杯壁。加样过程必须快速操作，防止空气中水分对样品的污染。

3. 注意事项

（1）每个样品只测两平行，两次测定的时间间隔要足够，要留意漂移值随时间的增加不会增加太多。

（2）水分滴定时，滴定杯中的液体不宜过多，以刚淹没电极并超出少许为佳，过多时，存在搅拌不均匀，导致结果偏大。

（3）仪器闲置或使用时间过长（夏天气温高，一般 2 ~ 3 天标定一次；冬天气温低标定时间可延长至 15 天左右标定一次，标定结果变化不大），要重新标定卡尔费休试剂，标定前先把管道里的卡尔·费休试剂抽除，并摇匀试剂瓶里的卡尔·费休试剂。

（4）滴定时注意无水甲醇和废液的抽液管中不要有液体回到滴定杯中，预先注意排空无水甲醇和废液的抽液管。

（5）每次更换滴定杯中的无水甲醇，加入量以刚接触到电极头为宜，注意无水甲醇水分含量应控制在 0.05% 以下，不然滴定至无水状态时消耗卡尔·费休试剂太多，使滴定杯中液体量多，难以搅拌均匀，导致测定结果偏高。

（6）每次更换滴定杯中的无水甲醇后，滴定样品 2 ~ 3 个，影响不是很大，测定次数太多，结果会偏高。

（7）做两个平行样时，用同一个注射器，第二个平行样结果会比第一个平行样结果偏高，所以做平行样时一个注射器抽一次样为宜，做几个平行样就用几个干净的注射器抽样。

（8）记录一下测定时实验室温湿度，观察温湿度相差太大，结果会不会有影响，我们发现夏天室温 27℃、湿度 58% 测定的水分含量，与现在室温 16℃、湿度 56% 重新抽样复检相比，在现在温度低时测定的结果会偏低，这个现象表明湿度相近的情况下，温度对卡尔·费休试剂有影响。对卡尔·费休试剂的标定结果也显示，夏天温度高，卡尔·费休试剂容易分解，使滴定度降低失效，冬天温度低，卡尔·费休试剂不容易分解，滴定度比较稳定，测定结果也稳定且偏低。

二、结果与讨论

1. 库仑法

（1）称样量的选择　实验选取 3 个不同水分含量的样品，针对每一种水平含量的样品，分别采用 0.2，0.5，1.0，1.5g 的称样量来测定。表 6 - 1 列出了低、中、高含量样品下不同称样量的水分测定值。由表 6 - 1 可得，随着样品水分含量增加，同样的称样量，多次测定的相对标准偏差有降低的趋势，这说明水分含量较低的样品，称样量少，更易受到外界的干扰和污染。对不同水分含量的样品，称样量较低的条件下（0.2g、0.5g），多次测量的相对标准偏差较大，在增加称样量后，相对标准偏差减小。对不同水分含量的样品，称样量达到 1.0g 及以上时，多次测量的相对标准偏差较为稳定，也满足测定需求。为了节省试剂，实验选取 1.0 ~ 1.5g 作为最佳称样量，反映在注射器上在 1mL 左右。

表6-1 不同称样量条件下水分测定值 单位:%

称样量/	测定值						平均值	极差	RSD
	1	2	3	4	5	6			
g									
样品1#									
0.2	0.009	0.015	0.016	0.015	0.017	0.015	0.015	0.008	19.4
0.5	0.012	0.013	0.015	0.016	0.013	0.011	0.013	0.005	14.0
1	0.008	0.010	0.008	0.009	0.010	0.010	0.009	0.002	10.7
1.5	0.009	0.008	0.009	0.007	0.008	0.009	0.008	0.002	9.8
样品2#									
0.2	0.026	0.028	0.024	0.022	0.020	0.025	0.024	0.008	11.8
0.5	0.018	0.021	0.017	0.022	0.020	0.018	0.019	0.005	10.2
1	0.018	0.017	0.018	0.018	0.020	0.019	0.018	0.003	5.6
1.5	0.018	0.019	0.017	0.018	0.019	0.019	0.018	0.002	4.5
样品3#									
0.2	0.042	0.048	0.041	0.045	0.044	0.048	0.045	0.007	6.6
0.5	0.041	0.038	0.040	0.040	0.043	0.044	0.041	0.004	5.3
1	0.040	0.039	0.040	0.038	0.037	0.040	0.039	0.003	3.2
1.5	0.041	0.041	0.040	0.040	0.039	0.041	0.040	0.002	2.0

（2）加标回收率实验 选取50mL一定含量的烟用三乙酸甘油酯样品,按照低、中、高的加标量,分别加入0.022%、0.044%、0.096%水分含量的纯水,测定加标回收率,测定结果见表6-2。由表6-2可得,低、中、高三个水平的加标回收率都在100%左右,其中低标回收率较高,可达到118%,这说明样品水分含量较低时,易受到外界环境的影响,当加标量增加,即样品中水分含量升高时,测定值较为稳定。但总体而言,库仑法测定烟用三乙酸甘油酯水分,加标回收率良好,此方法符合测定需求。

表6-2 加标回收率 单位:%

原含量	加标量	测定值	回收率	原含量	加标量	测定值	回收率
0.021	0.022	0.047	118.2	0.021	0.044	0.069	109.1
0.021	0.022	0.045	109.1	0.021	0.096	0.125	108.3
0.021	0.044	0.068	106.8	0.021	0.096	0.121	104.2

（3）精密度实验 方法的精密度结果见表6-3、表6-4。在测定不同水分含量时的方法日内精密度为1.9%~5.1%,极差在0.003%之内,日间精密度为3.7%~6.0%,极差在0.007%之内,说明方法具有良好的精密度。

表6-3				方法的日内重复性（$n=6$）				单位:%	
	1	2	3	4	5	6	平均值	极差	RSD
样品1	0.024	0.024	0.021	0.023	0.024	0.023	0.023	0.003	5.1
样品2	0.043	0.043	0.041	0.041	0.040	0.040	0.041	0.003	3.3
样品3	0.061	0.062	0.059	0.061	0.060	0.062	0.061	0.003	1.9

表6-4				方法的日间重复性（$n=6$）				单位:%	
	1	2	3	4	5	6	平均值	极差	RSD
样品1	0.029	0.029	0.025	0.027	0.028	0.026	0.027	0.004	6.0
样品2	0.047	0.047	0.043	0.046	0.048	0.045	0.046	0.005	3.9
样品3	0.065	0.063	0.061	0.062	0.062	0.058	0.062	0.007	3.7

2. 容量法

（1）称样量的选择　实验选取3个不同水分含量的样品，针对每一种水分含量的样品，分别采用0.5，1.0，1.5，2.0g的称样量来测定。加样采用玻璃注射器按样品测定中的加样方法测定，测定结果见表6-5。由表6-5可得，随着样品水分含量增加，同样的称样量，多次测定的相对标准偏差有降低的趋势。这说明：水分含量较低的样品，称样量少，更易受到外界的干扰和污染。对不同水分含量的样品，称样量较低的条件下（0.5g），多次测量的相对标准偏差较大，在增加称样量后，相对标准偏差减小。

水分含量越低，称样量越小，水分测定值偏高，水分含量偏高，称样量的大小，对水分测定值影响不大。对不同水分含量的样品，称样量达到1.0g及以上时，多次测量的相对标准偏差较为稳定，也满足测定需求。为了节省试剂，实验选取1.0~1.5g作为最佳称样量。

表6-5				不同称样量条件下水分测定值				单位:%	
称样量/	测定值						平均值	极差	RSD
g	1	2	3	4	5	6			
	0.5	0.013	0.012	0.011	0.014	0.013	0.016	0.013	0.005	13.1
样品1#	1	0.008	0.006	0.007	0.007	0.007	0.007	0.007	0.002	9.0
	1.5	0.007	0.006	0.007	0.006	0.007	0.007	0.007	0.001	8.4
	2	0.005	0.005	0.006	0.005	0.005	0.005	0.005	0.001	7.9

续表

称样量/	测定值						平均值	极差	RSD
g	1	2	3	4	5	6			
样品2# 0.5	0.019	0.020	0.022	0.021	0.020	0.018	0.020	0.004	7.1
1	0.018	0.019	0.019	0.019	0.019	0.017	0.019	0.002	4.5
1.5	0.017	0.018	0.017	0.016	0.018	0.017	0.017	0.002	4.4
2	0.016	0.016	0.015	0.017	0.017	0.016	0.016	0.002	4.7
样品3# 0.5	0.048	0.056	0.060	0.053	0.058	0.056	0.055	0.007	7.6
1	0.053	0.051	0.050	0.052	0.053	0.051	0.052	0.003	2.3
1.5	0.053	0.052	0.051	0.052	0.051	0.051	0.052	0.002	1.6
2	0.053	0.053	0.052	0.051	0.053	0.052	0.052	0.002	1.6

（2）加标回收率实验　称取 50g 左右（称准至 0.0001g）水分含量为 0.02% 左右的烟用三乙酸甘油酯样品，按照低、中、高的加标量，分别加入 0.020%、0.039%、0.080% 水分含量的超纯水（称准至 0.0001g），测定加标回收率，测定结果见表 6-6。由表 6-6 可得，低、中、高三个水分的加标回收率都接近 100%，其中低标回收率较高，达到了 115%，这说明样品水分含量较低时，易受到外界环境的影响，当加标量增加，即样品中水分含量升高时，测定值较为稳定。但总体而言，容量法测定烟用三乙酸甘油酯水分，加标回收率良好，此方法符合测定需求。

表6-6　　　　　　　　　　　　加标回收率　　　　　　　　　　　单位:%

原含量	加标量	测定值	回收率	原含量	加标量	测定值	回收率
0.015	0.020	0.038	115.0	0.015	0.039	0.059	112.8
0.015	0.020	0.037	110.0	0.015	0.080	0.096	101.3
0.015	0.039	0.060	115.4	0.015	0.080	0.101	107.5

（3）精密度实验　方法的精密度结果见表 6-7、表 6-8。在测定不同酸度水平时的方法日内精密度为 1.3% ~3.4%，极差在 0.003% 之内；日间精密度为 4.2% ~5.7%，极差在 0.008% 之内，说明方法具有良好的精密度。

表6-7　　　　　　　　方法的日内重复性 （$n=6$）　　　　　　　单位:%

	1	2	3	4	5	6	平均值	极差	RSD
样品1	0.033	0.032	0.033	0.032	0.030	0.032	0.032	0.003	3.4
样品2	0.050	0.048	0.048	0.049	0.049	0.051	0.049	0.003	2.4
样品3	0.060	0.062	0.061	0.060	0.061	0.060	0.061	0.002	1.3

表 6 - 8				方法的日间重复性 （$n=6$）				单位：%
	1	2	3	4	5	6	平均值	极差	RSD
样品 1	0.032	0.035	0.036	0.035	0.031	0.034	0.033	0.005	5.7
样品 2	0.050	0.052	0.055	0.055	0.049	0.052	0.052	0.006	4.8
样品 3	0.064	0.067	0.062	0.070	0.067	0.065	0.066	0.008	4.2

3. 实际样品测定

采用库仑法对 61 个烟用三乙酸甘油酯样品进行了检测，结果如表 6 - 9 显示，有 87.0 % 的样品水分在 0.04% 以下。实验过程中发现，样品包装存在参差不齐的情况是影响水分含量偏高的原因，超标样品中有 6 个是用矿泉水瓶装的样品，而有 3 个样品是用顶空瓶装的，水分含量分别是 0.010%、0.016%、0.016%，这说明盛装样品用具的干燥程度对水分的影响也是非常大的。

表 6 - 9		实际样品测定结果统计			
水分含量范围/%	个数	占比/%	水分含量范围/%	个数	占比/%
≤0.01	15	24.6	$0.04 < X \leqslant 0.05$	0	0.0
$0.01 < X \leqslant 0.02$	15	24.6	$0.05 < X \leqslant 0.10$	1	1.6
$0.02 < X \leqslant 0.03$	14	23.0	$0.10 < X \leqslant 0.20$	3	4.9
$0.03 < X \leqslant 0.04$	9	14.8	$0.20 < X \leqslant 0.30$	4	6.6

三、小结

（1） GB/T 6283—2008 通用方法规定宽泛，为手动测定装置，需目测终点，建议选用已基本普及的自动卡尔·费休水分滴定仪，自动化程度高，操作简便。

（2） 本方法对库仑法和容量法的测定条件进行了优化，明确了取样量，便于数据的重复性；明确了差量法称样及其操作细节，便于实验操作；给出了回收率和重复性数据，便于实验室进行方法评价；实验结果显示，库仑法和容量法之间数据没有明显差异。

第二节

气相色谱法

对于烟用三乙酸甘油酯水分的测定，YC 144—2008 规定按 GB/T 6283—

2008 卡尔·费休法进行。卡尔·费休法是经典的水分定量方法，能够准确测定样品真实的水分含量，但除了有一个非常好的测定仪器外，测定的物质中必须无干扰物质存在，根据物质中水分的含量确定适当的进样量，克服各种影响测定精度的因素，细心操作，才能得到好的测定结果；另外，该方法自动化程度较低，批量检测效率不高；卡尔·费休法所用试剂复杂，且不稳定。项目组也发现利用卡尔·费休法对大量烟用三乙酸甘油酯样品进行水分测定时，随着样品量的增加，卡尔·费休仪器需要的稳定时间也在增加，漂移值在不断地上升，会对测定结果产生影响，使测定结果的值偏高，且平行性稍差。

随着分析要求的日益严格，色谱技术更趋成熟，毛细管色谱柱分辨率高、检测时间短、定量结果准确、稳定性好，更适合于批量样品分析。早在 20 世纪 70 年代，就有用气相色谱法测定有机溶剂苯、甲苯中的微量水分的报道，且不断被研究发展，被广泛应用于有机溶剂、涂料等基质中水分的测定。

GB 18582—2008《室内装饰装修材料 内墙涂料中有害物质限量》的研究过程中也发现采用气相色谱法检测水性涂料的水分，方便、快捷、干扰因素少、准确性高，能满足生产监控和新产品开发研究的要求，同时为水性涂料挥发性有机物（VOC）的检测提供准确的水分含量。在 GB 18582—2008 中规定"本标准中的水分含量采用气相色谱法或卡尔·费休法测试。气相色谱法为仲裁方法。"

气相色谱法测定水分含量已广泛应用于烟草行业，已发布的国际标准 ISO 16632：2003《Tobacco and tobacco products – Determination of water content – Gas – chromatographic method》、CORESTA 推荐的方法（NO. 57：2002）《Determination of water in tobacco and tobacco products by Gas chromatographic analysis》，以及国家标准 GB/T 23203. 1—2013《卷烟 总粒相物中水分的测定 第 1 部分：气相色谱法》、烟草行业标准 YC/T 345—2010《烟草及烟草制品 水分的测定 气相色谱法》均推荐使用气相色谱分析方法，且已证明气相色谱分析方法与卡尔·费休法测得的水分含量没有显著差异。

因此，参考国内外相关资料，结合烟草行业水分测定的实际情况，以 GB 18582—2008《室内装饰装修材料 内墙涂料中有害物质限量》和 GB/T 23203. 1—2013《卷烟 总粒相物中水分的测定 第 1 部分：气相色谱法》为主要参考文献，并考虑烟用三乙酸甘油酯样品特点，开发研究烟用三乙酸甘油酯中水分含量气相色谱测定的标准方法，实现对现有 YC 144—2008 标准中卡尔·费休法的有效补充。

一、实验原理

将烟用三乙酸甘油酯溶解于含有内标物的溶剂中，用配有热导池检测器的气相色谱仪测定，内标法定量。

二、实验部分

（一）主要试剂和仪器设备

1. 主要试剂

无水 N，N-二甲基甲酰胺（DMF），分析纯，含分子筛，水分含量≤50mg/L，购自北京伊诺凯科技有限公司；丙酮，色谱纯，购自美国 J T Baker 公司；水，取自 Milli-Q 超纯水系统（美国 Millipore 公司）；3A 分子筛，4~8 目，购自美国 Acros 公司（使用前分子筛必须在 300 ℃下活化 5~6h，然后密闭冷却到室温再使用）。

（1）标准工作曲线法

①内标溶液的配制：称取 1.0g 丙酮，精确至 0.1mg，以 DMF 稀释并定容至 10mL，得到浓度为 0.1g/mL 的内标溶液。密封室温储存，有效期 15 天。

②标标准溶液Ⅰ：称取 1.0g 水，精确至 0.1mg，以 DMF 稀释并定容至 10mL，得到浓度为 0.1g/mL 的标准溶液Ⅰ。密封室温贮存，有效期 15 天。

③标准溶液Ⅱ：移取 2mL 标准溶液Ⅰ于 10mL 容量瓶中，以 DMF 稀释并定容，得到浓度为 0.02g/mL 的标准溶液Ⅱ。该溶液随配随用。

④标准工作溶液：根据需要配制合适浓度的系列标准工作溶液。推荐如下配制方法：分别移取 0.05mL、0.15mL 的标准溶液Ⅱ，0.05mL、0.08mL、0.10mL 的标准溶液Ⅰ，于 50mL 具塞锥形瓶中，加入 10mL DMF 和 0.05mL 内标溶液，密封并摇匀，即得系列标准工作溶液，该系列标准工作溶液中水与内标物的质量比分别为 0.2，0.6，1.0，1.6，2.0。该标准工作溶液应在 24h 内完成上机分析。

（2）相对校正因子法

①内标溶液：称取 2.5g 丙酮于 25mL 容量瓶中，精确至 0.1mg，以 DMF 稀释并定容，得到浓度为 0.1g/mL 的内标溶液。密封室温贮存，有效期 15 天。

②标准溶液：称取 0.01g 的水于 50mL 具盖锥形瓶中，精确至 0.1mg，加入 10mL DMF 和 0.1mL 内标溶液，密封并摇匀。该标准溶液随配随用。

2. 仪器设备

Agilent 6890N 气相色谱仪，配有热导池检测器（TCD）；Agilent Porapak Q 不锈钢填充气相色谱柱（长度 1.8m，外径 1/8in，内径 2mm，固定相 100~80 目），Supelco Chromosorb 102 不锈钢填充气相色谱柱（长度 1.8m，外径 1/8in，内径 2.1mm，固定相 100~80 目），Agilent PLOT Q 毛细管气相色谱柱（柱长 30m，内径 0.530mm，膜厚 40.0μm）；BSA 224S-CW 型电子天平（感量：0.0001g，德国 Sartorius 公司）。

（二）　操作步骤

1. 标准工作曲线法

（1）样品前处理　称取 10g 样品于 50mL 具塞锥形瓶中，精确至 0.01g，加入 10mL DMF 和 0.05mL 内标溶液，密封并摇匀，转移至色谱小瓶中。

（2）空白实验　不加样品，按操作步骤处理后，进行 GC 分析。

空白实验与样品前处理必须同批处理，即每批样品做一组空白。

（3）测定

①测定条件：以下分析条件可供参考，采用其他条件应验证其适用性。

——色谱柱：毛细管色谱柱，固定相为键合聚苯乙烯 – 二乙烯基苯，规格为 30m（长度）× 0.53mm（内径）× 40.0μm（膜厚）；

——载气：氦气，恒流模式，流量 8mL/min；

——进样口温度：260℃；

——进样体积：2μL；分流进样，分流比：5:1；

——柱温箱升温程序：初始温度为 170℃，初始时间为 2.5min；然后以 50℃/min 速率升至 260℃，保持 30min；

——检测器温度：260℃，参比流量 20mL/min，尾吹气流量 2mL/min。

②标准工作曲线制作：分别取系列标准工作溶液进行 GC 分析，每级标准工作溶液重复测定两次。纵坐标为水与内标物峰面积的比值，横坐标为水与内标物的质量比，作出标准工作曲线。

③样品测定：分别将样品溶液和空白溶液注入气相色谱仪，按照仪器测试条件测定。每个样品重复测定两次。同时每批样品做一组空白。

④结果表述：试样中水分含量 X_i 由式（6 – 1）得出：

$$X_i = \frac{(r_i - r_0) \times m_{is}}{m_i} \times 100 \tag{6 – 1}$$

式中　X_i——试样中水分含量的质量分数，%；

r_i——由标准工作曲线得出的试样中水与内标物的质量比；

r_0——由标准工作曲线得出的空白中水与内标物的质量比；

m_{is}——内标的添加质量，g；

m_i——试样的质量，g。

以两次平行测定结果的算术平均值作为最终测定结果，精确至 0.001%。

两次平行测定值绝对偏差不应大于 0.003%。

2. 相对校正因子法

（1）样品前处理　称取 10g 样品于 50mL 具盖锥形瓶中，精确至 0.01g，加入 10mL DMF 和 0.1mL 内标溶液，密封并摇匀，转移至色谱小瓶中。

（2）空白实验　不加样品，按上述步骤处理后，进行 GC 分析。

空白实验与样品处理及标准溶液的配制必须同批处理。

（3）测定

① 测定条件：以下分析条件可供参考，采用其他条件应验证其适用性。

——色谱柱：毛细管色谱柱，固定相为键合聚苯乙烯-二乙烯基苯，规格为 30m（长度）× 0.53mm（内径）× 40.0μm（膜厚）；

——载气：氦气，恒流模式，流量 8mL/min；

——进样口温度：260℃；

——进样体积：2μL；分流进样，分流比：5∶1；

——柱温箱升温程序：初始温度为 170℃，初始时间为 2.5min；然后以 50℃/min 速率升至 260℃，保持 30min；

——检测器温度：260℃，参比流量 20mL/min。

②样品测定：分别将标准溶液、样品溶液和空白溶液注入气相色谱仪，计算水分与内标物的峰面积比 r。

③结果表述：水的相对校正因子 R 由式（6-2）得出：

$$R = \frac{m_{is} \times (r_s - r_0)}{m_w} \qquad (6-2)$$

式中　R——水的相对校正因子；

m_{is}——内标的添加质量，g；

m_w——标准溶液中水的质量，g；

r_s——标准溶液中水分与内标物的峰面积比；

r_0——空白样品中水分与内标物的峰面积比。

R 值取两次测定的平均值，保留 4 位有效数字。

试样中水分含量 X_i 由式（6-3）得出：

$$X_i = \frac{m_{is} \times (r_i - r_0)}{m_i \times R} \times 100 \qquad (6-3)$$

式中　X_i——试样中水分含量的质量分数，%；

m_{is}——内标的添加质量，g；

m_i——试样的质量，g；

r_i——样品溶液中水分与内标物的峰面积比；

r_0——空白样品中水分与内标物的峰面积比；

R——水的相对校正因子。

以两次平行测定结果的算术平均值作为最终测定结果，精确至 0.001%。

两次平行测定结果之差不应大于 0.003%。

三、结果与讨论

（一） 溶剂的选择

由于三乙酸甘油酯黏度较大，易在进样针中的推动杆与针内壁的缝隙里残留，造成样品之间的交叉污染，故不适合采用直接进样分析方法。

对于固体和液体样品中水分的气相色谱测定方法，一般采用有机溶剂对样品进行萃取或者稀释后进样，所用有机溶剂一般有甲醇、异丙醇和 DMF 等溶剂。

异丙醇和甲醇是烟草、烟气水分的气相色谱测定方法中常用的萃取溶剂，GB/T 23203.1—2013 采用异丙醇作为萃取溶剂萃取卷烟烟气滤片上的水分，然后将萃取液上机分析；YC/T 345—2010 采用甲醇作为萃取溶剂萃取烟草及烟草制品中的水分，然后将萃取液上机分析。但文献表明，甲醇、乙醇会与三乙酸甘油酯发生酯交换反应，异丙醇也存在与三乙酸甘油酯发生反应的可能性，实验中发现，在三乙酸甘油酯的异丙醇稀释体系中加入高浓度的氢氧化钠溶液，可以催化异丙醇与三乙酸甘油酯的反应，导致其酯含量测定结果降低。虽然一般异丙醇溶剂的碱度不足以达到催化该反应的程度，但也要密切关注碱污染时，异丙醇与三乙酸甘油酯可能发生的反应。所以，不宜采用醇类溶剂作为三乙酸甘油酯水分的气相色谱测定时的稀释溶剂。

GB 18582—2008《室内装饰装修材料 内墙涂料中有害物质限量》、HJ/T 201—2005《环境标志产品技术要求 水性涂料》、香港环保标志标准 HKEPL—004—2002《油漆》、HKEPL—01—004《水性涂料》均采用 DMF 作为水性涂料中水分含量的气相色谱测定时的稀释溶剂。DMF 为 N,N–二甲基甲酰胺，是一种透明液体，沸点为 152.8℃，能和水及大部分有机溶剂互溶，它是化学反应的常用溶剂。产品调研发现，商品化的含分子筛的无水 DMF 中水分≤0.005%，且由于产品中含有分子筛，产品的水分含量相对稳定；烟用三乙酸甘油酯的水分要求为≤0.05%，一般为 0.01% ~ 0.04%，所以 DMF 可以满足烟用三乙酸甘油酯水分含量的测定要求。实验（图 6-1、图 6-2）显示，DMF 与水分、内标的色谱峰分离良好。

需要注意的是，若稀释溶剂 DMF 的水分含量 >0.01% 时，则稀释溶剂的水分含量可能会高于三乙酸甘油酯样品的水分含量，从而导致样品稀释后的水分色谱峰比溶剂空白的水分色谱峰还低的情况，无法进行定量计算。所以，实验所用稀释溶剂 DMF 中应放置分子筛加以干燥保存，推荐使用 3A 分子筛。若实验过程中发现样品稀释后的水分色谱峰比溶剂空白的水分色谱峰还低的情况，则该批稀释溶剂就不能再使用。

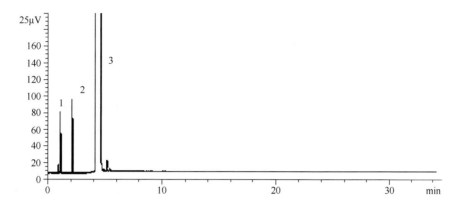

图 6-1　标准溶液的气相色谱图
1—水　2—内标　3—DMF

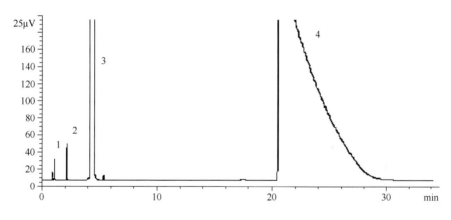

图 6-2　典型样品的气相色谱图
1—水　2—内标　3—DMF　4—三乙酸甘油酯

（二）内标的选择

气相色谱测定水分时，多采用内标法定量，主要是由于外标法分析误差较大，而内标法定量能消除仪器、操作等的影响，提高测定的精密度，另外，对溶液体积的准确性要求不高。

GB/T 23203.1—2013 测卷烟主流烟气中的水分含量采用乙醇作为内标，YC/T 345—2010 测烟草及烟草制品、GB 18582—2008 和 HJ/T 201—2005 测涂料中水分含量时采用异丙醇作为内标，但文献表明，乙醇会与三乙酸甘油酯发生酯交换反应，异丙醇也存在与三乙酸甘油酯发生反应的可能性。

考虑到与三乙酸甘油酯样品和水分的溶解性，以及在 TCD 检测器上的适用性，实验考察了丙酮为内标时的情况，实验（图 6 - 1、图 6 - 2）结果表明在选定的色谱条件下，水、内标和溶剂分离良好。

（三） 样品前处理方式的选择和优化

由于三乙酸甘油酯样品与溶剂 DMF 是互溶的，所以，本方法的样品前处理相对简单，只需要将稀释溶液密封并摇匀即可，无需振荡。

实验考察了取样量对测定结果的影响，实验结果表明：称样量较小（1 ~ 5g）时，测定结果偏高，可能是受环境影响较大的缘故；称样量为 10 ~ 20g 时，测定结果稳定，重复性较好。另外，考虑到对黏度较大的烟用三乙酸甘油酯样品取样的方便性和快捷性，最终确定取样量为 10g。

（四） 检测条件的选择和优化

1. 色谱柱的选择

资料调研表明，2010 年以前，固体或液体基质中水分含量的气相色谱法测定中，多采用填充柱分离分析，如高分子多孔微球、Porapak Q（乙基乙烯苯和二乙烯基苯共聚多孔小球）和 Chromosorb 102。随着分析要求的日益严格，色谱技术更趋成熟，毛细管色谱柱分辨率高、检测时间短、定量结果准确、稳定性好，更适合于批量样品分析，如在 GB/T 23203.1—2013 中，就提供了毛细管色谱柱（内径 0.530mm，膜厚 40.0μm，柱长 30m 的 PLOT/Q 柱）的操作条件；YC/T 345—2012 推荐使用 PoraPLOT U 毛细管柱（内径 0.530mm，膜厚 20.0μm，柱长 25m）。

实验首先考察了 Porapak Q 和 Chromosorb 102 填充色谱柱在三乙酸甘油酯水分测定中的色谱分离情况，结果发现：对于 Porapak Q 填充色谱柱，最高使用温度为 250℃，三乙酸甘油酯的沸点为 258 ~ 260℃，如图 6 - 3 所示，在 Porapak Q 填充色谱柱的最高使用温度 250℃下，三乙酸甘油酯的出峰时间较长，从 20min 至 55min，分析效率较低，且丙酮的色谱峰较宽，灵敏度稍低；另外对于 Chromosorb 102 填充色谱柱，最高使用温度仅为 190℃，与三乙酸甘油酯的沸点相差较大，如图 6 - 4 所示，在其最高使用温度 190℃下，三乙酸甘油酯的出峰时间更长，在第一针样品的 100min 内不出峰，在下一针样品的 16min 开始出峰，100min 时基线尚未回到正常位置，而滞留在色谱柱内的三乙酸甘油酯会对下一针进样的样品的色谱保留时间和色谱峰面积均有影响，造成测定结果的重复性较差。另外填充柱的分离效能和分析速度均不如毛细管柱，所以，本方法不推荐使用填充色谱柱。

近年来，随着分析要求的日益严格，色谱技术更趋成熟，多种高效能的毛细管色谱柱已逐渐替代了日常分析用的填充色谱柱。这类毛细管柱多为大内径（内径为 0.32mm 和 0.53mm）、厚液膜（大于 10μm）的毛细管柱。

GB/T 23203.1—2013 在方法开发研究过程中，对比了 PoraPLOT Q 毛细管

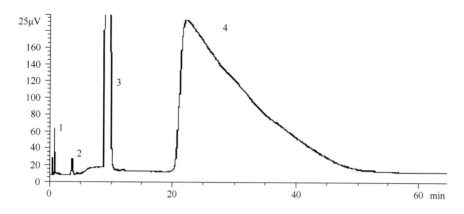

图 6 - 3　典型样品在 Porapak Q 填充色谱柱上的气相色谱图
1—水　2—内标　3—DMF　4—三乙酸甘油酯

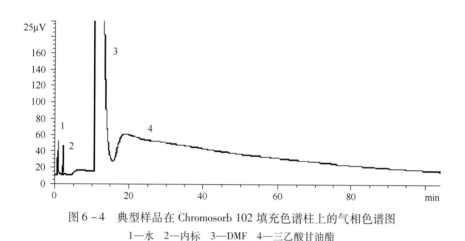

图 6 - 4　典型样品在 Chromosorb 102 填充色谱柱上的气相色谱图
1—水　2—内标　3—DMF　4—三乙酸甘油酯

柱、PoraBOND Q 毛细管柱 、PoraPLOT U 毛细管柱分析样品的色谱图，得出了内径 0.530mm、膜厚 40.0μm、柱长 30m 的 PLOT Q 柱的分离效果最好的结论。PLOT Q 毛细管柱的最高使用温度为 290℃，高于三乙酸甘油酯的沸点，同时为便于不同标准执行过程中的一致性，实验考察了 GB/T 23203.1—2013 中所用毛细管柱的适用性，结果（图 6 - 1、图 6 - 2）发现，在该色谱柱上，水、丙酮、溶剂 DMF 分离良好，色谱峰形较好，且三乙酸甘油酯可以在 30min 前出峰完毕，不会对下一针样品造成干扰，实验证明该色谱柱可以用于烟用三乙酸甘油酯中水分含量的测定。

另外，YC/T 345—2012《烟草及烟草制品 水分的测定 气相色谱法》推荐使用的 PoraPLOT U 毛细管柱，最高使用温度仅为 190℃，不能满足沸点为 258 ~ 260℃的三乙酸甘油酯的出峰需要，本方法不予考虑。

2. 色谱条件的选择和优化

为便于行业内不同标准执行过程中的一致性,实验考察了 GB/T 23203.1—2013 中所用色谱条件在本方法上的适用性。

(1)载气种类和流量 TCD 通常用 He 或 H_2 作载气,因为它们的热导系数远远大于其他化合物,且用 He 或 H_2 作载气的 TCD,其灵敏度高、峰形正常、响应因子稳定,易于定量、线性范围宽。北美多用 He 作载气,因它安全,一些国家或地区因 He 昂贵,也用 H_2。N_2 或 Ar 也可作为 TCD 的载气,但因其灵敏度低,且易出 W 峰,响应因子受温度影响,线性范围窄,一般不用。GB/T 23203.1—2013 和 YC/T 345—2012 均使用 He 为水分测定时的载气,GB 18582—2008 和 HJ/T 201—2005 推荐使用 H_2 或 N_2 作载气。为便于行业内不同标准执行过程中的一致性,并避免出现 H_2 作载气时的安全性问题,而且三乙酸甘油酯的水分含量相对较低,需要选择较高灵敏度的检测条件,故实验选择 He 作载气。

对不同的气相色谱柱要求有不同的载气流量,通常的填充柱载气流量为 10~50mL/min,细径毛细柱的载气流量为 1~3mL/min,粗径毛细柱的载气流量为 3~10mL/min,本方法用到的毛细管柱内径为 0.530mm,属于粗径毛细柱。同为 0.530mm 的粗径毛细柱,YC/T 345—2012 的载气流量设为 5mL/min,GB/T 23203.1—2013 的载气流量设为 3mL/min,其中后者主要是考虑目标物的出峰时间与烟碱匹配,以便与 GB/T 23355《卷烟 总粒相物中烟碱的测定 气相色谱法》规定的方法同时使用。

实验考察了载气流量对实验的影响,即保持其它条件不变的情况下,将载气流量分别设为 3,4,5,6,7,8,9,10mL/min,实验数据见表 6-10,数据的变化趋势见图 6-5、图 6-6。

表 6-10　　　　　　　　　　载气流量对实验的影响

载气流量/ (mL/min)	水的保留 时间/min	丙酮的保留 时间/min	三乙酸甘油 酯的保留 时间/min	水的峰 面积	丙酮的峰 面积	水的峰高	丙酮的 峰高
3	2.285	4.543	36~65.3	92.4	186.8	22	74.5
4	1.777	3.646	30.2~51	91.1	192.9	25.4	62
5	1.476	3.023	27.8~40	89.5	187.2	27.7	68.5
6	1.278	2.614	25.0~36	84.4	180.6	27	71.9
7	1.136	2.319	22.4~34	80.8	171	27.8	74.5
8	1.03	2.098	20.2~30	75	159.2	27.6	73.7
9	0.946	1.925	18.8~27	73.3	150.4	27.5	72.8
10	0.877	1.783	16.5~24	68.8	140.6	26.5	70.6

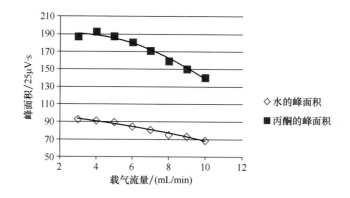

图 6－5　载气流量对峰面积的影响

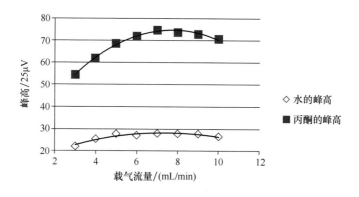

图 6－6　载气流量对峰高的影响

实验发现：

①随着载气流量的增加，水分和丙酮的峰面积呈下降的趋势。这主要是因为 TCD 为浓度型检测器，对流量波动很敏感，TCD 的峰面积响应值反比于载气流量，一般来说，在柱分离许可的情况下，以低些为妥。

②随着载气流量的增加，水分和丙酮的峰高呈先上升后平缓下降的趋势，在流量为 7 和 8mL/min 时色谱峰相对较高。其原因应该是随着载气流量的增加，气体的自然扩散度下降，从而使峰高增加，但流量继续增大时，气体分子与色谱柱固定相没有足够的接触时间就向色谱柱出口端流出，反而造成色谱峰峰高减低。

③随着载气流量的增加，水、丙酮和三乙酸甘油酯的保留时间缩短，以三乙酸甘油酯的变化更为明显，流量较小时需要更长的时间使三乙酸甘油酯流出柱外。

在以上载气流量下，水分、内标等色谱峰分离效果均较好，主要考虑三乙酸甘油酯的出峰时间，同时兼顾方法的灵敏度，将载气流量定为 8mL/min。

（2）进样口条件　对于进样口温度，为使三乙酸甘油酯气化完全，本方法将 GB/T 23203.1—2013 中的进样口温度由 250℃ 调整为 260℃。

然后，实验考察了进样量和分流比的影响，实验结果如表 6-11 所示，在不分流条件下，水出峰前后，色谱基线抬高，分离效果差，而通过分流，可以显著改善色谱峰型和分离效果。另外，通过计算发现，在该进样口条件下，进样口所用衬管的容积为 850μL，2μL DMF 的汽化体积是 623.49μL，占衬管容积的 73.35%，不会发生气体溢出的情况。故进样口条件设为进样口温度 260℃，进样体积 2μL，分流进样，分流比 5:1，其中进样量和分流比与 GB/T 23203.1—2013 相同。

表 6-11　　　　　　　　　　　不同进样量分离效果比较表

进样量	分离效果
1μL，不分流	水出峰前后，色谱基线抬高，分离效果差
0.5μL，不分流	水出峰前后，色谱基线抬高，分离效果差
2μL，分流比 5:1	峰型较好，分离效果好，灵敏度好
2μL，分流比 10:1	峰型较好，分离效果好，峰面积约是分流 5:1 时的 1/2，峰高是分流比 5:1 时的 66.4%。

（3）柱温　柱温是一个重要的操作参数，直接影响分离效能和分析速度。提高柱温可使气相、液相传质速率加快，有利于降低塔板高度，改善柱效；但增加柱温同时又加剧纵向扩散，从而导致柱效下降；另外，为了改善分离，提高选择性，往往希望柱温较低，这又增长了分析时间。因此，选择柱温要兼顾几方面的因素，一般原则是：在使最难分离的组分有尽可能好的分离前提下，采取适当低的柱温，但以保留时间适宜、峰形不拖尾为度；同时，需要考虑样品混合物沸点范围及色谱柱固定相最高使用温度，可适当提高柱温，以缩短保留时间，只要各组分分离度够用即可。

本法与 GB/T 23203.1—2013 所用色谱柱和目标物相同，不同之处在于本方法的上机溶液中含有大量的沸点较高的三乙酸甘油酯。在 GB/T 23203.1—2013 方法中，柱箱温度为 170℃（等温线），各色谱峰分离良好。因此，实验考察了在其他条件不变的情况下，起始柱温在 140，150，160，170，180，190℃时的色谱分离情况，实验数据见表 6-12，数据的变化趋势见图 6-7、图 6-8。

表 6 – 12　　　　　　　　　　　　　柱温对实验的影响

	柱温/℃					
	140	150	160	170	180	190
水的保留时间/min	1.178	1.118	1.068	1.028	0.995	0.967
丙酮的保留时间/min	3.843	3.088	2.505	2.094	1.799	1.582
水的峰面积/25μV·s	76.1	73.5	72.5	73.4	73.1	73.4
丙酮的峰面积/25μV·s	159.2	160.7	160.4	161.0	160.5	160.3
水的峰高/25μV	26.3	25.5	26.2	26.2	27.0	27.1
丙酮的峰高/25μV	43.8	53.0	64.1	72.5	84.4	92.3

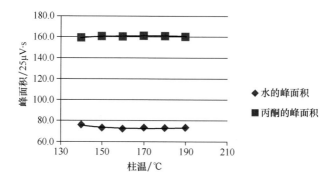

图 6 – 7　起始柱温对峰面积的影响

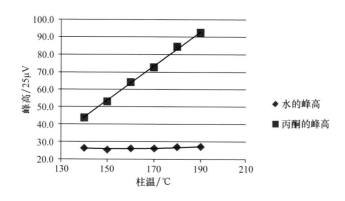

图 6 – 8　起始柱温对峰高的影响

实验发现，起始柱温低，出峰慢，峰形宽，随着温度升高，保留时间减小，尤其是丙酮保留时间前移明显；但色谱峰面积没有显著变化；水的峰高有所增高，但不明显，而丙酮的峰高显著增高。

综合考虑，选定起始柱温为170℃，与 GB/T 23203.1—2013 方法相一致，待水和丙酮出峰后，迅速提升温度至260℃，以尽快赶走色谱柱中的三乙酸甘油酯。

（4）尾吹气 尾吹气是从色谱柱出口直接进入检测器的一路气体，又叫补充气或辅助气。填充柱不用尾吹气，而毛细管大多采用尾吹气。尾吹气的一个重要作用是消除检测器的死体积的柱外效应，经分离的化合物流出色谱柱后，可能由于管道体积的增大而出现体积膨胀，导致流速缓慢，从而引起谱带展宽。加入尾吹气后就消除了这一现象。

那么，尾吹气流量究竟多少合适呢？资料调研表明：这要看所用检测器和色谱柱的尺寸。比如，用0.53 mm 大口径柱时，柱内流量有时可达15mL/min，这对微型 TCD 和单丝 TCD 来说已经够大了，就没有必要再加尾吹气了；而对于 FID、NPD、FPD 则需要至少10mL/min 的尾吹气的流量；对于 ECD 就需要20mL/min 的尾吹气（ECD 一般需要载气总流量大于25mL/min）；使用常规或微径柱时，尾吹气流量应相应加大。经验参考值为：FID、NPD、FPD 需要柱内载气和尾吹气的流量之和为30mL/min 左右，ECD 则需要40～60mL/min，对于 TCD，通常载气加尾吹的总流量在10～20mL/min。当需要在最高灵敏度状态下工作时，应针对具体样品优化尾吹气流量以及其他气体流量。一般情况下尾吹气所用气体类型应与载气相同。

实验考查了本实验中尾吹气对实验结果的影响，实验结果见图 6-9、图 6-10，实验结果表明，尾吹气的流速对保留时间和峰形几乎没有影响，但对峰面积有一定影响，随着尾吹气流量的增加，峰面积和峰高均逐渐减小，实验也发现，若不设置尾吹气流量，检测器不能就绪。本实验室条件选择尾吹气流量为2mL/min。

GB 18582—2008 与 GB/T 23203.1—2013 中均对尾吹气没有提及，可能是尾吹气流量的具体值与不同实验室的 TCD 检测类型有关。本方法中推荐尾吹气流量为2mL/min，也可根据具体仪器做适当调整。

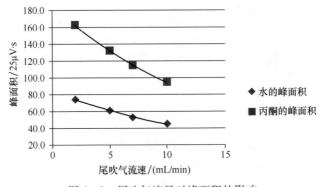

图 6-9 尾吹气流量对峰面积的影响

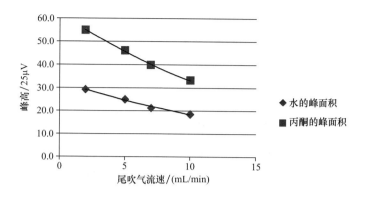

图 6 - 10　尾吹气流量对峰高的影响

3. 样品溶液的稳定性

由于 DMF 和三乙酸甘油酯均具有一定的吸湿性，所以实验考察了样品溶液随时间的稳定性，即将样品溶液室温放置，每隔一定时间进行上机分析，测定结果见表 6 - 13 和图 6 - 11。

表 6 - 13　　　　　　　　样品溶液放置 24h 内稳定性表　　　　　　　单位:%

| | 放置时间/h | | | | | | 平均值 | 相对平均偏差 | 极差 |
	0	3	6	9	12	18	24			
1#	0.018	0.019	0.018	0.020	0.019	0.020	0.021	0.019	5.8	0.003
2#	0.037	0.038	0.038	0.039	0.038	0.040	0.040	0.039	2.9	0.003

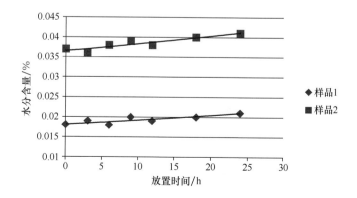

图 6 - 11　放置时间对测定结果的影响

可以看出，随着放置时间增加，水分含量有缓慢增加的趋势，但样品溶液水分的测定值基本在实验测定的相对平均偏差小于6.0%，测定值也基本符合YC 144—2008卡尔·费休法测定水分方法的规定"两次测定值之差不应大于0.003%"，样品1的相对平均偏差稍高，是由于测定结果值较低而造成的，说明24h内样品溶液稳定性较好，对测定结果没有显著影响。

（五） 方法学评价

1. 相对校正因子计算法

（1） 计算方式　本标准方法采用内标法定量，按照一般规律，需要首先根据标准溶液计算水分对内标物的相应校正因子，然后，根据样品中水分和内标的响应值，计算其含量。

GB 18582—2008《室内装饰装修材料 内墙涂料中有害物质限量》即采用相对校正因子法计算水性涂料中水分含量。在该标准中水分的相对校正因子按式（6-4）计算：

$$R = \frac{m_i \times (A_w - A_0)}{m_w \times A_i} \tag{6-4}$$

式中　R——水的相对校正因子；

　　　　m_i——内标的添加质量，g；

　　　　m_w——水的质量，g；

　　　　A_i——内标物的峰面积；

　　　　A_w——水的峰面积；

　　　　A_0——空白样中水的峰面积。

试样中水分含量按式（6-5）计算：

$$\omega_w = \frac{m_i \times (A_w - A_0)}{m_s \times A_i \times R} \times 100 \tag{6-5}$$

式中　ω_w——试样中的水分含量的质量分数，%；

　　　　R——水的相对校正因子；

　　　　m_i——内标的添加质量，g；

　　　　m_s——试样的质量，g；

　　　　A_i——内标物的峰面积；

　　　　A_w——水的峰面积；

　　　　A_0——空白样中水的峰面积。

在式（6-5）中，分母中的A_i代表内标物的峰面积，该标准默认为试样溶液与标准溶液、空白溶液中的内标物的峰面积相同，但在实际测定中，标准溶液和空白溶液中内标物的峰面积不一定一致，且本法中为了使试样溶液与标准溶液、空白溶液中的空白水分保持一致，考虑到水分空白主要来自于溶剂DMF和0.1mL的内标溶液，所以试样、标准溶液、空白溶液中均加入10mL的DMF和0.1mL的内标溶液，而三乙酸甘油酯样品的称样量为10g，其体积约为 8.62mL，所以同样质量的内标在约 10mL 的标准溶液里和在约 18.62mL 的试样溶液里的质量浓度有一定差别，其峰面积也有一定差别，所以不能直接将标准溶液、空白溶液、试样溶液里的内标物的峰面积按相同值计算。

在式（6-4）和式（6-5）中，若令 $r_s = A_w/A_i$，$r_0 = A_0/A_i$，即将分母上的 A_i 移至分子的括号内，那么可以将式（6-4）和式（6-5）转换为式（6-2）和式（6-3），这样，可以更好地考虑到试样溶液、标准溶液和空白溶液中内标物峰面积的不一致性。

本法参照 GB 18582—2008，考察了相对校正因子法的适用性。实验步骤为：取 15 个 50mL 锥形瓶中，分别加入 10mL DMF、0.1mL 内标溶液，然后分别加入不同质量的水，分别为 0，0.003，0.005，0.008，0.01g，每个级别 3 个平行，密封并摇匀，然后上机分析。记录水分与内标物的峰面积，然后按式（6-2）计算水的相对校正因子。实验数据见表 6-14。可以看出，不同质量的水对相同质量的内标测出的水的相对校正因子没有显著差别，但随着添加水的质量的增加，测得的相对校正因子 R 的平行性较好。

表 6-14　　　　　　　　　　　　水的相对校正因子测定

	H_2O 质量/g	丙酮质量/g	水峰面积	内标峰面积	相对校正因子 R	各级别平均相对校正因子 R	总体平均相对校正因子 R
空白样品	0	0.01	25.7	163.0			
	0	0.01	25.9	162.3			
	0	0.01	24.8	162.6			
级别 1	0.0029	0.01	70.3	159.1	0.9837		
	0.0031	0.01	73.4	161.0	0.9655	0.9671	
	0.0031	0.01	73.1	161.8	0.9522		
级别 2	0.0050	0.01	103.9	160.8	0.9791		
	0.0049	0.01	102.5	160.5	0.9837	0.9773	
	0.0049	0.01	102.1	161.7	0.9690		
级别 3	0.0079	0.01	148.1	161.6	0.9618		0.9692
	0.0081	0.01	152.0	160.9	0.9729	0.9647	
	0.0083	0.01	153.3	160.9	0.9592		
级别 4	0.0101	0.01	180.9	160.4	0.9616		
	0.0101	0.01	181.4	160.0	0.9675	0.9679	
	0.0100	0.01	182.7	161.5	0.9747		

同时，按照样品前处理步骤，称取 10g 三乙酸甘油酯样品于 50mL 具盖锥形瓶中，精确至 0.01g，加入 10mL DMF 和 0.1mL 内标溶液，密封并摇匀。转移至色谱小瓶中，然后上机分析。然后按式（6-3）计算所得结果见表 6-15，可以看出，按表 6-15 中平均 R 计算的水分含量（%）与按表 6-15 中最小 R 或最大 R 计算的水分含量（%）几乎是一样的，且与利用卡尔·费休法测得的样品 1、2、3 的水分含量结果 0.014%、0.018%、0.043% 吻合性较好，没有显著差别。

表 6-15 相对校正因子法的样品测定结果

	样品质量/g	丙酮质量/g	水峰面积	内标峰面积	按平均 R 计算的水分含量/%	按最小 R 计算的水分含量/%	按最大 R 计算的水分含量/%
	10.04	0.01	23.1	88.5	0.011	0.011	0.011
样品 1	9.95	0.01	22.8	89.3	0.010	0.010	0.010
	9.95	0.01	25.0	89.4	0.013	0.013	0.013
	9.80	0.01	29.5	89.6	0.018	0.018	0.018
样品 2	9.95	0.01	31.4	89.4	0.020	0.020	0.020
	10.16	0.01	30.0	88.2	0.019	0.019	0.019
	10.07	0.01	54.1	88.7	0.047	0.047	0.046
样品 3	10.02	0.01	52.4	89.0	0.045	0.045	0.044
	10.03	0.01	53.7	88.6	0.046	0.047	0.046

（2）检出限和定量限 参照 GB/T 23203.1—2013，采用最低浓度的标准工作溶液样品进行气相色谱分析，重复进样 10 次，测定水分含量，并计算其标准偏差，以 3 倍标准偏差作为方法的水分含量检出限，10 倍标准偏差作为方法的水分含量定量限，得到方法的检出限为 0.002%，定量限为 0.007%。

（3）回收率和重复性 选择水分含量较低的烟用三乙酸甘油酯样品，进行回收率测试。按照低、中、高不同质量浓度水平，在该样品中加入不同含量的水，混匀后，进行前处理和测定，每个浓度平行测定 6 次。回收率结果见表 6-16，可以看出方法的平均回收率为 91.7% ~ 102.8%，六次平行测定的重复性以相对标准偏差（RSD）表示，结果显示，本方法的 RSD 在 1.8% ~ 3.7%，极差在 0.002% ~ 0.003%，说明方法的重复性良好。

表 6 – 16　　　　　　　　　　　　　　方法的回收率和重复性

空白值/%	加标量/%	平均回收率/%	相对标准偏差（RSD）/%	极差/%
	0.010	91.7	3.7	0.002
0.011	0.040	102.8	1.8	0.002
	0.070	97.3	2.0	0.003

2. 直接称量标准工作曲线计算法

实际样品测定中，式（6 – 4）和式（6 – 5）中的许多参数可以由色谱工作站给出，利用色谱工作站绘制标准工作曲线，可以省却相对校正因子的计算，从而简化计算过程。这种标准工作曲线法也是内标法的一种常用定量方式。

参照 GB/T 23203.1—2013，考察了直接称量标准工作曲线法的适用性。标准溶液的配制同相对校正因子法，即取 15 个 50mL 锥形瓶中，分别加入 10mL DMF、0.1mL 内标溶液，然后分别加入不同质量的水，分别为 0，0.003，0.005，0.008，0.01g，每个级别 3 个平行，密封并摇匀，然后上机分析，计算每个标准工作溶液中水分与内标物的峰面积比（Area ratio），以及质量比（Amount ratio）（见表 6 – 17），以各级标准溶液的质量比的平均值为横坐标，面积比为纵坐标，做出标准工作曲线（见图 6 – 12），线性方程为 $Y = 0.9666X + 0.1576$，曲线覆盖了一般烟用三乙酸甘油酯样品的水分含量范围，线性相关系数 R^2 为 0.9999，线性关系良好。

表 6 – 17　　　　　　　　　　　　　　水的标准工作曲线法数据

	H_2O 质量/g	丙酮 质量/g	水 峰面积	内标 峰面积	水与内标的 质量比	水与内标的 面积比
	0	0.01	25.7	163.0	0.00	0.1577
空白样品	0	0.01	25.9	162.3	0.00	0.1596
	0	0.01	24.8	162.6	0.00	0.1525
	0.0029	0.01	70.3	159.1	0.29	0.4419
级别 1	0.0031	0.01	73.4	161.0	0.31	0.4559
	0.0031	0.01	73.1	161.8	0.31	0.4518
	0.0050	0.01	103.9	160.8	0.50	0.6461
级别 2	0.0049	0.01	102.5	160.5	0.49	0.6386
	0.0049	0.01	102.1	161.7	0.49	0.6314

续表

	H_2O 质量/g	丙酮 质量/g	水 峰面积	内标 峰面积	水与内标的 质量比	水与内标的 面积比
	0.0079	0.01	148.1	161.6	0.79	0.9165
级别3	0.0081	0.01	152.0	160.9	0.81	0.9447
	0.0083	0.01	153.3	160.9	0.83	0.9528
	0.0101	0.01	180.9	160.4	1.01	1.1278
级别4	0.0101	0.01	181.4	160.0	1.01	1.1338
	0.0100	0.01	182.7	161.5	1.00	1.1313

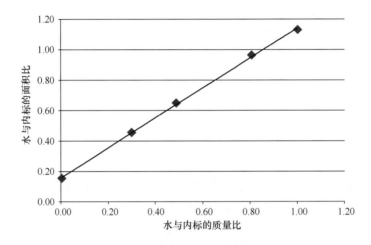

图 6-12　直接称量法得到的标准工作曲线

　　同时，按照样品前处理步骤称取 10g 三乙酸甘油酯样品于 50mL 具盖锥形瓶中，精确至 0.01g，加入 10mL DMF 和 0.1mL 内标溶液，密封并摇匀。转移至色谱小瓶中，然后上机分析。所得结果见表 6-18，对比表 6-18 和表 6-15 的计算结果，可以看出，直接称量标准工作曲线法与相对校正因子法的测定结果没有显著差异。

表 6-18　　　　直接称量标准工作曲线法的样品测定结果

	样品质量/g	丙酮质量/g	水峰面积	内标峰 面积	水与内标的 面积比	水分含量/%
	10.04	0.01	23.1	88.5	0.2610	0.011
样品1	9.95	0.01	22.8	89.3	0.2553	0.010
	9.95	0.01	25.0	89.4	0.2796	0.013

续表

	样品质量/g	丙酮质量/g	水峰面积	内标峰面积	水与内标的面积比	水分含量/%
	9.80	0.01	29.5	89.6	0.3292	0.018
样品2	9.95	0.01	31.4	89.4	0.3512	0.020
	10.16	0.01	30.0	88.2	0.3401	0.018
	10.07	0.01	54.1	88.7	0.6099	0.046
样品3	10.02	0.01	52.4	89.0	0.5888	0.044
	10.03	0.01	53.7	88.6	0.6061	0.046

以上数据可以看出，相对校正因子法与标准工作曲线法的测定结果吻合性很好，没有显著差异，且与卡尔·费休法的测定结果一致。但直接称量标准工作曲线法需要配制一系列的标准工作溶液，且由于烟用三乙酸甘油酯样品的水分含量相对较低，标准溶液配制时称量的水标准物质的量也较低，操作不便。

3. 配制母液标准工作曲线法

（1）标准母液法　实验考察了先配制较高浓度的标准溶液的方法的适用性。

将配制的标准工作溶液进行 GC 分析，做出标准工作曲线，如图 6 - 13 所示，线性方程为 $Y = 1.0156X + 0.1539$，线性相关系数 R^2 为 0.9998，线性关系良好。

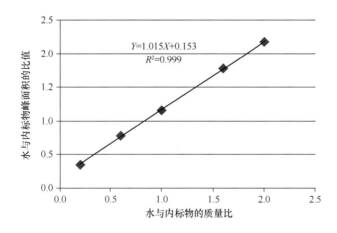

图 6 - 13　配制母液法得到的标准工作曲线

选取三个不同水分含量水平的样品，分别以本法和卡尔·费休法进行测定，结果见表 6 - 19，可以看出，本法与卡尔·费休法的测定结果没有显著差异。

表 6 - 19 本法与卡尔·费休法的测定结果对比

	本方法/%	卡尔·费休法/%		本方法/%	卡尔·费休法/%
样品 1	0.014	0.016	样品 3	0.085	0.089
样品 2	0.033	0.035			

（2）检出限和定量限　参照 GB/T 23203.1—2013，采用最低浓度的标准工作溶液样品进行气相色谱分析，重复进样 10 次，测定水分含量，并计算其标准偏差，以 3 倍标准偏差作为方法的水分含量检出限，10 倍标准偏差作为方法的水分含量定量限，如表 6 - 20 所示，得到方法的检出限为 0.002%，定量限为 0.007%。

表 6 - 20 方法的检出限和定量限

测定次数	测定结果/%	标准偏差/%	检出限/%	定量限/%
1#	0.011			
2#	0.010			
3#	0.011			
4#	0.009			
5#	0.010			
6#	0.011	0.000699	0.002	0.007
7#	0.010			
8#	0.010			
9#	0.011			
10#	0.011			

（3）回收率和重复性　选择水分含量较低的烟用三乙酸甘油酯样品（水分含量为 0.011%），按照低、中、高不同质量浓度水平，在该样品中加入不同含量的水，混匀后，进行前处理和测定，每个浓度平行测定 6 次，进行回收率测试，具体测定值见表 6 - 21，回收率结果见表 6 - 22。可以看出，加标量在 0.012% 时，回收率的范围在 91.7% ~ 108.3%，由于加标量小，造成数据波动较大；加标量在 0.036% 时，回收率的范围在 97.2% ~ 105.6%；加标量在 0.060% 时，回收率的范围在 98.3% ~ 101.7%；即水分含量越高，测定的重复性越好。最终，方法的平均回收率为 97.2% ~ 101.9%，六次平行测定的重复性（即日内重复性，以相对标准偏差 RSD 表示）在 1.6% ~ 3.6%，极差在 0.002% ~ 0.003%，说明方法的重复性良好。

表 6 – 21　　　　　　　　　　　　　方法的回收率实验具体测定值

加标/	测定结果/%						相对标准偏差	极差/%
%	1	2	3	4	5	6	（RSD）/%	
0.012	0.022	0.022	0.023	0.022	0.024	0.023	3.6	0.002
0.036	0.048	0.047	0.048	0.048	0.049	0.046	2.2	0.003
0.060	0.072	0.073	0.071	0.070	0.071	0.070	1.6	0.003

表 6 – 22　　　　　　　　　　　　　　　方法的回收率

加标/	回收率/%						平均回收率/%
%	1	2	3	4	5	6	
0.012	91.7	91.7	100.0	91.7	108.3	100.0	97.2
0.036	102.8	100.0	102.8	102.8	105.6	97.2	101.9
0.060	101.7	103.3	100.0	98.3	100.0	98.3	100.3

选取三个不同水分含量水平的样品，在不同日期进行测定，得到的方法日间精密度的数据见表 6 – 23。可以看出，本方法日间重复性的 RSD 在 2.2% ~ 9.0%，极差在 0.003% ~ 0.005%，比表 6 – 21 中的日内重复性数据稍差，但足以满足检测的需要。

表 6 – 23　　　　　　　　　　　　　　方法的日间重复性

	第一天	第二天	第三天	第四天	第五天	第六天	RSD/%	极差/%
样品 1	0.012	0.014	0.015	0.015	0.013	0.015	9.0	0.003
样品 2	0.033	0.032	0.032	0.031	0.032	0.035	4.2	0.004
样品 3	0.082	0.084	0.083	0.087	0.085	0.086	2.2	0.005

（六）　实际样品检测

项目组利用本方法对 98 个国内外烟用三乙酸甘油酯样品中水分含量进行了检测，样品来自于国家烟草质量监督检验中心市场监督抽查样品和日常接收的委托检验样品，其中进口样品 2 个，国产样品 96 个，实验结果见表 6 – 24。可以看出，98 个样品中，有 92 个样品的水分含量不高于 0.050%，合格率为 93.9%，且其中有 70.4% 的样品水分含量在 0.030% 以下，最小值为 0.010%；有 6 个样品的水分含量高于 0.050%，最大值为 0.16%。

表 6 – 24　　　　　　　烟用三乙酸甘油酯样品水分含量结果统计表

含量范围/%	样品个数/个	所占比例/%	含量范围/%	样品个数/个	所占比例/%
0.010 ~ 0.020	31	31.6	0.041 ~ 0.050	5	5.1
0.021 ~ 0.030	38	38.8	0.051 ~ 0.100	5	5.1
0.031 ~ 0.040	18	18.4	>0.100	1	1

四、小结

根据烟用三乙酸甘油酯的样品特点，参照 GB 18582—2008，采用 DMF 为稀释溶剂，参照 GB/T 23203.1—2013，采用内径 0.530mm、膜厚 40.0μm、柱长 30m 的 PLOT Q 毛细管柱为分离分析用色谱柱，验证并重新优化了进样口条件、色谱条件、检测条件等参数，最终建立了烟用三乙酸甘油酯样品中水分的气相色谱检测方法。

本项目建立的气相色谱法与经典的卡尔·费休法的检测结果的一致性较好，但本法操作更加简单，灵敏度和准确度都符合要求，本方法尤其适合批量处理样品，可大大提高检测效率，降低劳动强度。经过 98 个实际样品的测试验证，本方法可用于烟用三乙酸甘油酯样品中水分含量的检测分析。

参考文献

［1］周永芳，张伟杰，蒋平平. 国内外烟草用增塑剂三醋酸甘油酯现状及发展趋势［J］. 增塑剂，2010，21（2）：4 – 14.

［2］黄华发. 卷烟滤嘴中三醋酸甘油酯向主流烟气的转移研究［J］. 安徽农业科学，2012，40（6）：3602 – 3604.

［3］彭军仓，何育萍，陈黎，等. 滤棒和增塑剂中三醋酸甘油酯的定量分析［J］. 烟草科技，2004（8）：36 – 37.

［4］马丽娜，施文庄，李琼芳，等. 气相色谱法测定醋纤滤棒中的三醋酸甘油酯［J］. 烟草科技，2005（2）：28 – 29.

［5］YC 144—2008 烟用三乙酸甘油酯［S］.

［6］GB/T 6283—2008 化工产品中水分含量的测定 卡尔·费休法［S］.

［7］胜利油田科研所分析组. 苯、甲苯溶剂中微量水的气相色谱分析［J］. 齐鲁石油化工，1975（5）：7 – 16.

［8］史景江，耿家智，高天龙．环氧乙烷中微量水的气相色谱分析［J］．北方轻工学报，1983（02）：75－86.

［9］王玉文．程序升温气相色谱法测定有机溶剂中的微量水份［J］．河北省科学院学报，1990（01）：8－10.

［10］陈利根，俞彩凤．二甲基乙酰胺中微量水的气相色谱分析［J］．上海第二工业大学学报，1995（01）：34－36.

［11］陆克平．同台色谱测定DMF中水和甲醇中水［J］．安徽化工，1995（04）：22－24.

［12］熊士荣，罗湘波，杨军良，等．一种经改进的测定有机试剂中微量水方法［J］．湖南化工，1998（01）：38－40.

［13］刘百战，李树正，詹建波，等．香精香料中溶剂及水分含量的气相色谱分析［J］．烟草科技，1998（05）：18－20.

［14］李似姣，朱英红，唐莲仙．气相色谱法快速测定有机溶剂中的痕量水分［J］．浙江师大学报（自然科学版），2000（01）：45－47.

［15］顾润南，钦维民．水性涂料中水含量的测定［J］．东华大学学报（自然科学版），2002（02）：110－113.

［16］石慧．用气相色谱法测定水性涂料中的水分［J］．中国涂料，2005（05）：32－33，39.

［17］马丛欣．关于测定水性涂料中水分含量方法的比较与实践［J］．中国涂料，2007（07）：31－33.

［18］赵丽冰，林泽海，杨柳青，等．水性涂料中水分测定方法对比分析［J］．广州化工，2010（02）：139－140，146.

［19］纪丽娜，肖峥．气相色谱法测定水性涂料中水含量的不确定度评定［J］．上海涂料，2012（01）：44－46.

［20］伍锦鸣，彭斌，刘克建，等．气相色谱法测定烟草含水率［J］．烟草科技，2012（12）：49－51.

［21］GB 18582—2008 室内装饰装修材料 内墙涂料中有害物质限量［S］.

［22］ISO16632：2003 Tobacco and tobacco products Determination of water content Gas - chromatographic［S］.

［23］CORESTA 推荐的方法 NO.57：2002 Determination of water in tobacco and tobacco products by Gas chromatographic analysis［S］.

［24］GB/T 23203.1—2013 卷烟 总粒相物中总水分的测定 第1部分：气相色谱法［S］.

［25］YC/T 345—2010 烟草及烟草制品 水分的测定 气相色谱法［S］.

［26］GB/T 23203.2—2008 卷烟 总粒相物中总水分的测定 第2部分：卡

尔·费休法 ［S］.

[27] GB/T 23357—2009 烟草及烟草制品 水分的测定 卡尔·费休法 ［S］.

[28] 鞠庆华，郭卫军，张利雄，等. 甘油三乙酸酯超临界酯交换反应及其动力学研究 ［J］. 石油化工，2005，34（12）：1168 –1171.

[29] HJ/T 201—2005 环境标志产品技术要求 水性涂料 ［S］.

[30] 香港环保标志标准 HKEPL—004—2002 油漆 ［S］.

[31] 香港环保标志标准 HKEPL—01—004 水性涂料 ［S］.

[32] 蒋锦锋，李栋，刘惠芳，等. 三乙酸甘油酯中丙酮溶液标准物质 ［J］. 烟草科技，2013（5）：36 –40.

第七章

烟用三乙酸甘油酯中砷和铅的测定

三乙酸甘油酯通常是由丙三醇（甘油）和乙酸（醋酸）在酸性催化剂作用下，加热并用脱水剂带走生成的水得到半成品，再经乙酸酐（醋酸酐）深度酯化得到粗成品，并经脱酸、脱色、精制而成。甘油及反应中的水也可能含有重金属元素。在卷烟抽吸时，炙热的主流烟气可使卷烟滤嘴端温度最高达80℃以上，滤嘴中三乙酸甘油酯残留的重金属颗粒也可能会存在于烟气气溶胶中，被吸入人体。

在 YC/T 144—1998《烟用三乙酸甘油酯》中，对烟用三乙酸甘油酯砷（As）、铅（Pb）的规定为：砷（As）≤0.0003%、铅（Pb）≤0.001%，在 YC 144—2008 版本中，改为三乙酸甘油酯砷（As）≤1.0μg/g、铅（Pb）≤5.0μg/g，要求也更加严格。

对于三乙酸甘油酯中重金属含量的测定，有一些文献报道。

李忠等采用分光光度法测定三乙酸甘油酯中的铅，平行5次测定，用 AAS 法作对照，结果相符，含量为6.4~8.3mg/kg。

王艳等建立了三乙酸甘油酯等8种滤嘴用卷烟材料中铅的测定方法——石墨炉原子吸收光谱法，样品采用硝酸 - 过氧化氢浸提法或微波消解法进行预处理，用石墨炉原子吸收光谱法直接进行测定，结果三乙酸甘油酯中铅含量为0.03~1.10mg/kg。

王艳、姚孝元等还采用硝酸 - 过氧化氢常压加热消解或微波消解和氢化物 - 原子荧光光谱法测定了三乙酸甘油酯等8种卷烟滤嘴材料195个样品中的汞、砷，结果显示三乙酸甘油酯中的汞、砷含量分别为0.002~0.006mg/kg 和0.025~0.210mg/kg。

雷敏采用微波消解和传统湿法消解预处理样品，氢化 - 原子荧光光谱法（HG - AFS）测定 As 的含量和石墨炉原子吸收光谱法（GF - AAS）测定 Pb、Cd、Cr、Ni 的含量，实验结果表明，在微波条件下，采用 m（HNO_3）:m（HCl）:m（H_2O_2）=5:1:2 消解三乙酸甘油酯，消解完全，效果好，可行性高，具有较高的准确度和精密度，建立了 HG - AFS 测定卷烟辅料中 As 元素的方法，样品测量值为 0.07～0.093mg/kg。

从以上报道可以看出，大部分的三乙酸甘油酯样品 Pb、As 含量均分别符合行业 ≤1.0μg/g 和 ≤5.0μg/g 要求，但它们的具体测定值之间都有着较大的差异，这可能与样品的不同及分析测试方法的不同有关。

YC/T 144—1998《烟用三乙酸甘油酯》中，砷的测定方法为：称取 2.0g 样品，按 GB 610.1 的规定测定，溴化汞试纸呈棕黄色不得深于标准。标准是取含 0.006mg 砷杂质的标准溶液，稀释至 70mL，与同体积样品溶液同时同样处理。重金属铅测定方法为：准确称取 1.5g 样品，加 40mL 水溶解，然后按 GB 7532 的规定处理。标准是准确称取 0.5g 样品，溶于 25mL 水中，加入含 0.01mg 铅杂质的标准液，稀释至 40mL，与同体积样品溶液同时同样处理。

YC/T 144—2008《烟用三乙酸甘油酯》中，对砷、铅测定方法没有做太多描述，只是写明："砷按 GB/T 5009.76 的规定进行测试。铅按 GB/T 5009.75 的规定进行测试。"

第一节

比色法

一、检测方法

（一）砷的检测方法

1. 砷斑法

砷斑法又称为古蔡氏法（Gutzeit），是一种传统的半定量测定方法。其原理是利用金属锌与酸作用产生新生态的氢，与样品中的微量亚砷酸盐反应生成具挥发性的砷化氢，遇溴化汞试纸产生不同程度的黄色、棕色至黑色的砷斑，砷斑颜色的深浅和样品中的砷含量成正比，将样品砷斑与同等条件下一定量标准砷溶液所产生的砷斑比较，以判定砷盐的。反应式如下：

$$AsO_3^{3-} + 3Zn + 9H^+ \longrightarrow AsH_3 \uparrow + 3Zn^{2+} + 3H_2O$$

$$As^{3+} + 3Zn + 3H^+ \longrightarrow AsH_3 \uparrow + 3Zn^{2+}$$

$$AsH_3 + 3HgBr_2 \longrightarrow 3HBr + As(HgBr)_3 （黄色）$$

$$AsH_3 + 2As(HgBr)_3 \longrightarrow 3AsH(HgBr)_2 （棕色）$$

$$AsH_3 + As(HgBr)_3 \longrightarrow 3HBr + As_2Hg_3 （黑色）$$

五价砷在酸性条件下被金属锌还原为砷化氢，此反应速度很慢，因此在实验过程中加入碘化钾及氯化亚锡作为还原剂，使 As（V）还原为 As（Ⅲ），同时生成碘。

$$AsO_4^{3-} + 2I^- + 2H^+ \longrightarrow AsO_3^{3-} + I_2 + H_2O$$

$$AsO_4^{3-} + Sn^{2+} + 2H^+ \longrightarrow AsO_3^{3-} + Sn^{4+} + H_2O$$

氧化生成的碘再被氯化亚锡还原为碘离子。

$$I_2 + Sn^{2+} \longrightarrow 2I^- + Sn^{4+}$$

碘离子与 Zn^{2+} 形成 ZnI_4^{2-} 配位离子，使生成砷化氢的反应不断进行。

该法的优点是实验仪器简单，所需药品的价格低廉，过程简便，适宜基层快速检测样品。缺点是毒性大，重现性差。

2. 银比色法

银比色法是传统的定量检测砷的方法。其原理是在酸性介质中，氯化亚锡和碘化钾将高价砷还原为亚砷酸，然后用锌粒将亚砷酸还原为砷化氢气体：

$$H_3AsO_3 + 3Zn + 6H^+ === AsH_3\uparrow + 3Zn^{2+} + 3H_2O$$

把砷化氢气体通入吸收液，与溶于三乙醇胺 – 氯仿中的二乙氨基二硫代甲酸银作用，生成棕红色的胶态银，与标准比较定量。该法的优点是成本低、简易、灵敏、重复性好和回收率高，缺点是操作过程烦琐、有毒性、分析时间长。

（二）铅的测定方法——双硫腙比色法

双硫腙比色法是测定铅含量的经典方法。主要原理是双硫腙与某些金属离子形成络合物溶于三氯甲烷、四氯化碳等有机物溶剂中，在一定的 pH，双硫腙可与不同的金属离子呈现出不同的颜色。对于铅离子，样品经消化后，在 pH8.5～9.0 时，铅离子与双硫腙生成双硫腙铅红色络合物，可被三氯甲烷萃取出来，在加入柠檬酸铵、氰化钾和盐酸羟胺等掩蔽剂和消除干扰的试剂后，防止铁、铜、锌等离子干扰，与标准系列比较定量。

目前检测金属铅的方法虽有多种，但大都需要特殊的仪器设备，仅双硫腙比色法不需要特殊的仪器设备。因此，双硫腙比色法仍是基层实验室用于测定食品、水、化妆品、生物材料等样品中铅的常用方法。

二、方法讨论

（一）样品的前处理

1. 干法消解

干法消解是样品采用高温炭化和灰化，用高温灼烧破坏样品中的有机物，最后用适宜的酸来溶解灰分中的重金属，即样品经炭化、灰化后定容测定。对于砷和铅元素按照标准要求，分别采用如下方法进行干法样品前处理：

（1）砷　在盛有样品的瓷坩埚中加入一定量的硝酸镁溶液和氧化镁粉末，混匀，浸泡，低温或水浴蒸干，加热至炭化完全，将坩埚移至高温炉中，在550℃以下灼烧至灰化完全，冷却后取出，加适量水湿润灰分，加入酚酞溶液数滴，再缓缓加入盐酸溶液至酚酞红色褪去，然后将溶液移入容量瓶中，定容，混匀。取相同量的氧化镁、硝酸镁，按上述方法做试剂空白试验。

（2）铅　称取试样于瓷坩埚中，加入适量硫酸湿润试样，炭化后，加硝酸和少量硫酸，加热，直到白色烟雾挥尽，移入高温炉中，于550℃灰化完全。冷却取出，加硝酸溶液，溶解灰分，将试样液转移到容量瓶中，定容，混匀。按上述方法做试剂空白试验。

2. 湿法消解

湿法消解又称湿灰化法或湿氧化法，在样品中加入氧化性强酸，同时加热消煮，使有机物质分解氧化成 CO_2、水和各种气体，为加速氧化进行，可加入各种催化剂，这种破坏样品中有机物质的方法就称作湿法消化。含有大量有机物的样品通常采用混酸进行湿法消解，用于湿法消解的混酸包括 $HNO_3 - HClO_4$、$HNO_3 - HClO_3 - HClO_4$、$HNO_3 - HClO_4 - H_2SO_4$、$HNO_3 - H_2SO_4$、$H_2SO_4 - H_2O_2$ 和 $HNO_3 - H_2O_2$ 等。其中沸点在120℃以上的硝酸是广泛使用的预氧化剂，它可破坏样品中的有机质；硫酸具有强脱水能力，可使有机物炭化，使难溶物质部分降解并提高混合酸的沸点；热的高氯酸是最强的氧化剂和脱水剂，由于其沸点较高，可在除去硝酸以后继续氧化样品。当样品基体含有较多的无机物时，多采用含盐酸的混合酸进行消解；而氢氟酸主要用于分解含硅酸盐的样品。酸消化通常在玻璃或聚四氟乙烯容器中进行。由于湿法消解过程中的温度一般较低（<200℃），待测物不容易发生挥发损失，也不易与所用容器发生反应，但有时会发生待测物与消解混合液中产生的沉淀共沉淀的现象，其中最常见的例子就是当用含硫酸的混合酸分解高钙样品时，样品中待测的铅会与分解过程中形成的硫酸钙产生共沉淀，从而影响铅的测定。

三乙酸甘油酯通常采取湿法消解的方式处理样品。采用的混合酸体系为 $HNO_3 - H_2SO_4$。具体过程如下：准确称取一定试样，置于凯氏烧瓶或三角烧瓶中，加一定体积硝酸浸润试样，放置片刻，缓缓加热，待作用缓和后，冷却，再加入硫酸，缓缓加热，至瓶中溶液开始变成棕色，不断滴加硝酸，至有机质分解完全，继续加热，生成大量的二氧化硫白色烟雾，最后溶液应无色或微带黄色。冷却后加水煮沸，除去残余的硝酸至产生白烟为止。而后将溶液移入容量瓶中，定容，混匀。取相同量的硝酸、硫酸，按上述方法做试剂空白试验。

（二）测试过程的影响因素

1. 砷测定过程中的影响因素

（1）砷斑法

①化学试剂。

a. 碘化钾：新配制的碘化钾溶液为无色透明的溶液，遇光易变黄，析出游离碘，所以应避光保存。存放一段时间后碘化钾溶液会出现感光变黄，导致空白增高，所以碘化钾溶液最好即配即用。

b. 氯化亚锡：氯化亚锡是强还原剂，但其化学性质不稳定，在水中易分解成白色乳浊液，$SnCl_2 + H_2O \Longrightarrow Sn[OH]Cl\downarrow + HCl$，失去还原能力，因此配制氯化亚锡溶液时需加锡粒进行保护，最好现用现配。有研究证明，在标准溶液和样品中用固体氯化亚锡代替国标方法中的氯化亚锡溶液，方法比对结果一致。氯化亚锡加入的量对测定结果无影响，用少量固体氯化亚锡代替溶液可以很好地防止氯化亚锡溶液被空气氧化而引入的实验误差。

c. 锌粒：锌粒的用量及大小会影响反应的完全程度，从而影响测定结果。锌粒用量过小，反应生成的新生态氢不足以与砷完全反应，导致结果偏低；颗粒过大时，反应时间加长，也致使砷化氢吸收不完全。所以实验过程中要控制好锌粒的用量及其颗粒的大小。

②反应环境与进程：氢发生的速率直接影响 AsH_3 的逸出速率，从而影响砷斑的色泽和清晰度。而氢的发生速率与溶液酸度、锌粒粒度及其用量、反应温度有关。实验表明，试液中酸浓度为 2mol/L，碘化钾浓度为 2.5%，锌粒（10~20目）2g，水浴温度在 25~40℃，反应时间 45~60min，较为合适。

③醋酸铅棉花：样品或试剂中可能含有少量硫化物，在酸性条件下产生硫化氢，与溴化汞试纸作用生成硫化汞色斑，干扰试验，因此在导气管中装入醋酸铅棉花吸收硫化氢，去除干扰。棉花用量过多或塞得过紧会影响砷化氢的通过，反之，又造成硫化氢去除不完全。实验证明，0.1g 醋酸铅棉花装管高度80mm 时，$1000\mu gS^{2-}$ 存在条件下对测定不造成干扰。

（2）银比色法

① 化学试剂。

a. 碘化钾：同砷斑法。

b. 氯化亚锡：同砷斑法。

c. 锌粒：锌粒用量过大、颗粒过小，都会使反应速度过快，测定吸收不完全，同时也使其副反应物增多，副反应物进入吸收液后可使银溶胶性质发生变化，使吸光度下降，导致测定结果偏低。锌粒用量过小和颗粒过大，均会造成结果偏低。

d. 吸收液：二乙氨基二硫代甲酸银易潮解，见光敏感，变质后试剂空白值升高，需避光、密封、干燥保存。变质试剂需提纯后方可使用，否则会给砷的测定带来较大影响。

②酸度：酸度对砷化氢的发生和吸收有一定影响。酸度过高，加入碘化钾和氯化亚锡时，易生成朱红色鳞片状锡的碘化物沉淀。较高的酸度还导致反应速率过快，影响吸收和比色。酸度过低则反应速率缓慢，造成反应和吸收不完全，影响砷的测定结果。

③温度：温度过高，反应速率过快，影响吸收。并且温度越高，空白吸光度越高。原因在于温度高引起酸与锌发生剧烈反应，生成的砷化氢气体通过毛细管进入吸收液，使吸收液消耗量大，虽然补加三氯甲烷于吸收管中，但吸收液的颜色明显变深，使空白吸光度随之增高。温度过低影响反应进度，使反应不完全，影响测定结果的准确度。

2. 铅测定过程中的影响因素

（1）有机溶剂的选择　Pb 与双硫腙（H_2DZ）形成的络合物在不同溶剂中呈色强度不同，常用的溶剂为三氯甲烷和四氯化碳。由于双硫腙和双硫腙铅络合物在三氯甲烷中的溶解度和稳定性优于四氯化碳，并且三氯甲烷的毒性比四氯化碳低，所以多选用三氯甲烷作为反应溶剂。

（2）pH　双硫腙是一种强络合剂，pH 大小直接决定着它与铅离子的络合程度以及其他金属离子的干扰程度。据计算，pH8.5 ~ 9.0 时样品中的铅离子可以几乎全部与双硫腙络合。用氨水调节 pH，由于氨水是弱碱，对 pH 改变幅度小，并且本法用柠檬酸铵掩蔽钙、镁离子，存在大量 NH_4^+，用氨水则可以形成缓冲体系，稳定了整个体系的酸度范围，易于调节。实际操作中调至溶液呈粉红色后再补加 2 滴最佳，此时 pH 近似为 9.0。

（3）振荡充分程度　反应过程需充分振荡，使水溶液的铅离子最大限度地与氯仿层里的双硫腙络合，否则对实验结果会造成影响。

（4）实验用试剂的纯化　一般双硫腙试剂中含有少量的双硫腙氧化物，在使用前利用双硫腙像弱酸一样解离的性质，使其在氨水中成盐，溶于碱溶液，而双硫腙的氧化物（二苯硫代偕二肼）不溶于碱性溶液，仍留在三氨甲烷层，从而达到分离纯化的目的。柠檬酸铵、盐酸羟胺一般都含有少量的铅，直接使用会对测量造成影响，需在使用前用双硫腙三氯甲烷在试液 pH8.5 ~ 9.0 的条件下萃取除铅。

第二节

分光光度法

本节着重参考了李忠、黄海涛、刘思等《对磺酸基苯基亚甲基若丹宁光度法测定三醋酸甘油酯中的铅》［光谱实验室，2000，17（4）：438 – 439］。

一、原理

利用磺酸基苯基亚甲基若丹宁（SBDR）与铅发生显色反应。在硝酸介质中，吐温 – 80 存在下，SBDR 与铅反应生成 2:1 稳定络合物，$\lambda_{max} = 520nm$，$\varepsilon = 2.91 \times 10^4 L/$（mol·cm）。铅含量在 0～100μg/25mL 符合朗伯 – 比耳定律，此方法用于工业三醋酸甘油酯中铅含量的测定结果令人满意。

二、检测方法

1. 主要仪器和试剂

UV – 2401 紫外可见分光光度计（日本岛津）。

铅标准溶液：10μg/mL；1mol/L 硝酸溶液；1% 吐温 – 80 溶液；0.05% SBDR 溶液，用 95% 乙醇配制。

2. 实验方法

于 25mL 比色管中，加入 20μg 铅标准液、2mL 1% 吐温 – 80、3mL 1mol/L 硝酸、2mL 0.05% SBDR，用水稀释到刻度，放置 10min，用 1cm 比色皿，以试剂空白为参比，于 520nm 处测定吸光度。

三、结果与讨论

1. 吸收光谱

显色体系最大吸收波长为 520nm，试剂空白最大吸收波长为 430nm，对比度较大。

2. 显色酸度的影响

体系在酸性介质中显色，试验了盐酸、硝酸、磷酸、高氯酸、冰醋酸对体系显色性能的影响，效果以硝酸为最好。故实验选用 1mol/L 硝酸控制酸度，用量在 1～6mL 吸光度均稳定，实验选用 3mL。

3. 表面活性剂及用量的选择

阴离子表面活性剂和阳离子型表面活性对体系均无增敏作用，当其加入反而会降低灵敏度，非离子型表面活性剂对体系有明显的增敏作用，试验了乳化剂 – OP、吐温 – 20、吐温 – 60、吐温 – 80 等非离子型表面活性剂对体系的增敏作用，效果以吐温 – 80 最好，1% 的吐温 – 80 用量在 1～5mL 吸光度均稳定，实验选用 2mL。

4. 显色剂用量的选择

0.05% SBDR 用量在 1～3mL 吸光度最大且稳定，实验选用 2mL。

5. 显色温度及体系的稳定性

显色体系在室温下迅速显色，放置 5min 后吸光度可达到稳定，显色完全后体系至少可稳定 5h。

6. 校准曲线

在选定实验条件下，铅含量在 0～100μg/25mL 符合朗伯 – 比耳定律，线

性回归方程为 $A = 0.01321 + 0.005632C$（$\mu g/25mL$），$r = 0.9998$，从回归方程可算出摩尔吸光系数 $\varepsilon = 2.91 \times 10^4 L/$（$mol \cdot cm$）。

7. 共存离子的影响

对于 $10\mu g\ Pb^{2+}$，相对误差为 ±5%，下列量离子不干扰（mg）：K^+、Na^+、Ca^{2+}、Cl^-、NH_4^+（10）；Al^{3+}、PO_4^{3-}、B（Ⅲ）、Mg^{2+}（1）；Fe^{3+}、Co^{2+}、Mo（Ⅵ）、Ni^{2+}、SiO_3^{2-}、Zn^{2+}（0.5）；V（V）、Cr^{3+}、W（Ⅵ）、Mn^{2+}、Sn（Ⅵ）、Ba^{2+}、Mn^{2+}、As（V）（0.01）；Hg^{2+}、SO_4^{2-}、Cd^{2+}（0.005）常见元素允许量较大，体系选择性较好。

8. 络合物组成的测定

由摩尔比法和连续变化法可测得络合物中 SBDR 与 Pb^{2+} 的摩尔比为 2:1。

9. 样品分析及结果

准确称取 10g 样品于小烧杯中，盖上表面皿，在低温电炉上加热让三乙酸甘油酯蒸发，加入 10mL 硝酸（10%）溶解残渣，调 pH 到中性，转入 25mL 比色管中，按实验方法显色测定。结果见表 7 - 1。

表 7 - 1　　　　　　　　　　　样品测定值及回收率

试样	测定值/（$\mu g/g$）					平均值/（$\mu g/g$）	回收率/%
样品 1	6.38	6.42	6.45	6.39	6.4	6.48	102 ~ 105
样品 2	8.32	8.49	8.3	8.25	8.29	8.16	96 ~ 104

第三节

原子吸收光谱法

原子吸收光谱法（AAS）是一项成熟的分析技术，在各行业都得到了广泛的应用，原子吸收法中的石墨炉法灵敏度高，在某些重金属的检测方面拥有其独有的分析优势，常用于烟草行业。

本节着重参考了王艳、姚孝元，范黎等《8 种卷烟材料中铅的 GF - AAS 测定》[中国卫生检验杂志，2007，12（17）：2191 -2193]。

一、原理

本法采用硝酸 - 过氧化氢常压加热消解和石墨炉原子吸收光谱法测定三乙酸甘油酯的铅含量。

二、检测方法

1. 仪器和试剂

PE－3030 石墨炉原子吸收分光光度计（美国 PERKIN－ELMER 公司），热解涂层 L7VOV 平台石墨管；AE－260 电子天平（感量：0.0001g，上海梅特勒托利多公司）；HH.S21－4 水浴锅（北京长安科学仪器厂）；Q45 压力自控微波消解系统（加拿大 QUESTRON 公司）。

实验用水：二次去离子水；浓硝酸（$\rho_{20} = 1.42g/mL$，优级纯）；过氧化氢 $[\omega(H_2O_2) = 30\%]$（AR）；$1000\mu g/mL$ 铅标准溶液（国家标准物质中心购买）；辛醇 $[CH_3(CH_2)_7OH，AR]$；$20mg/mL$ 磷酸二氢氨溶液：称取 2.0g 磷酸二氢氨（$NH_4H_2PO_4$，98.5%），用二次去离子水溶解并稀释至 100mL。

2. 样品的处理与分析

（1）样品处理 准确称取三乙酸甘油酯各 0.50g，分别置于 50mL 具塞试管中，各加入 5.0mL 浓硝酸和 2.0mL 30% 过氧化氢，混匀。接装纸和成形纸样品会产生大量泡沫，需滴加 3～5 滴辛醇至泡沫消除。于 90℃ 水浴中加热 60min，取出，冷却后用二次去离子水定容至 25mL，用中速定量滤纸过滤，滤液备用。准确称取 PP 丝束胶黏剂 0.50g，置于 50mL 具塞试管中，在距管底 5cm 以上裹 2 层无纺布保温，于电热板上低温加热使其有机溶剂挥发，至变成少许浅黄色液体后加入 5.0mL 浓硝酸和 2.0mL 30% 过氧化氢，混匀。于沸水浴中加热 60min，取出，冷却后用二次去离子水定容至 25mL，用中速定量滤纸过滤，滤液备用。以上五种样品均随同试样做试剂空白。

（2）GF－AAS 分析及条件 准确吸取系列浓度的铅标准溶液、空白溶液（未加样品的处理液）和样品溶液各 $10\mu L$，为消除基体对测定结果的干扰，各加入 $5\mu L$ 基体改进剂 $20mg/mL$ 磷酸二氢氨溶液，注入石墨炉，分别进行 GF－AAS 分析。在同一条件下先测定标准溶液，后测定空白和样品溶液。仪器操作参数为：波长 283.3nm，灯电流 10mA，光谱通带宽度 0.7nm，进样量 $10\mu L$，测定（定量）方式为峰面积定量，石墨炉工作条件见表 7－2。

表 7－2　　　　　　　　　　　　　　　石墨炉工作条件

程序	温度/℃	时间/s	高纯氩气流量/（mL/min）
干燥	120	30	300
灰化	600	30	300
原子化	2100	5	50

三、结果与讨论

1. 样品预处理方法的选择

为选择适宜的样品前处理方法，进行了常压加热消解法与微波消解法两种前处理方法的试验比较，即同一样品，采用相同品种相同量的消化剂，但分别采用常压加热消解法和微波消解法进行前处理，样品前处理后均稀释到 25mL。结果（表 7 – 3）显示，两种前处理方法的测定结果基本相同，t 检验结果表明 P 值大于 0.20，说明这两种方法无显著性差异。然而，微波消解法虽具有消解速度快、样品受污染机会少等优点，但微波消解产生高温、高压，有一定的安全隐患，且微波消解系统价格昂贵，不利于大量样品前处理。因此，选择使用常压加热消解法。

表 7 – 3　　　　　　　　　　常压加热消解法和微波消解法比较

前处理方法	常压加热消解法[①]	微波消解法[①]	常压加热消解法[②]	微波消解法[②]
铅	<0.17	<0.17	1.10	

注：①未加标；②加标；

2. 微波消解条件的确定

用硝酸 – 过氧化氢为混合消化溶剂消解时，称取样品量为 0.20g，先加入 5.0mL 浓硝酸，静置过夜，充分作用，以防加热时反应过分激烈；再加入 30% 过氧化氢 2.0mL 以彻底完成消化。本试验选择的样品量及浓硝酸、30% 过氧化氢用量主要是根据欲测定的卷烟材料中的铅含量和溶样杯的容量而确定的。试验结果表明，采用本条件消解样品，消解较为完全。

3. 干扰及消除

石墨炉原子吸收光谱法的基体效应比较显著和复杂。在原子化过程中，样品基体蒸发，在短波范围出现分子吸收或光散射，产生背景吸收。现在的石墨炉原子吸收分光光度计一般都带有背景校正装置，利用此类装置可以消除背景吸收。另一类基体效应是样品中基体参加原子化过程中的气相反应，使被测元素的原子对特征辐射的吸收增强或减弱，产生正干扰或负干扰。如氯化钠、硫酸钠对铅的测定均产生负干扰。此类干扰可以采用标准加入法或加入基体改进剂予以消除。本方法采用 10μL 样液加入 5μL 的 20mg/mL 磷酸二氢铵溶液（基体改进剂）以消除干扰。

4. 工作曲线及检出限

用 1%（体积分数）硝酸溶液将 1000μg/mL 铅标准溶液逐级稀释成 5.0μg/mL 的铅标准工作溶液。准确吸取铅标准工作溶液各 0，0.10，0.25，

0.50，1.00mL分别置于25mL有盖的具塞试管中，加入2.5mL硝酸（1+1）溶液，再用二次去离子水定容，摇匀，得浓度依次为0，20.0，50.0，100.0，200.0μg/L的铅系列标准溶液。将铅系列标准溶液进行GF-AAS分析，并用峰面积对浓度作图得工作曲线（表7-4）。同时，经10次空白测定，按3倍空白标准偏差计算出方法的检出限和检出浓度（表7-4）。由此看出，工作曲线线性好，方法的灵敏度高，适合定量分析。

表7-4　　　　　　烟用三乙酸甘油酯检出限、定量限测试结果

元素	回归方程	相关系数	检出限/（ng/mL）	检出浓度/（mg/kg）
Pb	$Y = 913.4X - 1.44$	0.9991	1	0.05

5. 精密度和准确度

称取三乙酸甘油酯12份，0.5g/份，其中6份分别加入5.0μg/mL铅标准工作溶液0.10mL，按本方法分别测定样品中铅的本底值及加标后的量，并根据测定数据计算其回收率。结果发现加标回收率都大于95%，说明本法的准确性较高。

四、小结

实验结果表明，硝酸-过氧化氢常压加热消解和石墨炉原子吸收光谱法测定三乙酸甘油酯的铅含量，具有操作简单、分析速度快、灵敏度高、准确度好等特点，适用于这些卷烟滤嘴材料中铅含量的测定。

第四节

原子荧光法

本节着重参考了湖南大学雷敏硕士学位论文《卷烟辅料中有毒有害元素的检测方法研究》（2010）。

一、原理

HG-AFS法测定As含量的测试原理为：试样经微波处理后，在酸性条件和硫脲-抗坏血酸作用下，消解液中五价As被还原为三价As，三价As与硼氢化钾作用生成气态砷化氢，在载气（氩气）作用下分解为原子态As，

经 As 空心阴极灯发射光谱激发，基态 As 原子被激发至高能态，而后去活化回到基态，发射出特征波长荧光，在一定浓度范围内，其荧光强度与 As 含量呈正比。

二、仪器与试剂

1. 仪器设备

聚乙烯小烧杯、玻璃小烧杯；四氟乙烯容量瓶，25、50mL。

XP204S 精密天平，感量 0.0001g（Mettler AE 163 型，瑞士梅特勒·托利多公司）；Speedwave MWS – 3 型微波消解仪（德国 Berghof 公司），配 PTFE 微波消解罐；

Mars 型密闭微波消解仪（美国 CEM 公司），配 TFM/石英内罐；

注意：微波消解罐在使用前须用 10% ～20% 优级纯硝酸浸泡至少 12h，并在使用前用超纯水冲洗干净。

LabTech EH/EG/EK 微控数显电热板（北京莱伯泰科仪器有限公司）。

AFS – 9230 原子荧光光度计（北京吉天仪器有限公司）。

2. 试剂与材料

65% 硝酸、40% 氢氟酸、37% 盐酸、30% 过氧化氢（GR，国药集团化学试剂有限公司）、48% 氢氟酸（GR，SigmaAldrich 公司）。

还原剂：2.5% 硼氢化钾 + 0.5% 氢氧化钠：称取 0.5g 分析纯的 NaOH 溶于 100mL 的超纯水中，待 NaOH 充分溶解后，再称取 2.5g 分析纯的 $NaBH_4$ 溶于刚配制好的 0.5%（质量分数）NaOH 溶液中，充分溶解混匀待用。该溶液现配现用。

12.5% 硫脲 – 抗坏血酸：称取 12.5g 硫脲，加约 80mL 水，加热溶解，待冷却后加入 12.5g 抗坏血酸，稀释到 100mL，储于棕色试剂瓶中，可保存一个月。

As 标准溶液（浓度 1000μg/mL）：国家标准物质 GBW（E）080124。依据所测定辅料中的含 As 量，配制不同浓度的 As 标准工作溶液，其浓度范围应覆盖预计在样品中检测到的 As 含量。

三、研究方法

1. 前期处理

称取 0.500g 左右样品置于小烧杯中，于 100°C 下加热溶液至稠状（液体流不动），加入 5mL HNO_3 和 1mL HCl，摇晃数次，至大部分样品溶解。蒸发至 2mL 左右，缓慢滴加 2mL H_2O_2，消解、赶酸至 1mL 左右后，转移至 25mL 容量瓶中，并用超纯水冲洗烧杯 3～4 次，清洗液同样转移至容量瓶，定容至

25mL，摇匀后待测。同时做试剂空白实验。

注意：在消解过程中要经常摇动烧杯，加速硝酸的消解作用；时刻观察烧杯中的溶液变化情况，并防止溶液烧干。

2. 测定分析

（1）标准溶液的配制　吸取配制好的已知浓度 As 标准工作溶液 10mL，加入 12.5% 的硫脲 – 抗坏血酸保持其浓度占测试溶液的 1%，摇匀静置 40min 后，测得其吸光度值并求得吸光度值与 As 浓度关系的一元线性回归方程，相关系数不应小于 0.999。

（2）仪器分析条件　取样进行 HG – AFS 分析，采用的分析条件为：

光电倍增管负高压：270V；As 元素灯电流：60mA；原子化器温度：300℃；原子化器高度：8mm；载气（氩气）流速：400mL/mim；测量方式：标准曲线；读数方式：峰面积；读数延迟时间：2.5s；读数时间：10s。

（3）测定　取消解定容后的样品溶液 10.0mL，加入 1.0mL 12.5% 的硫脲 – 抗坏血酸溶液摇匀后，在室温下静置 40min。按设好的仪器条件，输入相关的参数包括样品稀释倍数和浓度单位。预热，待仪器稳定后，以 2% HCl 为载流、2.5% 硼氢化钾 + 0.5% 氢氧化钠为混合还原剂的条件下，进行 HG – AFS 分析。在同一条件下先测定标准曲线，后测定样品。

四、结果与讨论

1. 酸度对测定 As 的影响

在样品分析中需要用硝酸处理样品，当测定溶液中硝酸含量较高时加入硫脲和抗坏血酸还原剂后会产生剧烈反应，造成 As 的测定结果严重偏低。应该尽量控制硝酸的残留量。为了解消解液中硝酸的残留量对 As 测定结果的影响，取 4 支 10mL 具塞刻度试管，各加入 500ng As、少量超纯水和 0.2mL 浓 HCl，再分别加入 0，1.0，2.0，3.0mL 浓 HNO_3，用超纯水定容后测定各管试液的 As 荧光强度，结果其荧光强度分别为 77.2、79.4、80.3 和 60.8。由此可见，随着浓 HNO_3 加入量由 0 增大至 3.0mL，As 测定值发生低 – 高 – 低的变化，且 10mL 试液中含 3.0mL 浓 HNO_3 时的 As 测定值明显低于 0 加入量，故消解后必须尽量赶尽剩余的酸，使 HNO_3 控制在 0~1.0mL HNO_3/10mL，避免 As 测定值偏高或偏低。而后，重复赶酸与正常赶酸的对比 RSD 相近，说明测定的数据重复性好，考虑检测时效，采取冲洗正常赶酸，并在赶酸过程中注意观察溶液的体积，避免烧干、烧糊、烧杯底部沉积结块，造成样品 As 损失。

三乙酸甘油酯所含无机有毒有害元素浓度极低，故赶酸过程对其影响较大，在操作过程中要时刻关注消解液，不可出现烧干、烧煳的现状，根据消解效果，及时补充硝酸量或是载流。

2. 有机物对测定 As 的影响

三乙酸甘油酯的主要成分是有机物，若含有未被分解的有机物，它们会影响氢化物的发生，使得测定浓度偏大。有机物对 $NaBH_4$ 还原反应的影响：有机化合物多，氢化反应可能会生产大量气泡，干扰反应，如在 10mL 溶液中，加入 0.1mL 未经消解的三乙酸甘油酯，氢化物发生时产生大量的气泡，仪器不能正常读数。在上述溶液中加入 0.05mL 的辛醇，可消除气泡的发生。注意，未完全分解的有机物，对 As 和 Hg 的测定有影响，在消化时，尽量使有机物分解完全。

若有大量气泡产生干扰反应时，可加入少量的辛醇，减少有机物的干扰。实验可知，三乙酸甘油酯溶液中含有大量的有机物时，出现很多干扰峰，不利于检测结果的准确性，故在进行仪器测定之前需对样品进行加热处理，驱除掉过多的挥发性有机物，然后再按照常规的步骤进行预处理和检测。

3. 干扰及消除

HG－AFS 测 As 的干扰主要来自于其它金属元素的干扰，如 Cu、Ag、Fe、Hg、Cr、Se 等元素与硼氢化钾反应被还原为单质金属，与待测元素之间存在着还原竞争，同时还原出的金属又易吸附、催化分解待测元素。氢化反应常在溶液中加入硫脲－抗坏血酸以除去上述金属元素的干扰。硫脲－抗坏血酸有两个作用，其一为还原作用，其二为络合掩蔽作用。

4. 还原剂的选择

（1）掩蔽剂浓度　选择硫脲－抗坏血酸作还原剂，并且选用浓度分别为 0.25%、0.5%、1%、5% 的硫脲－抗坏血酸研究其浓度大小对荧光值的影响，实验发现，硫脲－抗坏血酸从 0.25% 增加到 1% 时，荧光值呈指数增长，说明预先还原剂的浓度过小使样品溶液还原程度不够，荧光值不能在最大值上，不能正确地反映样品中 As 的含量，测定的值偏小，故需增加硫脲－维生素 C 的浓度。另一方面，荧光值在 1% 到 5% 这个浓度范围基本上趋于平衡，变化不大。考虑到经济实惠和测定条件的优化，故本研究中选用保持测定溶液中硫脲－抗坏血酸的浓度为 1%。

静置时间对测定结果的影响：加入硫脲－维生素 C 的主要目的是将五价 As 还原为三价 As，反应需要时间，时间过短还原不彻底，太长部分 As 被重新氧化。一般在室温下以 40min 为理想值，若是水浴加热至 50~60℃，可缩短时间为 15min。

（2）硼氢化钾浓度　以硼氢化钾为还原剂，变化其浓度，测定其荧光强度，得到相对应的测定浓度，结果见表 7－5 硼氢化钾浓度对荧光强度或是样品测定浓度的影响。

表 7 – 5　　　　　　硼氢化钾浓度对荧光强度或是样品测定浓度的影响

硼氢化钾的浓度/%	1	1.5	2	2.5
	6.3	8.3	8.7	8.3
	4.7	7.2	7.7	8
样品空白/（mg/g）	6.5	8.4	8.8	8.1
	5.1	7.4	7.7	7.8
	6.5	8.3	8.8	8.1
	4.7	7	7.6	7.9
	13.1	16	15.1	14.9
样品1/（mg/g）	11.3	14.7	14.2	14.3
	11.3	14.4	14	14.5
	108	15.6	17.1	17.8
样品2/（mg/g）	11.5	18	18.8	18.4
	11.3	17.3	18.3	18.2

由表可见，硼氢化钾浓度为 1% 时测得的浓度远小于其他浓度时的值，当其为 2.5% 时，平行样浓度趋于平衡，偏差相对较少。在测完 2.5% 的数值之后，将还原剂重新调整到 1%，发现此时的样品空白平均浓度为 7.31mg/g，说明荧光值有可能会随着测定时间的延长而增大，由灯电流或是其他的原因影响。说明硼氢化钾用量对测定 As 和 Pb 的灵敏度均有显著影响，用量少时，还原不充分，用量过多时，生成的大量氢气产生稀释作用，反而降低灵敏度。因在此仪器下 2% 与 2.5% 的浓度测定条件下的荧光值相差不是很大，且在 2.5% 时的平行效果好于 2%，故本文选用 2.5% 的硼氢化钾作为还原剂。

5. 工作曲线与检测限

原子荧光光度计自动吸取 2% HCl 逐级稀释 40μg/L As 标准溶液为 2.0，4.0，8.0，12.0，20.0μg/L As 标准系列溶液。以 2% HCl 为标准空白，分别测定其荧光强度，并以荧光强度对其浓度作图，得工作曲线一元线性回归方程：$I = 78.2724C - 27.2959$，相关系数 0.9996。

连续测定样品空白 11 次，求得空白的标准差，根据检出限 $= 3S_0/b$（b 工作曲线线性方程的斜率）计算，得 As 的检出限为 1.38ng/L，定量限为 0.36ng/L。若取 0.25g 样品测定，定容至 25mL，本法检出浓度为 0.276μg/kg，最低定量浓度为 0.072mg/kg，好于 ICP – MS 法检测。由此可见，在设置的浓度范围内，As 的荧光强度与其浓度线性关系良好，且灵敏度较高，适合定量分析。

6. 方法的准确度和精密度

采用 Berghof 与 CEM 微波消解仪分别对 As 含量不同的 2 种样品进行消解，重复 5 次，结果发现：RSD < 5%，说明重复性较好，

第五节

ICP – MS 法

本节着重参考了标准 YC/T 316—2014《烟用材料中重金属残留量通用检测方法 电感耦合等离子体质谱法》。该标准规定了烟用材料中铬、镍、砷、硒、镉、汞和铅的电感耦合等离子体质谱测定方法，适用于烟用接装纸原纸、烟用接装纸、烟用内衬纸、框架纸、卷烟纸、滤棒成型纸、烟用二醋酸纤维素丝束、烟用聚丙烯纤维丝束、烟用三乙酸甘油酯、烟用水基胶、烟用热熔胶等烟用材料中铬、镍、砷、硒、镉、汞和铅的测定。

一、原理

试样经消解后，用 5% 硝酸定容，在选定的仪器参数下，在线加入内标，直接进行电感耦合等离子体质谱测定，以质荷比强度与元素浓度的定量关系，测定样品溶液中元素浓度，计算得出样品中铬、镍、砷、硒、镉、汞和铅的含量

二、仪器设备

常用的实验室仪器有以下各项。

（1）分析天平，感量 0.0001g。

（2）密闭微波消解仪（配微波消解罐）。消解罐使用前须用 8mL 浓硝酸按消解程序进行处理，并在使用前用水冲洗干净后备用。

（3）控温电加热器。

（4）电感耦合等离子体质谱仪（7500a 型，7500c 型，美国 Agilent 公司）。

（5）Milli – Q 纯水仪（美国 Millipore 公司）。

（6）塑料容量瓶，50mL。

三、试剂与材料

除特别要求外，均使用优级纯级试剂。

（1）水（初始比阻抗值≥18.2MΩ·cm）。

（2）浓硝酸（65%，质量分数）（德国 Merck 公司）。

（3）硝酸溶液（5%，体积分数）。

（4）双氧水，30%（质量分数）（德国 Merck 公司）。

（5）盐酸37%（质量分数）（德国 Merk 公司）。

（6）氢氟酸40%（质量分数）（德国 Merk 公司）。

（7）硼酸（固体粉末，德国 Merk 公司），将硼酸固体粉末溶解在水中，配制饱和溶液。

（8）调谐液10μg/L：锂、钇、铈、钛、钴（5%硝酸溶液介质）。采用其他调谐液应验证其适用性。置于4℃的环境下保存，有效期一年。

（9）内标液

①内标储备溶液10mg/L：铟（5%硝酸溶液介质）。置于4℃的环境下保存，有效期一年。

②内标溶液1.0mg/L：取内标储备溶液5.0mL，用5%的硝酸稀释定容至50mL。置于4℃的环境下保存，有效期3个月。

（10）标准溶液

①标准空白溶液：5%硝酸。

②砷、铅混合标准储备液：浓度10mg/L。置于4℃的环境下保存，有效期一年。

③砷、铅混合标准工作溶液：准确移取不同体积的砷、铅混合标准储备液至不同的塑料容量瓶中，用5%的硝酸稀释定容，得到不同浓度的砷、铅标准工作溶液，即配即用，其浓度范围应覆盖预计在试样中检测到的各元素含量。

（11）汞标准储备液：浓度10mg/L。置于4℃的环境下保存，有效期一年。

汞标准工作溶液：准确移取不同体积的汞标准储备液至不同的塑料容量瓶中，加入50μL金工作溶液，用5%的硝酸稀释定容，得到不同浓度的汞标准工作溶液，需在检测前半小时内配制，即配即用，其浓度范围应覆盖预计在试样中检测到的含量。

（12）金工作溶液：浓度10mg/L。置于4℃的环境下保存，有效期一年。

（13）高纯氩气（纯度大于99.999%）。

四、样品制备

烟用三乙酸甘油酯：将试样充分摇匀后，准确称取0.3g（精确至0.0001g），置于微波消解罐中。

每个试样平行制备两份。

五、分析步骤

（1）消解　样品制备后，应先加入 5mL 65％硝酸，置于控温电加热器上，100℃预消解 20min，取下后冷却至室温，再加入 1mL 65％硝酸和 1mL 30％双氧水，旋紧密封后置于微波消解仪中。按表 7-6 设置的微波消解程序对样品进行消解。消解过程完成后溶液应澄清透明。采用其他程序应验证其适用性。

表 7-6　　　　　　　　　　　　微波消解升温程序

起始温度/℃	升温时间/min	终点温度/℃	保持时间/min	起始温度/℃	升温时间/min	终点温度/℃	保持时间/min
室温	5	100	5	130	5	160	5
100	5	130	5	160	10	190	20

（2）消解完毕，待微波消解仪温度降至 40℃ 以下后取出消解罐，向消解罐中加入 50μL 金工作溶液，然后将消解罐放入控温电加热器，在 130℃ 条件下，赶酸 2~3h，使消解溶液蒸发至约 0.5mL。

注：若使用耐氢氟酸的进样系统，可省略赶酸步骤。

（3）定容　将试样溶液转移至 50mL 塑料容量瓶中，用超纯水冲洗消解罐 3~4 次，清洗液一并转移至容量瓶中，然后用超纯水定容，摇匀后得试样液。

（4）空白实验　按照上述方法，不加样品进行空白实验，得到试样空白溶液。

六、测定

1. 电感耦合等离子体质谱仪参数

待测元素质量数、对应内标元素及积分时间如表 7-7 所示。

表 7-7　　　　　　　　元素测定质量数、内标元素、积分时间

元素	测量同位素	内标元素	积分时间/s	元素	测量同位素	内标元素	积分时间/s
铬	53		1.0	镉	111		0.5
镍	60		0.3	汞	202		2.0
砷	75		1.0	铅	208		0.3
硒（碰撞模式）	78	^{115}In	2.0				

采用调谐液，调谐电感耦合等离子体质谱仪至最佳工作状态，元素测定条件如表 7-8 所示，采用其他条件应验证其适用性。

表7-8 电感耦合等离子体质谱仪测定条件

参数	条件	参数	条件
射频功率	1300W	获取模式	全定量分析
载气流速	1.20L/min	重复次数	3
进样速率	0.1mL/min		

2. 工作曲线

分别吸取适量标准空白溶液,不同浓度的铬、镍、砷、硒、镉、铅混合标准工作溶液、汞标准工作溶液和内标溶液注入电感耦合等离子体质谱中,在选定的仪器参数下,以待测元素铬、镍、砷、硒、镉、汞、铅含量与对应内标元素含量的比值为横坐标,待测元素铬、镍、砷、硒、镉、汞、铅质荷比强度与对应内标元素质荷比强度的比值为纵坐标,建立铬、镍、砷、硒、镉、汞、铅的工作曲线。对校正数据进行线性回归,求得铬、镍、砷、硒、镉、汞、铅浓度关系的回归方程,R^2 不应小于 0.999。

3. 样品测定

分别吸取试样空白溶液、试样液和内标溶液注入电感耦合等离子体质谱中,在选定的仪器参数下,得到待测元素铬、镍、砷、硒、镉、汞、铅质荷比强度与对应内标元素质荷比强度的比值,代入所制作的回归方程,求得试样空白溶液和试样液中铬、镍、砷、硒、镉、汞、铅浓度。

试样液和试样空白溶液须在制备24h内进行测定。

七、检出限、定量限和回收率

本方法的检出限、定量限和回收率结果见表7-9。

表7-9 电感耦合等离子体质谱仪测定条件

项目	检出限/ (mg/kg)	定量限/ (mg/kg)	回收率/%	项目	检出限/ (mg/kg)	定量限/ (mg/kg)	回收率/%
铬	0.013	0.043	98.4~103.9	镉	0.012	0.04	97.1~101.8
镍	0.014	0.047	98.0~102.7	汞	0.014	0.047	93.0~99.6
砷	0.012	0.04	94.1~104.4	铅	0.015	0.05	99.6~103.1
硒	0.02	0.067	96.1~102.8				

八、结论

ICP-MS 可同时测定烟用三乙酸甘油酯铬、镍、砷、硒、镉、汞、铅,稳定性和重复性好、准确性和精确性高，同时该方法具有测试周期短、实验效率高的特点。

参考文献

［1］李忠，黄海涛，刘思远，等．对磺酸基苯基亚甲基若丹宁光度法测定三乙酸甘油酯中的铅［J］．光谱实验室，2000，17（4）：438－440．

［2］王艳，姚孝元，范黎．8种卷烟材料中铅的GF－AAS测定［J］．中国卫生检验杂志，2007，17（12）：2191－2193，2358．

［3］王艳，姚孝元，李栋．卷烟滤嘴材料中汞、砷的HG－AFs测定［J］．烟草科技，2007，9：41－45．

［4］雷敏．卷烟辅料中有毒有害元素检测方法研究［D］．长沙：湖南大学，2010．

［5］王敏．砷斑法测砷原理浅析［J］．湖南饲料，2005（1）：36－38．

［6］彭速标，蔡慧华．砷的光度分析法的进展［J］．理化检验－化学分册，2006，42（2）：146－150．

［7］吴立水．关于双硫腙法测定重金属铅的几点体会［J］．海峡预防医学杂志，2002，8（6）：55－57．

［8］OJ/SY—23—90．玉溪卷烟厂企业标准．工业三醋酸甘油酯．

［9］韩云辉，孙兰成，宋继炯，等．接装纸中汞、砷、铅等8种元素的分析研究［J］．中国烟草学报，2001，7（4）：1－6．

［10］吴永宁．现在食品安全科学［M］．北京：化学工业出版社，2003.184－187．

［11］GB 5009.12—2003，食品中铅的测定［S］．

［12］GB 5749—2006，生活饮用水卫生标准［S］．

［13］GB/T 7917.3—1987．化妆品卫生化学标准检验方法铅［S］．

［14］赵同刚．化妆品卫生规范［M］．北京：军事医学科学出版社，2007.167－170．

［15］GB 2762—2005，食品中污染物限量［S］．

［16］邓勃．应用原子吸收与原子荧光光谱分析．北京：化学工业出版社化学与应用化学出版中心，2003．

［17］陈固友．不同消化方式测定大米与面粉中镉和砷的研究．光谱学与光谱分析，2007，1：177－179．

［18］何军．氢化物发生－原子荧光法同时测定食品中砷和铅．现代预防医学，2004，2：192－193.

［19］烟草控制框架公约，http：//www. who. int/tobacco/fctc/text/en/fctc_ ch. pdf.

［20］YC 171—2009 烟用接装纸［S］.

［21］YC 170—2009 烟用接装纸原纸［S］.

［22］K. E. Jarvis，A. L. Gray，R. S. Houk 著，尹明，李冰译．电感耦合等离子体质谱手册［M］．原子能出版社，1997.

［23］第二届 AgilentICP－MS 用户学术交流会论文集. Agilent Technologies，2005.

［24］SN/T 2004. 5—2006 电子电气产品中铅、汞、镉、铬、溴的测定 第5 部分：电感耦合等离子体质谱法（ICP－MS）［S］.

［25］YC/T 316—2014 烟用接装纸和接装纸原纸中砷、铅、镉、铬、镍、汞的测定——电感耦合等离子体质谱法［S］.

第八章

滤棒中三乙酸甘油酯添加量的检验

　　滤棒是指以过滤材料为原料，加工卷制而成的具有过滤性能并有一定长度的圆形棒。滤棒分切后接装在卷烟烟支的抽吸端，对卷烟烟气中某些物质（如焦油、烟碱等）起到过滤作用，是滤嘴卷烟的一个组成部分。卷烟滤嘴对烟气粒相物有一定的过滤作用，可部分地滤去烟气中的某些成分，如焦油、烟碱等，减少烟气中的有害物质，从而缓解吸烟与健康的矛盾。消费者接受滤嘴卷烟的另一个原因是滤嘴避免了烟末黏在嘴唇上所引起的不适感。对于卷烟企业，则可以借接装滤嘴减少单箱烟叶消耗，提高产品质量档次和价值，从而获得较大的经济效益。

　　世界上最早出现的滤嘴卷烟是 1931 年本森·海格公司生产的以纸为滤嘴的"议会"（Parliament）牌卷烟。醋酸纤维滤嘴出现于 20 世纪 50 年代，1951 年美国 Brown & Williamson 生产的"总督"（Viceroy）牌卷烟最先使用了以醋酸纤维为滤材的滤嘴。1954 年英国皇家医学会发表了"吸烟与健康"报告以后，世界性吸烟与健康的争论不断升级，加速了滤嘴卷烟的发展。至 1976 年滤嘴卷烟已达世界总产量的 40% 左右。20 世纪 80 年代末，主要生产卷烟国的滤嘴卷烟平均已达 85% 左右，其中日本、英国为 98%，美国、原联邦德国 95%，韩国、埃及、阿根廷等国家已达 100%。

　　我国滤嘴卷烟生产起步较晚，1973 年青岛卷烟厂生产的"大前门"牌卷烟最早接装了纸质滤嘴，到 20 世纪 80 年代初期滤嘴卷烟只占我国总产量的 3%。随着我国烟草行业的崛起，1985 年以后滤嘴卷烟急速发展，1990 年上升到 50%，1996 年末卷烟接嘴率达到了 93%，1998 年已达 97.3%，至今无嘴卷烟的生产已寥寥无几。

　　随着滤棒生产技术的发展和卷烟新产品的开发，滤嘴不仅在数量上满足了卷烟厂的需要，而且在品种上也开始按卷烟的功能和香味，采用多种材料、多种形态。目前世界上生产的卷烟滤棒主要采用醋酸纤维丝束施加增塑剂成型后用纸卷制而成。

　　在烟用醋酸纤维滤棒的成型工艺中，大多采用三乙酸甘油酯作为增塑剂，以改善滤棒与卷烟的接装特性，提高滤棒的抗热塌陷性能。

第一节

滤棒中三乙酸甘油酯添加量的检验

自 20 世纪 50 年代以来，人们对滤棒中三乙酸甘油酯的测定方法进行了不断的探索和改进。Cundiff 最先采用乙醇萃取滤棒中的三乙酸甘油酯，然后用氢氧化钾溶液对其进行皂化，用标准盐酸溶液反滴定过剩的碱来分析三乙酸甘油酯。Margaret E Bill 用苯作为萃取剂，采用中红外方法对 8.2μm 处三乙酸甘油酯的特征吸收峰进行定量，以分析三乙酸甘油酯的含量，由于这一方法需要使用毒性很大的苯为溶剂，因此在实际应用中受到较大的限制。20世纪 80 年代，Helms 采用核磁共振（NMR）技术，利用固态醋酸纤维与液态三乙酸甘油酯弛豫时间的不同而加以区别并计算三乙酸甘油酯的含量，虽然 NMR 具有非破坏性、非接触性及快速等优点，但由于所用仪器价格昂贵，这一方法在滤棒生产及质量控制中未能得到普及。此外，彭军仓等人采用高效液相色谱法测定了滤棒中三乙酸甘油酯含量。近年来，有研究者开发了应用近红外漫反射光谱技术来测定滤棒中三乙酸甘油酯含量的方法。该方法虽然快速简便，但因为模型需要根据产品情况变化，不断进行优化验证，应用起来受到一定限制。

气相色谱法具有分离效能高、灵敏度高、精确度高等优点，被 CORESTA 作为 NO.59 推荐方法，用来测定滤棒中三乙酸甘油酯的含量。

下面着重介绍 YC/T 331—2010《醋酸纤维滤棒中三乙酸甘油酯的测定 气相色谱法》的标准方法。

一、原理

用加有内标物的无水乙醇溶液萃取醋酸纤维滤棒中的三乙酸甘油酯，用配有火焰离子化检测器的气相色谱仪测定萃取剂中三乙酸甘油酯浓度，内标法定量。

二、检测方法

1. 试剂

（1）无水乙醇，分析纯。

（2）茴香脑（内标物），纯度应不低于99%。

在气相色谱分析过程中，与三乙酸甘油酯及样品中其他组分的出峰互不干扰的情况下，符合纯度要求的正十七碳烷亦可作为内标物使用。应确保每个样品测定时内标物的峰面积基本保持不变。如果改变，应使用不加内标物的样品萃取液进行验证，确认无样品组分在内标物的峰位置处被洗脱。

（3）萃取剂：含有适当浓度内标物（茴香脑）的无水乙醇溶液，浓度一般为 1.0～1.5mg/mL。

（4）三乙酸甘油酯，纯度应不低于99%。

（5）标准溶液：

标准储备溶液：称取约5g三乙酸甘油酯，精确至0.0001g，用萃取剂溶解后转移至100mL容量瓶中，并定容。

标准工作溶液：用萃取剂稀释标准储备液，至少配制5个不同浓度的标准工作溶液，其浓度范围应覆盖预计检测到的样品中三乙酸甘油酯的含量，一般为 0.5～5.0mg/mL。

2. 仪器

（1）电子天平，感量0.1mg。

（2）振荡器。

（3）气相色谱仪：配有火焰离子化检测器和分流进样方式的进样口。毛细管色谱柱：30m×0.53mm×1.0μm，固定相为交联聚乙二醇（PEG），采用其他色谱柱应验证其适用性。

3. 分析方法

（1）滤棒的调节　将滤棒样品放置于GB/T 16447—2004规定的调节大气环境中至少24h。

（2）试样的准备　取5支包含成形纸的滤棒，称重，精确至0.0001g。将每支滤棒沿纵向撕开，再剪成10～20mm长的小段，放置于250mL具塞锥形瓶中，用移液管或自动加液器加入100mL萃取剂，盖上瓶盖。用旋转振荡器（190r/min左右）振荡萃取3h，取上层清液进行气相色谱分析。

每毫升萃取剂约萃取20～40mg滤棒，如果滤棒质量超出范围，应适当调整萃取剂的体积。

（3）仪器的准备　按照操作手册调试运行气相色谱仪。所采用的色谱条件应能使溶剂、内标物、三乙酸甘油酯与其它物质完全分离。

以下气相色谱分析条件可供参考，采用其他条件时应验证适用性。

——进样口温度：250℃；

——初始温度：120℃；

——程序升温：以10℃/min的速率由120℃升至210℃，保持5min；

————检测器温度：250℃；

————载气：高纯氮气或氦气，17.6mL/min，恒流；

————辅助气：空气 300mL/min、高纯氢气 40mL/min、高纯氮气或氦气 5mL/min；

————分流比：5:1；

————进样量：1.0μL。

采用上述条件，总分析时间约为 15min。

（4）标准曲线的制作　测定标准工作溶液，计算每个标准溶液中三乙酸甘油酯与内标物的峰面积比，做出三乙酸甘油酯浓度与峰面积比的线性回归方程，相关系数 r 应不小于 0.998。

每 20 次进样后应加入一个中等浓度的标准工作溶液进行测定，如果测得的值与原值的相对偏差超过 3%，则应重新进行标准曲线的制作。

（5）测定　测定样品萃取溶液，计算三乙酸甘油酯与内标物的峰面积比，由线性回归方程计算得出萃取溶液中三乙酸甘油酯的浓度。

（6）结果计算与表述　滤棒中三乙酸甘油酯的含量按式（8-1）式（8-2）进行计算：

$$w_1 = \frac{c \times V}{N} \qquad\qquad (8-1)$$

$$w_2 = \frac{c \times V}{W \times 1000} \times 100\% \qquad\qquad (8-2)$$

式中　w_1——滤棒中三乙酸甘油酯的含量，mg/rod；

　　　w_2——滤棒中三乙酸甘油酯的含量，%；

　　　c——萃取溶液中三乙酸甘油酯的浓度，mg/mL；

　　　V——萃取溶液的体积，mL；

　　　N——萃取滤棒的数量，rod；

　　　W——萃取滤棒的质量，g。

取两次平行测定结果的平均值作为测试结果，通常以每支滤棒中三乙酸甘油酯的含量（mg/rod）表示，精确至 0.01mg/rod。

如果需要，可计算滤棒中三乙酸甘油酯的百分含量，精确至 0.1%。

三、结果与讨论

1. 萃取剂的选择

为确保滤棒中三乙酸甘油酯萃取完全，选择合适的萃取剂是非常必要的。实验研究了无水乙醇、95% 乙醇、甲醇和异丙醇这几种常用溶剂的萃取效果，检测结果（mg/支）如表 8-1 所示。

表 8 – 1 不同溶剂的萃取效果

	三乙酸甘油酯含量/（mg/支）			
	无水乙醇	95% 乙醇	甲醇	异丙醇
样品 A	7.5	8.3	8.1	7.4
样品 B	65.3	66.7	66.8	61.1
样品 C	64.0	66.3	64.7	59.0

从实验结果看，四种溶剂中甲醇和 95% 乙醇对三个样品的萃取效率略优于无水乙醇，而无水乙醇略优于异丙醇。甲醇的毒性较大，而 95% 乙醇中所含水分影响毛细柱的使用寿命。所以综合上述因素考虑，实验选择无水乙醇作为溶剂来萃取醋酸纤维滤棒中的三乙酸甘油酯，这与 CRM59 是一致的。

2. 萃取方法优化

为保证 CRM59 中推荐的萃取方法对滤棒样品能够充分和有效地萃取，有必要对萃取条件进行验证和优化。影响萃取过程的因素有滤棒样品量、萃取剂体积、辅助方法和萃取时间等，因此首先对同种滤棒样品进行了 $L_9 3^4$ 正交优化试验以选择最佳的萃取条件。水平等级及实验结果如表 8 – 2 所示。每组实验进行了 8 次平行实验，统计三乙酸甘油酯含量（%）的平均值和变异系数。

表 8 – 2 萃取方法正交优化因素表

实验组号	滤棒支数/支	萃取剂体积/（mg/mL）	辅助方法	萃取时间/min	实验结果 含量均值/%	实验结果 变异系数/%
1	2	45	静置	120	3.83	22.99
2	2	30	旋转振荡	180	7.77	3.27
3	2	15	超声	40	7.80	2.11
4	5	45	旋转振荡	240	7.61	1.11
5	5	30	超声	20	7.67	1.01
6	5	15	静置	180	6.84	5.23
7	8	45	超声	30	7.45	2.68
8	8	30	静置	240	4.82	16.66
9	8	15	旋转振荡	120	7.77	1.03
Ī 含量/%	6.47	6.37	5.16	6.42		
Ī CV/%	9.45	8.93	14.96	8.36		
Ⅱ 含量/%	7.37	6.75	7.72	7.35		
Ⅱ CV/%	2.45	6.98	1.80	3.73		

续表

实验组号		滤棒支数/支	萃取剂体积/（mg/mL）	辅助方法	萃取时间/min	实验结果	
						含量均值/%	变异系数/%
III	含量/%	6.68	7.47	7.64	6.74		
	CV/%	6.71	2.79	1.93	6.63		
极差（R）	含量/%	0.90	1.10	2.56	0.93		
	CV/%	7.00	6.14	13.16	4.63		

（1）影响因素分析　评价萃取方法效果主要从所能萃取出的三乙酸甘油酯含量以及所能达到的稳定性（变异系数）来考虑。从表8-2中可以看出，对三乙酸甘油酯含量来说，$R_{辅助方法} > R_{萃取剂体积} > R_{萃取时间} > R_{滤棒支数}$，这说明影响滤棒中三乙酸甘油酯萃取率最主要的因素是辅助方法，萃取体积次之，滤棒支数的影响最小；对于稳定性（变异系数）来说，$R_{辅助方法} > R_{滤棒支数} > R_{萃取剂体积} > R_{萃取时间}$，这说明影响醋酸纤维滤棒中三乙酸甘油酯浸出稳定性最主要的因素亦是辅助方法，滤棒支数次之，萃取时间的影响最小。

（2）滤棒支数　表8-2显示，无论从三乙酸甘油酯含量还是稳定性（变异系数）来说，每次实验的滤棒样品支数控制在5支，都能达到相对完全的萃取效率和良好的稳定性。2支滤棒代表性不够，容易引入较大的波动。而8支滤棒时，无论萃取效率和稳定性均与5支滤棒没有明显差异或改善，特别是对某些长度较长（如144mm）、丝束用量较多、重量较大的滤棒产品，可能还会导致萃取不完全的现象发生。因此，选择5支滤棒数量来进行实验，这与CRM59中推荐的样品支数是一致的。

（3）萃取剂体积　表8-2中显示，萃取剂体积对滤棒中三乙酸甘油酯的萃取效率具有较大影响。实验采用滤棒重量与萃取剂体积的比值，即每毫升萃取剂萃取的滤棒重量（mg/mL）来表示萃取剂的用量。从实验数据看，当取较大萃取剂体积15mg滤棒/mL萃取剂时，三乙酸甘油酯的测定结果比采用30mg/mL比值的萃取剂体积时略高。而采用萃取剂体积在45mg/mL时，三乙酸甘油酯含量减少相对明显。因CRM59中推荐萃取体积在20～40mg/mL，实验对比了其他条件不变时，几种萃取剂体积下三乙酸甘油酯的萃取效率。结果如表8-3所示。

从表8-3可以看出，4个萃取剂体积下三乙酸甘油酯的萃取效率和稳定性没有明显变化。从实际情况出发，萃取使用250mL锥形瓶，盛太多萃取剂振荡时容易溢出。因此一般情况下，选择100mL作为萃取剂量已可以满足要求。但是当样品质量与该体积萃取剂的比值超过40mg/mL时，建议适当增加萃取剂体积到样品质量与萃取剂体积比值在 20 ~ 40mg/mL，这样才能达到较为满意的萃取效率和稳定性。

表 8 - 3　　萃取剂体积对三乙酸甘油酯萃取效果的影响（8 次平行实验）

滤棒质量/萃取剂体积（mg/mL）	三乙酸甘油酯含量平均值/%				变异系数/%			
	15	20	30	40	15	20	30	40
A	8.21	8.19	8.00	8.00	1.89	2.14	1.67	1.68
B	6.14	6.11	6.02	6.03	2.11	2.19	1.98	1.96

（4）辅助方法　实验中发现，超声时间太长会导致萃取剂变热后体积发生变化。从正交试验的结果可以看出，静置的萃取效果和稳定性都最差。旋转振荡和超声方法具有相近的萃取效率，但旋转振荡所得的萃取稳定性优于超声方法，因此实验采用旋转振荡方法来萃取，与 CRM59 推荐的方法也是一致的。

（5）萃取时间　正交实验设置了 2，3，4h 三个水平萃取时间，从表 8 - 2 可以看出，萃取时间在 3h（180min）后，萃取液中三乙酸甘油酯含量和变异系数基本稳定。为了验证萃取是否完全，还做了不同萃取时间对样品萃取效率影响的实验。其他实验条件为 5 支滤棒、100mL 萃取剂、旋转振荡，实验结果（以 $w\%$ 表示）如表 8 - 4 所示。

表 8 - 4　　　　　　　　萃取时间的影响（8 次平行实验）

萃取时间	2h	3h	4h	萃取 4h 静置过夜
样品 A/%	8.77	8.76	8.73	8.70
CV/%	1.50	1.26	1.20	1.88
样品 B/%	2.58	2.59	2.58	2.61
CV/%	2.58	2.28	2.30	2.92

表 8 - 4 结果与正交试验结果基本一致，而样品静置过夜后，所得数据的变异系数有所增加。从萃取效率来看，萃取 2h 后，三乙酸甘油酯含量基本保持不变。但从稳定性来看，萃取 3h 和 4h 的变异系数较萃取 2h 的小，稳定性较好。考虑到萃取的时间效率，实验采用 3h 萃取时间，亦与 CRM59 推荐方法保持一致。

（6）样品的萃取方法　经过优化实验，本实验最终采用滤棒样品的萃取方法为：

5 支滤棒，萃取剂体积通常为 100mL（若滤棒质量与萃取剂体积的比值超过 40mg/mL，建议依据实际情况适当增加溶剂体积），旋转振荡 3h。

此萃取方法与 CRM59 推荐的方法一致。

3. 内标物的选择

CRM59 中推荐以茴香脑为首选内标物，所以实验考察了茴香脑（Anethole）和正十七烷（Heptadecane）作为内标物对检测结果的影响。结果显示，茴香脑和正十七烷与三乙酸甘油酯的出峰时间不重叠，各峰形对称且尖锐，且未发现两种物质对检测结果有其它影响。盛培秀等使用正十七烷作为内标物，也能达到满意效果。马丽娜等采用茴香脑作为内标物。本实验推荐采用茴香脑作为首选内标物。

4. 气相色谱分析方法研究

（1）不同色谱柱系统适应性研究　在 CRM59 中，优先推荐使用 DB－WAX（30m×0.53mm×1μm）色谱柱，而 YC/T 144—2008 标准中使用的是 HP－5（30m×0.32mm×1μm）。因此本实验对两种色谱柱在分离效果和系统适应性上进行了比较分析。色谱柱的基本参数比较如表 8－5 所示（其中 HP－5 色谱柱的色谱条件依照 YC/T 144—2008 标准：进样口 250℃；程序升温：130℃保持 2min，以 10℃/min 的速率升至 250℃，保持 5min；FID 检测器 280℃；柱流量 1.5mL/min；分流比：30:1；进样量：1.0μL）。

表 8－5　　　　　　　　　　　色谱柱的比较

	A 柱	B 柱
型号	HP－5	DB－wax
固定相	5% 苯基－甲基聚硅氧烷	交联聚乙二醇（PEG）
基本参数	30m×0.32mm×1μm	30m×0.53mm×1μm
极性范围	非极性	强极性
有效塔板数	$>1×10^4$	$>1×10^4$
信噪比	>100	>300
对称因子	0.91	0.94
容量因子 k'	1.3	1.5

从两个柱子的分离效果来看，使用 HP－5 时茴香脑和三乙酸甘油酯的色谱峰能较好地分离，但两峰出峰时间较为接近（茴香脑 7.954min，三乙酸甘油酯 8.352min）。而使用 DB－WAX 时，茴香脑和三乙酸甘油酯的色谱峰能很好分离且具有较好的出峰时间（茴香脑 4.183min，三乙酸甘油酯 6.234min）。因此本实验与 CRM59 一致，优先推荐使用 DB－WAX（30m×0.53mm×1μm）色谱柱。

（2）柱温优化　在 CRM59 推荐方法中，柱温条件的最高温度设置在 230℃，而 DB – WAX 由于本身固定相的特性，最高上限温度也在 230℃。因在 230℃下长期使用容易影响柱子的使用寿命，为此，实验中适当调低最高柱温 到 210℃，并验证了变化前后对样品中三乙酸甘油酯测定结果的影响［10 次平行样结果，质量分数（％）］如表 8 – 6 所示。

表 8 – 6　　　　　　　不同最高柱温对三乙酸甘油酯测定的影响

样品	最高温度：230℃		最高温度：210℃	
	含量/%	CV/%	含量/%	CV/%
A	4.32	0.93	4.28	0.89
B	8.71	1.04	8.77	1.10

（3）色谱参数小结　其他参数条件均采用 CRM59 推荐的 FID 气相色谱操作条件。因此，实验最终使用的三乙酸甘油酯检测气相操作条件为：

——进样口温度：250℃；

——柱箱温度：120℃ 保持 0min，以 10℃/min 的速率升至 210℃，保持 5min；

——载气：高纯氮气或氦气，流量 17.6mL/min，恒流；

——分流比：5:1；

——进样量：1.0μL；

——检测器温度：250℃；

——辅助气：高纯氢气 40mL/min，空气 300mL/min，高纯氮气或氦气 5mL/min。

采用上述条件，总分析时间约为 15min。

5. 检出限、回收率和精密度研究

（1）工作曲线检出限和定量限　检出限是指产生可分辨的最低信号所需 要组分的浓度值，可用来表示检测功能的优劣。在此检出限的确定采用：测量 最低浓度校正标样 10 次，以测量值的标准偏差 α 作为噪声值，将 α 乘以 3 倍， 在被测组分的工作曲线（强度对浓度）上求出与 3α 相对应的浓度值，即为方 法的检出限。

定量限是指定量分析中能可靠地被测定出来的下限。在此定量限的确定采 用上述噪音值 α 乘以 10 倍相对应的浓度值。

为了得到方法的检出限和定量限，实验测定了工作曲线最低浓度标准溶液 10 次（0.50mg/mL），得到 10 次测定结果的标准偏差为 0.0017mg/mL，则由 工作曲线（$R^2 = 0.99999$）得方法的检出限和定量限分别为：0.005mg/mL 和

0.017mg/mL，即 0.10mg/rod 和 0.34mg/rod。

（2）加标回收率　采用标准物质添加法测定三乙酸甘油酯的回收率。选取含不同浓度三乙酸甘油酯的 4 种滤棒样品，在其中分别添加低、中、高三个不同质量的标样，按给定的方法进行实验测定，以添加相同体积萃取剂的滤棒作为空白对照，计算平均回收率，结果如表 8 - 7 ~ 表 8 - 9 所示。

从表 8 - 7 ~ 表 8 - 9 可以看出，三乙酸甘油酯的加标回收率在 97.6% ~ 103.0%，平均回收率为 100.3%，说明方法对滤棒中三乙酸甘油酯的萃取比较充分，测定方法准确可靠。

表 8 - 7　　　　　　　　　　　　方法回收率（1）

滤棒样品编号	三乙酸甘油酯 加入量/mg	三乙酸甘油酯 含量/（mg/5 支）	添加后检测值/ （mg/5 支）	回收率/%
A	75	305.0	382.3	103.0
B	75	182.5	255.9	97.8
C	75	82.0	157.8	101.1
D	75	73.2	147.1	98.5
平均值				100.1

表 8 - 8　　　　　　　　　　　　方法回收率（2）

滤棒样品编号	三乙酸甘油酯 加入量/mg	三乙酸甘油酯 含量/（mg/5 支）	添加后检测值/ （mg/5 支）	回收率/%
A	150	305.0	381.7	102.3
B	150	182.5	259.6	102.8
C	150	82.0	156.2	98.9
D	150	73.2	149.0	101.1
平均值				101.3

表 8 - 9　　　　　　　　　　　　方法回收率（3）

滤棒样品编号	三乙酸甘油酯 加入量/mg	三乙酸甘油酯 含量/（mg/5 支）	添加后检测值/ （mg/5 支）	回收率/%
A	300	305.0	379.0	98.6
B	300	182.5	255.7	97.6
C	300	82.0	157.5	100.6
D	300	73.2	149.3	101.5
平均值				99.6

（3）重复性和再现性实验　实验首先在本实验室内进行了方法重复性研究，在重复性条件下测定了4种滤棒样品三乙酸甘油酯含量的平均值与变异系数，每个样品每天平行测定6次，进行6天重复，每个样品共36个重复性数据。结果如表8-10所示。从表8-10可以看出重复性变异系数在0.84%~1.90%，平均变异系数为1.20%。

表8-10　　　　相同实验室滤棒样品中三乙酸甘油酯含量检测重复性统计

实验日期编号（i）	水平（j）							
	A		B		C		D	
	平均值/%	变异系数/%	平均值/%	变异系数/%	平均值/%	变异系数/%	平均值/%	变异系数/%
1	2.32	1.96	6.15	0.79	8.65	1.12	4.35	0.65
2	2.26	1.67	6.27	0.88	8.82	1.25	4.42	0.88
3	2.21	1.85	6.24	0.92	8.64	1.04	4.38	0.76
4	2.35	2.11	6.11	0.95	8.76	1.13	4.30	0.83
5	2.28	2.03	6.21	1.01	8.60	0.95	4.25	0.92
6	2.29	1.78	6.18	1.02	8.73	1.21	4.34	1.02
平均值/%	2.29	1.90	6.19	0.93	8.70	1.12	4.34	0.84

实验由4家不同实验室采用相同样品对本方法进行验证，测定了4种不同三乙酸甘油酯含量样品的平均值与变异系数，每个样品平行测定3次，所得结果如表8-11所示。可以看出，4个实验室的平均变异系数在1.40%~2.90%，平均变异系数为1.93%，说明方法再现性良好。

表8-11　　　　不同实验室测定醋酸纤维滤棒中三乙酸甘油酯再现性统计

实验室编号（i）	水平（j）							
	A		B		C		D	
	平均值/%	变异系数/%	平均值/%	变异系数/%	平均值/%	变异系数/%	平均值/%	变异系数/%
1	2.27	2.03	5.87	0.91	8.18	1.28	4.31	1.44
2	2.31	3.44	6.18	2.46	8.70	2.60	4.08	2.95
3	2.25	3.36	6.08	0.28	8.72	0.63	4.36	1.69
4	2.29	2.81	6.21	1.97	8.76	1.26	4.41	1.81
室间平均变异系数/%	2.91		1.40		1.44		1.97	

6. 滤棒样品检测

采用本方法分析检测国内醋酸纤维滤棒样品共 8 个，每种样品检测 7 次，测定结果如表 8 – 12 所示。8 种样品的三乙酸甘油酯含量为 2.32% ~ 8.73%，平行样间测定值的变异系数（CV）为 1.01% ~ 3.18%，平均变异系数为 1.99%。说明实验方法对样品普遍适用，且具有较好的稳定性。

表 8 – 12　　　　　　　不同滤棒样品中三乙酸甘油酯含量的测定

样品编号	三乙酸甘油酯平均含量		变异系数（CV）/%
	质量分数/%	每支毫克数/（mg/rod）	
1	8.55	62.3	1.90
2	2.32	14.7	3.15
3	4.21	25.9	3.18
4	2.53	16.4	2.78
5	6.28	36.5	1.52
6	4.60	34.5	1.18
7	7.83	57.2	1.01
8	8.73	68.0	1.21
平均值			1.99

7. 与其他方法比对

实验还进行了不同分析方法的比对。选取 4 个不同水平样品，用相同的前处理方法，分别采用本气相色谱法和文献报道的高效液相色谱法（HPLC）进行分析测定，每个样品测定 6 次取其平均值及采用 t 检验比较两种方法测定结果的差异性，结果如表 8 – 13 所示。各水平样品的 t 值分别为 1.51、2.38、2.02、1.99，查 t 分布表临界值 $t_{0.05; 5} = 2.57$，由于各 t 值 < $t_{0.05; 5}$，可以判断两种方法之间无显著性差异。从变异系数来看，气相色谱方法的稳定性优于高效液相色谱法。

表 8 – 13　　　　　　　　GC 和 HPLC 测定结果比对

测定方法	三乙酸甘油酯的平均含量/%				变异系数（CV）/%			
	A	B	C	D	A	B	C	D
GC	2.29	6.21	8.76	4.41	2.81	1.97	1.26	1.81
HPLC	2.38	6.09	8.58	4.50	4.96	2.46	1.22	2.72
t 临界值	1.51	2.38	2.02	1.99				

第二节
————

滤棒中三乙酸甘油酯施加量均匀性的测定

滤棒中三乙酸甘油酯施加均匀性的测定对于稳定烟草制品质量有着重要的意义，其检测方法的研究能够提高滤棒成型工艺水平，满足烟草行业特色工艺加工精细化的要求。

本研究的内容主要包括如下几个方面。

（1）滤棒样品选择　目前卷烟滤棒主要由卷烟企业成型车间自行生产，主要的滤棒成型机有 KDF2、KDF4 两种机型，丝束中三乙酸甘油酯的施加方式主要有喷嘴、刷涂两种方式，本标准项目开展必须选择能够涵盖上述条件的滤棒样品。

（2）滤棒样品检测单元的确定　YC/T 331—2010《醋酸纤维滤棒中三乙酸甘油酯的测定　气相色谱法》是以 5 支滤棒作为检测单元，本研究分别以 5 支、2 支以及长度分别为 80，60，40，20，10mm 的滤棒单元为检测单元，参照 YC/T 331—2010《醋酸纤维滤棒中三乙酸甘油酯的测定　气相色谱法》规定的方法进行检测，采用单因变量单因素方差分析的方法确定合适的滤棒检测单元。

（3）滤棒中三乙酸甘油酯施加均匀性评价方法的确定　通过文献调研考察现有的国家标准、行业标准及地方标准中涉及到均匀性评价的方法，确定滤棒中三乙酸甘油酯施加均匀性的评价方法。

（4）滤棒样品取样量的确定　于滤棒成型车间取相同滤棒成型机台生产的滤棒样品，等间隔时间取样，取样次数分别为 10，20，30，40，60 次。检测其中的三乙酸甘油酯含量后采用统计分析的单因变量单因素方差分析比较不同取样量滤棒样品中三乙酸甘油酯含量的差异性。

（5）滤棒样品取样间隔时间的确定　于滤棒成型机滤棒出口处进行取样，时间间隔分别为 5，20，60s 以及随机取样，按照确定的取样量进行取样后检测其中三乙酸甘油酯的含量。采用统计分析中的单因变量单因素方差分析比较不同时间间隔滤棒样品中三乙酸甘油酯含量的差异性。

（6）不同批次滤棒样品三乙酸甘油酯施加均匀性的重复性检验　于滤棒成型车间取相同滤棒成型机台生产的相同规格的不同批次的样品，检测其中的三乙酸甘油酯含量后采用统计分析中的单因变量单因素方差分析比较不同批次滤棒样品中三乙酸甘油酯含量的差异性。

（7）样品普查　将建立的方法普查烟草工业企业在产的滤棒产品中三乙酸甘油酯施加的均匀性。

（8）比对试验　将建立的方法分别于不同的实验室间开展方法的比对试验，以验证方法的可行性。

一、检测方法

1. 术语和定义

下列术语和定义适用于本文件。

三乙酸甘油酯含量（exerting triacetin content）：滤棒中三乙酸甘油酯质量与滤棒总质量之比。

施加均匀性（exerting homogeneity）：滤棒中三乙酸甘油酯含量的一致性程度。

2. 分析步骤

（1）取样　选定某一生产批次，作为测试批次。待设备运行稳定后在滤棒成型机出口随机抽取 30 支滤棒，将滤棒样品装入密封容器中并做好标记。

（2）滤棒的调节　将滤棒样品放置于 GB/T 16447—2004 规定的大气环境中调节至少 24h。

（3）试样制备　将每支包含成形纸的滤棒沿横向切割得到长度约 20mm 的一段，称重，精确至 0.0001g。将 20mm 长的滤棒沿纵向撕开，再剪成 5 ~ 10mm 长的小段，放置于 50mL 具塞锥形瓶中，用移液管或自动加液器加入 20mL 萃取剂（YC/T 331），盖上瓶盖。用旋转振荡器振荡萃取 3h，取上层清液进行气相色谱分析。

（4）测定　按照 YC/T 331—2014 规定的方法测定试样中的三乙酸甘油酯的含量。

3. 结果计算

施加均匀性由式（8-3）计算得出，结果精确到 0.01%。

$$EH = \left(1 - \frac{\sqrt{[1/(n-1)] \sum_{i=1}^{n} (x_i - \bar{x})^2}}{\bar{x}} \right) \times 100 \qquad (8-3)$$

式中　EH——施加均匀性，%；

　　　　n——试样的个数，$n = 30$；

　　　　x_i——第 i 个样品的三乙酸甘油酯的含量，%；

　　　　$\bar{x}$——n 个样品的三乙酸甘油酯含量的平均值，%。

二、结果与讨论

1. 滤棒样品选择

卷烟滤棒产品主要由卷烟企业成型车间自行生产，主要的滤棒成型机有 KDF2、KDF4 两种机型，丝束中三乙酸甘油酯的施加方式主要有喷嘴、刷涂两种方式，本标准项目开展选择了两个厂家、四种规格的样品（表 8 – 14）。

表 8 – 14　　　　　　　　　　　　　样品信息

编号	厂家	丝束规格	成型纸	长度/mm	压降/mmH₂O	机型	施加方式
1	龙岩烟草工业有限责任公司	3.0/32000	高透成型纸	144	310	KDF2	喷嘴
2	龙岩烟草工业有限责任公司	3.0/32000	高透成型纸	108	310	KDF4	喷嘴
3	龙岩烟草工业有限责任公司	3.9/31000	普通成型纸	120	280	KDF2	刷涂
4	厦门烟草工业有限责任公司	3.0/32000	普通成型纸	144	420	KDF4	喷嘴

2. 滤棒样品检测单元的确定

YC/T 331—2010《醋酸纤维滤棒中三乙酸甘油酯的测定 气相色谱法》是以 5 支滤棒作为检测单元，本项目取两个厂家的四种规格的滤棒样品（表 8 – 14），分别以 5 支、2 支以及长度分别为 80，60，40，20，10mm 的滤棒单元为检测单元。5 支、2 支滤棒的前处理参照 YC/T 331—2010《醋酸纤维滤棒中三乙酸甘油酯的测定 气相色谱法》所规定的前处理方法。不同长度滤棒的前处理如下：将每支包含成形纸的滤棒沿横向切割得到一定长度的一段滤棒，称重，精确至 0.0001g。将切割下来的滤棒沿纵向撕开，再剪成 5～15mm 长的小段，放置于 50mL 具塞锥形瓶中，用移液管或自动加液器加入 20mL 萃取剂（YC/T 331），盖上瓶盖。用旋转振荡器振荡萃取 3h，取上层清液进行气相色谱分析。参照 YC/T 331—2010《醋酸纤维滤棒中三乙酸甘油酯的测定 气相色谱法》规定的方法进行检测，每种检测单元检测 30 个样品，采用单因变量单因素方差分析的方法确定合适的滤棒检测单元。

（1）不同检测单元滤棒样品中三乙酸甘油酯含量的检测及分析

①1#样品分析：1#样品取自龙岩烟草工业有限责任公司滤棒成型车间，成型机型为 KDF2，三乙酸甘油酯的施加方式为喷嘴（表 8 – 12），分别以 5 支、

2 支以及长度分别为 80，60，40，20，10mm 的滤棒单元为检测单元，参照 YC/T 331—2010《醋酸纤维滤棒中三乙酸甘油酯的测定 气相色谱法》规定的方法进行检测，每种检测单元检测 30 个样品（表 8－15）。

表 8－15　　　　　1#滤棒样品不同检测单元中三乙酸甘油酯的含量　　　　单位:%

滤棒检测单元						
5 支	2 支	80mm	60mm	40mm	20mm	10mm
7.41	7.28	7.34	7.10	7.23	7.60	7.98
7.40	7.27	7.38	7.46	7.07	7.47	8.08
7.28	7.24	7.25	7.37	7.00	7.24	7.44
7.20	7.10	7.32	7.47	7.32	7.38	7.84
7.31	7.13	7.07	7.11	7.57	7.39	7.64
7.29	7.29	7.26	7.32	7.18	7.11	7.61
7.21	7.20	7.24	7.22	7.53	7.39	8.15
7.18	7.10	7.10	7.46	7.50	7.15	7.89
7.33	7.29	7.23	7.17	7.16	7.46	7.58
7.37	7.20	6.98	7.24	7.24	7.01	7.48
7.28	7.29	7.30	7.19	6.93	7.21	7.48
7.26	7.06	7.26	7.50	7.11	7.28	7.88
7.31	7.38	7.39	7.40	7.59	7.17	7.64
7.16	7.13	7.48	7.15	6.93	6.79	7.27
7.24	7.19	7.15	7.17	7.28	7.53	7.62
7.22	7.19	7.16	7.32	7.54	7.21	8.00
7.09	7.15	7.07	7.42	7.49	7.08	7.10
7.27	7.25	7.30	7.01	7.00	7.05	7.76
7.25	7.29	7.24	7.37	7.26	7.61	7.69
7.32	7.35	7.13	7.15	7.51	7.55	7.45
7.35	7.30	7.46	7.35	7.58	7.13	7.70
7.25	7.26	7.08	7.20	7.19	7.28	7.74
7.20	7.25	7.37	6.97	7.43	7.05	7.75
7.23	7.42	7.48	7.28	7.46	7.50	7.83
7.38	7.26	7.14	7.22	7.20	7.04	7.63
7.30	7.28	7.36	7.35	7.34	7.31	7.68

续表

滤棒检测单元						
5 支	2 支	80mm	60mm	40mm	20mm	10mm
7.11	7.34	7.25	7.28	7.29	7.18	7.60
7.13	7.33	7.07	7.15	7.18	7.66	7.54
7.25	7.31	7.07	7.16	7.51	7.31	7.49
7.28	7.30	7.15	7.21	7.08	7.40	7.39

随着检测单元的减小，滤棒中三乙酸甘油酯含量的标准偏差逐渐增大，变异系数逐渐增大（表 8 – 16），说明检测单元越小，越能够体现出滤棒中三乙酸甘油酯施加的不均匀性。

表 8 – 16　　　　1#滤棒样品不同检测单元中三乙酸甘油酯的含量分析

检测单元	标准偏差	平均值/%	变异系数/%	正态检验（Shapiro – Wilk）	
				检验统计量	p
5 支	0.08	7.26	1.12	0.983	0.908
2 支	0.09	7.25	1.20	0.963	0.373
80mm	0.14	7.24	1.88	0.962	0.343
60mm	0.14	7.26	1.89	0.970	0.546
40mm	0.21	7.29	2.82	0.939	0.088
20mm	0.21	7.28	2.88	0.979	0.792
10mm	0.23	7.66	3.04	0.988	0.974

正态检验（Shapiro – Wilk）结果表明：不同检测单元获得的 30 个样品的三乙酸甘油酯的含量分布满足正态分布（$p > 0.05$）（表 8 – 16）。Levene 方差齐性检验结果表明：1#样品不同检测单元检测结果的方差不具备齐性（$p < 0.05$）（表 8 – 17）。

表 8 – 17　　　　1#样品不同检测单元检测结果的方差齐性检验

检验方法	检验统计量	p	差异显著性
Levene 检验	8.175	0.000	显著

进一步采用单因变量单因素方差分析确定合适的滤棒检测单元，由于样品的方差不齐，在多重比较时选择方差不具有齐性的 "Tamhane's T2" 法进行比较。方差分析的结果表明：1#样品不同检测单元间存在差异（$p <$

0.05）（表8－18）。

表8－18　　　　　　　　1#样品不同检测单元检测结果的方差分析

方差来源	平方和SS	自由度	均方MS	统计量F	p值
组间	4.203	6	0.700	25.520	0.000
组内	5.571	203	0.027		
总和	9.774	209			

"Tamhane's T2"法多重比较结果表明：5支、2支、80mm、60mm、40mm、20mm检测单元间的检测结果不存在差异（$p > 0.05$），都与10mm检测单元的检测结果间存在显著性差异（$p > 0.05$）（表8－19）。

表8－19　　　　　　　　1#样品不同检测单元间的多重比较

检测单元	5支	2支	80mm	60mm	40mm	20mm	10mm
5支	1.000	1.000	1.000	1.000	1.000	1.000	0.000
2支		1.000	1.000	1.000	1.000	1.000	0.000
80mm			1.000	1.000	0.996	0.999	0.000
60mm				1.000	1.000	1.000	0.000
40mm					1.000	1.000	0.000
20mm						1.000	0.000
10mm							1.000

②2#样品分析：2#样品取自龙岩烟草工业有限责任公司滤棒成型车间，成型机型为KDF4，三乙酸甘油酯的施加方式为喷嘴（表8－14），分别以5支、2支以及长度分别为80，60，40，20，10mm的滤棒单元为检测单元，参照YC/T 331—2010《醋酸纤维滤棒中三乙酸甘油酯的测定 气相色谱法》规定的方法进行检测，每种检测单元检测30个样品（表8－20）。

表8－20　　　　　　2#滤棒样品不同检测单元中三乙酸甘油酯的含量　　　　　单位：%

滤棒检测单元						
5支	2支	80mm	60mm	40mm	20mm	10mm
5.39	5.49	5.48	5.18	5.69	5.21	5.95
5.48	5.52	5.48	5.42	5.58	5.24	6.51
5.52	5.47	5.74	5.5	5.58	5.12	5.53

续表

滤棒检测单元						
5 支	2 支	80mm	60mm	40mm	20mm	10mm
5.41	5.29	5.73	5.31	5.28	5.53	5.46
5.45	5.46	5.42	5.32	6.04	5.45	6.72
5.37	5.09	5.34	5.11	5.33	4.98	6.25
5.41	5.31	5.43	5.46	5.55	5.39	5.71
5.4	5.46	5.47	5.37	5.19	5.53	5.87
5.28	5.28	5.47	5.15	5.52	5.47	6.23
5.55	5.36	5.67	5.37	5.17	5.57	5.75
5.37	5.1	5.25	5.06	5.75	5.28	6.04
5.62	5.15	5.42	5.43	5.77	5.53	5.76
5.25	5.35	5.38	5.22	5.68	5.53	6.53
5.33	5.39	5.36	4.9	5.28	5.32	5.51
5.63	5.43	5.59	5.55	5.53	5.11	5.68
5.4	5.12	5.4	5.22	5.46	4.91	5.57
5.38	5.48	5.94	5.52	5.75	5.34	5.79
5.44	5.55	5.44	5.66	5.3	5.52	5.5
5.42	5.55	5.59	5.49	5.53	5.04	5.9
5.53	5.59	5.7	5.48	5.5	5.5	5.64
5.66	5.45	5.02	5.29	5.25	5.26	5.64
5.71	5.58	5.7	5.53	5.76	5.33	5.43
5.68	5.38	5.58	5.58	4.81	5.37	5.86
5.53	5.55	5.84	5.4	5	5.54	5.55
5.16	5.43	5.43	5.36	5.57	5.64	5.92
5.28	5.18	5.66	5.65	5.6	4.86	6.03
5.5	5.46	5.2	5.14	5.66	5.63	4.86
5.52	5.5	5.21	5.32	5.85	5.03	6.1
5.44	5.51	5.74	5.4	5.23	5.37	5.54
5.38	5.23	5.24	5.53	5.65	5.48	5.33

随着检测单元的减小，滤棒中三乙酸甘油酯含量的标准偏差呈增大趋势，变异系数亦呈增大趋势（表 8 - 21），说明检测单元越小，越能够体现出滤棒

中三乙酸甘油酯施加的不均匀性。

表 8 – 21　　　　2#滤棒样品不同检测单元中三乙酸甘油酯的含量分析

检测单元	标准偏差	平均值/%	变异系数/%	正态检验（Shapiro – Wilk）	
				检验统计量	p
5 支	0.13	5.45	2.39	0.977	0.745
2 支	0.15	5.39	2.77	0.912	0.117
80mm	0.21	5.50	3.80	0.982	0.871
60mm	0.18	5.36	3.38	0.970	0.542
40mm	0.27	5.50	4.85	0.968	0.480
20mm	0.22	5.34	4.11	0.929	0.146
10mm	0.39	5.81	6.70	0.963	0.375

正态检验（Shapiro – Wilk）结果表明：不同检测单元获得的 30 个样品的三乙酸甘油酯的含量分布满足正态分布（$p > 0.05$）（表 8 – 19）。Levene 方差齐性检验结果表明：2#样品不同检测单元检测结果的方差不具备齐性（$p < 0.05$）（表 8 – 22）。

表 8 – 22　　　　2#样品不同检测单元检测结果的方差齐性检验

检验方法	检验统计量	p	差异显著性
Levene 检验	6.220	0.000	显著

进一步采用单因变量单因素方差分析确定合适的滤棒检测单元，由于样品的方差不齐，在多重比较时选择方差不具有齐性的"Tamhane's T2"法进行比较。方差分析的结果表明：2#样品不同检测单元间存在差异（$p < 0.05$）（表 8 – 23）。

表 8 – 23　　　　2#样品不同检测单元检测结果的方差分析

方差来源	平方和 SS	自由度	均方 MS	统计量 F	p 值
组间	4.488	6	0.748	13.555	0.000
组内	11.201	203	0.055		
总和	15.689	209			

"Tamhane's T2"法多重比较结果表明：5 支、2 支、80mm、60mm、40mm、20mm 检测单元间的检测结果不存在差异（$p > 0.05$），都与 10mm 检测

单元的检测结果间存在显著性差异（$p > 0.05$）（表 8-24）。

表 8-24　　　　　2#样品不同检测单元间的多重比较

检测单元	5支	2支	80mm	60mm	40mm	20mm	10mm
5支	1.000	0.896	0.999	0.580	1.000	0.323	0.001
2支		1.000	0.419	1.000	0.752	0.999	0.000
80mm			1.000	0.202	1.000	0.100	0.009
60mm				1.000	0.474	1.000	0.000
40mm					1.000	0.261	0.015
20mm						1.000	0.000
10mm							1.000

③3#样品分析：分别以 5 支、2 支以及长度分别为 80，60，40，20，10mm 的滤棒单元为检测单元，参照 YC/T 331—2010《醋酸纤维滤棒中三乙酸甘油酯的测定 气相色谱法》规定的方法进行检测，每种检测单元检测 30 个样品（表 8-25）。

表 8-25　　　　3#滤棒样品不同检测单元中三乙酸甘油酯的含量　　　　单位:%

滤棒检测单元						
5支	2支	80mm	60mm	40mm	20mm	10mm
4.45	4.18	4.82	4.12	4.32	4.82	4.65
4.16	4.46	4.40	4.03	4.15	4.26	4.45
4.90	4.29	4.79	3.92	4.24	3.95	4.73
4.13	4.00	4.71	4.32	4.41	4.51	4.67
4.04	4.16	4.30	4.53	4.54	4.50	4.93
4.18	4.13	4.43	4.89	4.82	4.65	4.85
4.45	4.21	4.10	3.97	4.55	4.68	4.68
4.19	4.92	4.97	4.24	4.96	4.47	4.56
4.21	4.76	4.94	4.53	4.62	3.99	4.79
4.29	4.52	4.08	4.58	4.32	4.71	4.29
4.40	4.69	4.65	4.87	4.32	3.92	4.84
4.20	4.16	5.13	4.79	4.68	4.19	4.29
4.24	4.40	4.89	4.99	4.41	4.51	4.57
4.43	4.21	4.05	4.86	4.64	3.99	4.11

续表

滤棒检测单元						
5 支	2 支	80mm	60mm	40mm	20mm	10mm
4. 26	4. 27	4. 40	4. 24	4. 29	4. 55	4. 24
4. 46	4. 37	4. 68	4. 44	4. 09	4. 77	4. 28
4. 27	4. 16	4. 45	4. 94	4. 71	4. 88	4. 19
4. 79	4. 31	4. 75	4. 47	4. 15	4. 24	4. 55
4. 73	4. 13	4. 30	4. 25	4. 07	4. 08	4. 95
4. 68	4. 25	4. 32	4. 47	4. 10	4. 58	4. 37
4. 67	4. 50	4. 63	4. 70	4. 16	4. 54	4. 32
4. 59	4. 43	4. 80	4. 89	4. 53	4. 41	4. 68
4. 67	4. 60	5. 02	4. 38	4. 46	4. 18	4. 89
4. 54	4. 49	4. 64	4. 95	4. 69	4. 34	4. 15
4. 64	4. 64	4. 41	4. 33	4. 75	4. 28	4. 82
4. 61	4. 53	4. 24	4. 46	4. 10	4. 32	4. 30
4. 71	4. 58	4. 42	4. 25	4. 08	4. 88	4. 24
4. 71	4. 67	4. 11	4. 44	4. 88	4. 44	5. 05
4. 66	4. 47	4. 38	4. 20	4. 33	4. 43	4. 58
4. 66	4. 68	4. 45	4. 55	4. 22	4. 22	4. 25

随着检测单元的减小，滤棒中三乙酸甘油酯含量的标准偏差及变异系数相差不大（表 8 - 26）。

正态检验（Shapiro - Wilk）结果表明：不同检测单元获得的 30 个样品的三乙酸甘油酯的含量分布满足正态分布（$p > 0.05$）（表 8 - 26）。Levene 方差齐性检验结果表明：3#样品不同检测单元检测结果的方差具备齐性（$p < 0.05$）（表 8 - 27）。

表 8 - 26　3#滤棒样品不同检测单元中三乙酸甘油酯的含量分析

检测单元	标准偏差	平均值/%	变异系数/%	正态检验（Shapiro - Wilk）	
				检验统计量	p
5 支	0. 24	4. 46	5. 28	0. 939	0. 088
2 支	0. 23	4. 41	5. 13	0. 968	0. 498
80mm	0. 30	4. 54	6. 57	0. 964	0. 389
60mm	0. 31	4. 49	6. 87	0. 954	0. 211

续表

检测单元	标准偏差	平均值/%	变异系数/%	正态检验（Shapiro – Wilk）	
				检验统计量	p
40mm	0.26	4.42	5.98	0.940	0.092
20mm	0.27	4.41	6.23	0.970	0.549
10mm	0.28	4.54	6.06	0.941	0.099

表 8 – 27　　　　　3#样品不同检测单元检测结果的方差齐性检验

检验方法	检验统计量	p	差异显著性
Levene 检验	0.851	0.532	显著

进一步采用单因变量单因素方差分析确定合适的滤棒检测单元，由于样品的方差具备齐性，在多重比较时选择方差具有齐性的 LSD 法进行比较。方差分析的结果表明：3#样品不同检测单元间不存在差异（$p < 0.05$）（表 8 – 28）。LSD 法多重比较结果表明：5 支、2 支、80mm、60mm、40mm、20mm、10mm 检测单元间的检测结果不存在差异（$p > 0.05$）（表 8 – 29）。

表 8 – 28　　　　　3#样品不同检测单元检测结果的方差分析

方差来源	平方和 SS	自由度	均方 MS	统计量 F	p 值
组间	0.630	6	0.105	1.435	0.203
组内	14.843	203	0.073		
总和	15.472	209			

表 8 – 29　　　　　3#样品不同检测单元间的多重比较

检测单元	5 支	2 支	80mm	60mm	40mm	20mm	10mm
5 支	1.000	0.404	0.265	0.746	0.526	0.437	0.263
2 支		1.000	0.052	0.247	0.841	0.954	0.052
80mm			1.000	0.429	0.081	0.059	0.996
60mm				1.000	0.338	0.271	0.426
40mm					1.000	0.886	0.080
20mm						1.000	0.059
10mm							1.000

④4#样品分析：样品取自厦门烟草工业有限责任公司滤棒成型车间，成型机型为 KDF4，三乙酸甘油酯的施加方式为喷嘴，分别以 5 支、2 支以及长度分别为 80，60，40，20，10mm 的滤棒单元为检测单元，参照 YC/T 331—2010《醋酸纤维滤棒中三乙酸甘油酯的测定　气相色谱法》规定的方法进行检测，每种检测单元检测 30 个样品（表 8 – 30）。

表 8 – 30　　　　4#滤棒样品不同检测单元中三乙酸甘油酯的含量　　　单位：%

滤棒检测单元						
5 支	2 支	80mm	60mm	40mm	20mm	10mm
6.04	6.02	6.00	6.10	5.98	5.64	6.24
5.78	5.96	6.04	5.94	5.81	5.87	5.96
5.77	5.84	6.24	6.01	5.69	5.60	5.98
5.89	5.76	6.17	5.94	5.63	6.01	5.89
5.87	5.88	5.78	5.94	5.55	6.07	5.78
5.90	6.25	5.94	5.91	5.86	5.86	5.65
5.98	6.04	5.93	6.15	5.64	5.92	5.80
5.70	5.73	5.81	6.11	5.94	6.17	6.25
5.75	5.65	5.91	5.94	5.74	5.76	5.75
5.91	5.97	5.70	5.61	5.97	6.04	6.24
5.90	5.89	5.97	5.89	5.93	5.79	5.88
5.71	5.85	5.94	5.75	6.20	6.11	5.89
5.88	6.04	6.05	5.83	5.76	5.81	5.90
5.85	6.00	6.12	5.67	5.75	5.84	5.79
5.79	5.75	5.85	6.00	5.95	6.01	5.62
5.82	5.65	5.86	5.91	5.86	5.93	5.76
5.76	5.86	5.78	6.03	5.83	5.70	6.05
5.75	5.88	5.66	5.72	5.94	5.89	6.04
5.76	5.82	5.92	6.09	5.86	6.12	5.97
5.86	6.04	5.83	5.85	6.05	5.64	5.86
6.01	5.94	6.10	5.75	5.53	5.87	5.59
5.84	5.92	5.79	5.84	5.87	5.72	5.97
5.86	5.69	6.03	6.03	5.89	5.84	6.15
5.85	5.94	6.12	6.06	5.92	5.99	5.98

续表

			滤棒检测单元			
5 支	2 支	80mm	60mm	40mm	20mm	10mm
5.89	6.00	5.84	5.50	5.76	5.68	6.18
5.97	6.08	6.02	5.79	5.82	5.70	5.97
6.03	6.04	5.93	6.01	5.74	5.81	5.89
5.82	5.72	5.78	6.03	5.74	5.75	6.10
5.83	5.93	5.78	5.88	5.91	6.11	5.89
5.88	6.08	5.70	5.78	5.64	6.10	6.22

随着检测单元的减小，滤棒中三乙酸甘油酯含量的标准偏差呈增大趋势，变异系数亦呈增大趋势（表 8 – 31），说明检测单元越小，越能够体现出滤棒中三乙酸甘油酯施加的不均匀性。

正态检验（Shapiro – Wilk）结果表明：不同检测单元获得的 30 个样品的三乙酸甘油酯的含量分布满足正态分布（$p > 0.05$）（表 8 – 31）。Levene 方差齐性检验结果表明：4#样品不同检测单元检测结果的方差不具备齐性（$p < 0.05$）（表 8 – 32）。

表 8 – 31   4#滤棒样品不同检测单元中三乙酸甘油酯的含量分析

检测单元	标准偏差	平均值/%	变异系数/%	正态检验（Shapiro – Wilk）	
				检验统计量	p
5 支	0.09	5.86	1.54	0.964	0.383
2 支	0.14	5.96	2.41	0.970	0.538
80mm	0.15	5.92	2.50	0.976	0.701
60mm	0.16	5.90	2.66	0.965	0.404
40mm	0.15	5.83	2.55	0.979	0.795
20mm	0.16	5.88	2.80	0.958	0.278
10mm	0.18	5.94	3.09	0.962	0.354

表 8 – 32   4#样品不同检测单元检测结果的方差齐性检验

检验方法	检验统计量	p	差异显著性
Levene 检验	2.336	0.033	显著

进一步采用单因变量单因素方差分析确定合适的滤棒检测单元，由于样品的方差不齐，在多重比较时选择方差不具有齐性的"Tamhane's T2"法进行比较。方差分析的结果表明：4#样品不同检测单元间不存在差异（$p > 0.05$）（表 8 – 33）。

表 8 – 33　　　　　4#样品不同检测单元检测结果的方差分析

方差来源	平方和 SS	自由度	均方 MS	统计量 F	p 值
组间	0.287	6	0.048	2.118	0.053
组内	4.580	203	0.023		
总和	4.866	209			

"Tamhane's T2"法多重比较结果表明：5 支、2 支、80mm、60mm、40mm、20mm、10mm 检测单元间的检测结果不存在差异（$p > 0.05$）（表 8 – 34）。

表 8 – 34　　　　　4#样品不同检测单元间的多重比较

检测单元	5 支	2 支	80mm	60mm	40mm	20mm	10mm
5 支	1.000	0.883	0.631	0.975	1.000	1.000	0.409
2 支		1.000	1.000	1.000	0.514	1.000	1.000
80mm			1.000	1.000	0.298	1.000	1.000
60mm				1.000	0.706	1.000	1.000
40mm					1.000	0.990	0.174
20mm						1.000	0.916
10mm							1.000

（2）小结　四种规格的样品，1#、2#滤棒样品六种检测单元中，10mm 滤棒长度的检测单元与其他的存在显著性差异，3#、4#滤棒样品六种检测单元的检测结果不存在显著性差异，不存在显著性差异的检测单元能够代表滤棒样品中三乙酸甘油酯施加的均匀性，由于随着检测单元的减小，滤棒中三乙酸甘油酯含量的标准偏差呈增大趋势，变异系数亦呈增大趋势，说明检测单元越小，越能够体现出滤棒中三乙酸甘油酯施加的不均匀性。因此，本项目确定选择 20mm 滤棒单元作为检测单元。

3. 滤棒中三乙酸甘油酯施加均匀性的表征方法

文献调研了现行的有关均匀性评价的国家标准、行业标准和地方标准（见表 8 – 35），均匀性评价方法主要有目测和变异系数两种，能够计量的指标一般均采用变异系数的评价方法，烟草行业发布的有关均匀性的评价标准也采用了变异系数的评价方法，本标准以变异系数的计算原理为基础，计算获得滤棒中三乙酸甘油酯施加的均匀性。

表 8-35　　　　　　　　　现行的有关均匀性评价的标准

标准编号	标准名称	方法
DB32/T 1271—2008	维生素预混饲料混合均匀度测定方法	变异系数
FZ/T 01081—2009	热熔粘合衬热熔胶涂布量和涂布均匀性试验方法	目测
FZ/T 50008—2015	锦纶长丝染色均匀度试验方法	目测
FZ/T 50015—2009	粘胶长丝染色均匀度试验和评定	目测
GB/T 10649—2008	微量元素预混合饲料混合均匀度的测定	变异系数
GB/T 18506—2013	汽车轮胎均匀性试验方法	变异系数
GB/T 25944—2010	铝土矿 批中不均匀性的实验测定	变异系数
GB/T 25950—2010	铝土矿 成分不均匀性的实验测定	变异系数
GB/T 5918—2008	饲料产品混合均匀度的测定	变异系数
GB/T 6508—2015	涤纶长丝染色均匀度试验方法	目测
SH/T 0801—2007	发动机油均匀性和混合性测定法	目测
SN/T 0471—2010	进出口涤纶加工丝染色均匀度检验方法	目测
SN/T 0803.5—1999	进出口油料规格及均匀度检验方法	目测
YC/T 353—2010	卷烟 加料均匀性的测定	变异系数
YC/T 366—2010	打叶烟叶 烤烟质量均匀性评价	变异系数
YC/T 426—2012	烟草混合均匀度的测定	变异系数

4. 滤棒样品取样次数的确定

在确定了均匀性评价方法后，考察不同取样次数评价滤棒中三乙酸甘油酯施加的均匀性的差异，分别取样 10，20，30，40，60 次样品，分切后检测其中三乙酸甘油酯含量（表 8-36）。

表 8-36　　　　　　滤棒样品不同取样次数三乙酸甘油酯的含量

取样次数 编号	三乙酸甘油酯含量/%				
	10 次	20 次	30 次	40 次	60 次
1	6.33	6.76	6.49	6.61	6.63
2	6.62	6.93	6.68	6.63	6.41
3	6.72	6.69	6.84	7.08	6.65
4	6.36	6.52	6.67	6.65	6.99

续表

取样次数 编号	三乙酸甘油酯含量/%				
	10 次	20 次	30 次	40 次	60 次
5	7.12	6.32	6.52	6.69	6.68
6	6.77	6.63	6.91	6.63	6.27
7	7.00	6.67	6.63	6.14	6.68
8	6.54	6.82	6.63	6.53	6.30
9	6.78	6.53	6.49	6.83	6.63
10	6.48	6.21	6.34	6.69	6.33
11		6.65	6.04	7.15	6.61
12		7.03	6.61	6.25	7.05
13		7.07	6.38	6.61	6.68
14		6.69	6.67	6.39	6.67
15		6.32	6.69	6.66	6.67
16		6.80	6.70	6.59	6.38
17		6.48	6.64	6.60	6.32
18		6.67	6.33	6.92	6.67
19		6.70	6.69	6.75	7.17
20		6.05	6.70	7.05	6.66
21			6.60	6.58	6.71
22			7.07	6.53	6.64
23			6.38	6.62	6.72
24			6.13	6.62	6.60
25			6.78	6.16	6.59
26			6.69	6.94	6.46
27			6.38	6.07	6.09
28			6.90	6.63	6.46
29			7.16	6.64	6.43
30			6.15	6.55	6.94
31				6.68	7.07
32				6.41	6.35
33				6.66	6.74

续表

取样次数 编号	三乙酸甘油酯含量/%				
	10 次	20 次	30 次	40 次	60 次
34				6.99	6.45
35				6.43	6.69
36				6.27	6.86
37				6.62	6.80
38				6.30	6.82
39				6.48	6.78
40				6.68	6.84
41					6.69
42					6.67
43					6.22
44					6.71
45					6.65
46					6.68
47					7.19
48					6.89
49					6.11
50					6.63
51					6.49
52					6.43
53					6.65
54					6.39
55					6.27
56					6.11
57					6.27
58					6.40
59					6.19
60					6.33

不同取样次数样品的检测结果符合正态分布（表 8 - 37），并且检测结果

的方差具备齐性的要求（表 8 - 38），方差分析结果表明：不同次数检测结果无显著性差异（表 8 - 39）。不同取样次数计算得到的均匀性的相对偏差均在 1% 以下（表 8 - 40），考虑到较少的取样次数能够提高检测效率，且统计分析实践中，以样本数量大于 30 的大样本进行统计分析，有利于提高对样本总体推断的精确性和可靠性，故实际测试时选择 30 次作为取样次数，利于检测分析。

表 8 - 37　　　不同取样次数滤棒样品检测结果的 Shapiro - Wilk 正态性检验

取样次数	检验统计量	p	取样次数	检验统计量	p
10 次	0.958	0.765	40 次	0.883	0.140
20 次	0.966	0.851	60 次	0.900	0.221
30 次	0.963	0.817			

表 8 - 38　　　不同取样次数滤棒样品检测结果的方差齐性检验

检验方法	检验统计量	p	差异显著性
Levene 检验	0.254	0.909	不显著

表 8 - 39　　　不同取样次数滤棒样品检测结果的方差分析

	离差平方和 SS	自由度	均方 MS	F 值	p 值
组间变异	0.069	4	0.017	0.265	0.900
组内变异	10.009	155	0.065		
合计	10.077	159			

表 8 - 40　　　不同取样次数计算得到的均匀性

取样次数	均匀性/%	平均值/%	相对偏差/%	取样次数	均匀性/%	平均值/%	相对偏差/%
10 次	96.14		0.01	40 次	96.28		0.14
20 次	96.08	96.14	0.07	60 次	96.12	96.14	0.02
30 次	96.10		0.05				

5. 取样间隔时间的确定

在取样次数 30 次的条件下，于滤棒成型机滤棒出口处进行取样，时间间隔分别为 5、20、60s 以及随机取样，按照确定的取样量进行取样后检测其中三乙酸甘油酯的含量（表8－41）。采用统计分析中的单因变量单因素方差分析比较不同时间间隔滤棒样品中三乙酸甘油酯含量的差异性。

表8－41　　　　　不同取样间隔时间样品的三乙酸甘油酯含量

间隔时间序号	三乙酸甘油酯含量/%			
	5s	20s	60s	随机
1	6.68	6.65	7.10	6.52
2	6.65	6.68	6.37	6.37
3	6.50	6.76	7.15	6.43
4	6.45	7.05	6.41	6.78
5	6.98	6.33	6.81	6.64
6	6.86	6.85	6.44	6.61
7	6.54	6.83	6.73	6.68
8	6.39	6.02	6.62	6.64
9	6.90	6.33	6.41	6.21
10	6.37	6.45	6.64	6.70
11	6.41	6.58	6.35	6.81
12	7.21	6.71	6.50	6.77
13	6.66	6.71	6.62	6.63
14	6.69	6.40	6.50	6.43
15	6.63	6.72	6.18	6.33
16	6.87	6.55	6.92	7.11
17	6.87	6.79	6.37	6.85
18	6.27	6.25	7.09	6.51
19	7.00	7.20	6.84	6.95
20	6.55	6.58	6.96	6.39
21	6.26	6.17	6.70	6.78
22	6.28	6.78	6.07	6.89
23	6.66	6.10	6.62	6.68
24	6.49	6.77	6.27	6.76
25	6.98	6.48	6.85	6.77
26	6.27	6.32	6.73	6.35
27	6.85	6.75	6.89	6.10
28	6.33	6.49	6.69	6.42
29	6.60	6.41	6.56	6.42
30	6.58	6.72	5.99	6.27

不同取样间隔时间样品的检测结果符合正态分布（表 8 – 42），并且检测结果的方差具备齐性的要求（表 8 – 43），方差分析结果表明：不同间隔时间样品检测结果无显著性差异（表 8 – 44）。考虑到取样的方便性及时效性，本标准项目确定以随机方式进行取样。

表 8 – 42　　　不同间隔时间滤棒样品的 Shapiro – Wilk 正态性检验

间隔时间	检验统计量	p	间隔时间	检验统计量	p
5s	0.956	0.250	60s	0.984	0.926
20s	0.977	0.740	随机	0.982	0.877

表 8 – 43　　　　不同间隔时间滤棒样品检测结果的方差齐性检验

检验方法	检验统计量	p	差异显著性
Levene 检验	0.365	0.779	不显著

表 8 – 44　　　　不同间隔时间滤棒样品检测结果的方差分析

	离差平方和 SS	自由度	均方 MS	F 值	p 值
组间变异	0.036	3	0.012	0.170	0.916
组内变异	8.182	116	0.071		
合计	8.218	119			

6. 重复性试验

随机取样，取样次数 30 次，于成型车间取得 5 个批次的样品，检测样品中的三乙酸甘油酯含量（表 8 – 45），并计算三乙酸甘油酯施加的均匀性。

表 8 – 45　　　　　不同批次滤棒样品三乙酸甘油酯含量

批次序号	三乙酸甘油酯含量/%				
	1	2	3	4	5
1	6.27	6.43	7.66	5.84	7.00
2	6.10	7.17	7.82	6.35	6.29
3	7.37	6.77	7.01	5.76	8.19
4	5.30	7.18	7.33	6.92	6.39
5	5.52	7.23	7.37	5.55	5.65

续表

批次序号	三乙酸甘油酯含量/%				
	1	2	3	4	5
6	6.26	6.84	5.48	6.21	6.79
7	6.93	8.15	6.08	5.99	6.73
8	6.48	7.33	6.47	6.24	8.10
9	6.71	6.43	9.22	5.60	6.71
10	6.42	5.92	7.42	7.16	6.77
11	6.69	5.98	7.08	7.64	5.44
12	6.86	6.54	5.48	6.98	6.60
13	7.71	6.32	6.54	5.41	6.16
14	7.32	5.82	5.60	6.60	6.12
15	7.26	5.79	5.87	5.48	7.22
16	7.36	6.63	5.88	5.61	6.61
17	7.25	5.80	5.78	5.94	7.12
18	7.23	6.27	6.85	6.12	6.82
19	6.47	5.83	6.68	7.10	6.05
20	6.15	6.63	6.98	6.59	8.01
21	5.75	5.61	6.51	7.47	5.83
22	6.96	7.00	7.27	5.97	7.61
23	7.00	6.32	6.55	5.46	6.58
24	7.17	6.07	7.46	7.83	7.48
25	6.26	7.86	6.10	6.52	6.21
26	6.73	5.77	6.87	7.23	6.05
27	6.42	6.32	6.01	6.03	6.21
28	7.13	8.04	7.33	6.40	6.34
29	8.38	7.09	7.19	6.37	6.13
30	5.99	7.26	6.49	6.87	7.63

不同批次样品的检测结果符合正态分布（表 8 - 46），并且检测结果的方

差具备齐性的要求（表 8 - 47），方差分析结果表明：不同批次样品检测结果无显著性差异（表 8 - 48）。不同批次样品计算得到的均匀性的相对偏差在 1% 以下（表 8 - 49），说明本标准方法具有良好的重复性，方法稳定可靠。

表 8 - 46　　　不同批次滤棒样品检测结果的 Shapiro - Wilk 正态性检验

批次	检验统计量	p	批次	检验统计量	p
1	0.944	0.114	4	0.979	0.804
2	0.968	0.489	5	0.939	0.085
3	0.973	0.619			

表 8 - 47　　　　　　不同批次滤棒样品检测结果的方差齐性检验

检验方法	检验统计量	p	差异显著性
Levene 检验	0.321	0.864	不显著

表 8 - 48　　　　　　不同批次滤棒样品检测结果的方差分析

	离差平方和 SS	自由度	均方 MS	F 值	p 值
组间变异	0.106	4	0.027	0.266	0.900
组内变异	14.515	145	0.100		
合计	14.622	149			

表 8 - 49　　　　　　　　不同批次计算得到的均匀性

批次	均匀性/%	平均值/%	相对偏差/%	批次	均匀性/%	平均值/%	相对偏差/%
1	96.35		0.21	4	95.35		0.83
2	95.72	95.58	0.44	5	95.27	95.58	0.91
3	95.23		0.95				

7. 样品普查

应用建立的方法对福建中烟工业有限责任公司、川渝中烟有限责任公司、红云红河烟草（集团）有限责任公司、深圳烟草工业有限责任公司成型车间生产的 11 个滤棒样品进行了测定。结果表明喷嘴施加方式的样品的三乙酸甘油酯的均匀性明显高于刷涂方式的样品检测结果（表 8 - 50）。

表 8 – 50　　　　　　　滤棒中三乙酸甘油酯施加均匀性的普查结果

编号	厂家	机型	施加方式	长度	压降	均匀性
1		KDF2	刷涂	108	260	93.38
2		KDF4	喷嘴	108	310	97.03
3		KDF2	喷嘴	120	280	97.43
4	福建中烟	KDF4	喷嘴	120	420	96.14
5		KDF2	刷涂	120	280	95.36
6		KDF4	喷嘴	144	420	97.16
7		KDF2	喷嘴	144	420	96.45
8	川渝中烟	KDF2	刷涂	100	280	92.26
9	红云红河	KDF2	喷嘴	100	320	96.28
10	山东中烟	KDF4	喷嘴	132	370	97.52
11	深圳烟厂	KDF2	喷嘴	120	345	96.32

8. 结论

通过试验，建立了滤棒中三乙酸甘油酯施加均匀性的测定方法。确定在设备运行稳定后在滤棒成型机出口随机抽取 30 支滤棒作为取样方式。滤棒的检测单元为 20mm 长的一段滤棒，批次试验结果表明本方法具有良好的重复性，稳定可靠，比对试验结果表明不同的实验室得到了较为一致的结果。应用本方法能够满足滤棒中三乙酸甘油酯施加均匀性的测试要求。

参考文献

［1］YC/T 331—2010 醋酸纤维滤棒中三乙酸甘油酯的测定 气相色谱法［S］.

［2］马丽娜，施文庄，李琼芳，等. 气相色谱法测定醋纤滤棒中的三醋酸甘油酯［J］. 烟草科技，2005（2）：28 – 30.

［3］Cundiff R H. Determination of triacetin in filter plugs［J］. Tob. Sci. 1959, 3：20 – 21.

［4］YC/T 144—1998 烟用三乙酸甘油酯.

［5］Maraget E B, Gunars V, Resnik F E. Triacetin content of cigarette filters［J］. Tob. Sci., 1960, 4：26 – 28.

［6］Helms A. Determination of triacetin in filter rods by NMR – relaxation measurements ［A］. CORESTA ［C］. Symposium. Taormina，1986.

［7］彭军仓，何育萍，陈黎，等. 滤棒和增塑剂中三醋酸甘油酯的定量分析 ［J］. 烟草科技，2004（8）：36 – 37.

［8］曹建国，窦峰. 近红外漫反射光谱法测试醋酸纤维滤棒中的三醋酸甘油酯 ［J］. 烟草科技，2005（3）：6 – 9.

［9］张峰，刘泽春，黄华发，等. 滤棒中三醋酸甘油酯含量的近红外光谱法测定 ［J］. CSTT 论文汇编，2008：49 – 55.

［10］盛培秀，朱鲜艳，曹传华，等. 气相色谱法测定醋酸纤维滤棒中的三醋酸甘油酯 ［J］. 南通大学学报（自然科学版），2007（3）：65 – 67.

［11］CORESTA 推荐方法 N – 59 ［EB/OL］. http：//www. coresta. org/ Recommended_ Methods/ CRM_ 59. pdf.